21世纪高等学校规划教材 | 计算机应用

新编关系数据库与 SQL Server 2008

王晴 王建华 王歆晔 编著

清华大学出版社
北 京

内 容 简 介

本书是作者结合近年来在关系数据库与 SQL Server 方面的教学实践和教改成果,对原有课程内容进行了大胆改进,以"工作过程导向"的教学新理念为宗旨,精心设计的具有时代特点和高职特点的工学结合教材。

本书围绕"学生信息管理系统"项目的开发,阐述了关系数据库的基本理论;详尽地介绍了 SQL Server 2008 的应用技术和使用方法,包括 SQL Server 2008 的安装、数据库管理技术、表管理技术与数据的完整性、数据查询与数据索引、视图、存储过程、触发器设计、T-SQL 语言、数据库的安全管理与维护等内容。书中各课均附有课后作业和实训内容,实训内容是一个图书借阅管理系统。通过"教、学、做"一体化的途径,着重培养学生的数据库分析与设计能力、数据库管理与维护能力,充分体现了以应用(SQL Server)为目的的高职高专教学特色。

本书内容翔实、与时俱进、通俗易懂、可读性强,既可作为各类高职高专院校、计算机培训学校等的相关专业教材,也可作为数据库技术从业人员和数据库技术爱好者的参考用书。

图书在版编目(CIP)数据

新编关系数据库与 SQL Server 2008/王晴等编著.--北京:清华大学出版社,2013(2020.9重印)
21 世纪高等学校规划教材·计算机应用
ISBN 978-7-302-32233-7

Ⅰ.①新…　Ⅱ.①王…　Ⅲ.①关系数据库系统－高等学校－教材　Ⅳ.①TP311.138

中国版本图书馆 CIP 数据核字(2013)第 084536 号

责任编辑:高买花　王冰飞
封面设计:傅瑞学
责任校对:时翠兰
责任印制:丛怀宇

出版发行:清华大学出版社
　　　　网　　　址:http://www.tup.com.cn,http://www.wqbook.com
　　　　地　　　址:北京清华大学学研大厦 A 座　　　　邮　　编:100084
　　　　社 总 机:010-62770175　　　　　　　　　　　邮　　购:010-83470235
　　　　投稿与读者服务:010-62776969,c-service@tup.tsinghua.edu.cn
　　　　质量反馈:010-62772015,zhiliang@tup.tsinghua.edu.cn
　　　　课件下载:http://www.tup.com.cn,010-83470236
印 装 者:北京九州迅驰传媒文化有限公司
经　　销:全国新华书店
开　　本:185mm×260mm　　　印　　张:25.25　　　字　　数:612 千字
版　　次:2013 年 8 月第 1 版　　　　　　　　　　　印　　次:2020 年 9 月第 6 次印刷
印　　数:4501～5300
定　　价:49.00 元

产品编号:051317-01

出 版 说 明

随着我国改革开放的进一步深化,高等教育也得到了快速发展,各地高校紧密结合地方经济建设发展需要,科学运用市场调节机制,加大了使用信息科学等现代科学技术提升、改造传统学科专业的投入力度,通过教育改革合理调整和配置了教育资源,优化了传统学科专业,积极为地方经济建设输送人才,为我国经济社会的快速、健康和可持续发展以及高等教育自身的改革发展做出了巨大贡献。但是,高等教育质量还需要进一步提高以适应经济社会发展的需要,不少高校的专业设置和结构不尽合理,教师队伍整体素质亟待提高,人才培养模式、教学内容和方法需要进一步转变,学生的实践能力和创新精神亟待加强。

教育部一直十分重视高等教育质量工作。2007 年 1 月,教育部下发了《关于实施高等学校本科教学质量与教学改革工程的意见》,计划实施"高等学校本科教学质量与教学改革工程(简称'质量工程')",通过专业结构调整、课程教材建设、实践教学改革、教学团队建设等多项内容,进一步深化高等学校教学改革,提高人才培养的能力和水平,更好地满足经济社会发展对高素质人才的需要。在贯彻和落实教育部"质量工程"的过程中,各地高校发挥师资力量强、办学经验丰富、教学资源充裕等优势,对其特色专业及特色课程(群)加以规划、整理和总结,更新教学内容、改革课程体系,建设了一大批内容新、体系新、方法新、手段新的特色课程。在此基础上,经教育部相关教学指导委员会专家的指导和建议,清华大学出版社在多个领域精选各高校的特色课程,分别规划出版系列教材,以配合"质量工程"的实施,满足各高校教学质量和教学改革的需要。

为了深入贯彻落实教育部《关于加强高等学校本科教学工作,提高教学质量的若干意见》精神,紧密配合教育部已经启动的"高等学校教学质量与教学改革工程精品课程建设工作",在有关专家、教授的倡议和有关部门的大力支持下,我们组织并成立了"清华大学出版社教材编审委员会"(以下简称"编委会"),旨在配合教育部制定精品课程教材的出版规划,讨论并实施精品课程教材的编写与出版工作。"编委会"成员皆来自全国各类高等学校教学与科研第一线的骨干教师,其中许多教师为各校相关院、系主管教学的院长或系主任。

按照教育部的要求,"编委会"一致认为,精品课程的建设工作从开始就要坚持高标准、严要求,处于一个比较高的起点上;精品课程教材应该能够反映各高校教学改革与课程建设的需要,要有特色风格、有创新性(新体系、新内容、新手段、新思路,教材的内容体系有较高的科学创新、技术创新和理念创新的含量)、先进性(对原有的学科体系有实质性的改革和发展,顺应并符合 21 世纪教学发展的规律,代表并引领课程发展的趋势和方向)、示范性(教材所体现的课程体系具有较广泛的辐射性和示范性)和一定的前瞻性。教材由个人申报或各校推荐(通过所在高校的"编委会"成员推荐),经"编委会"认真评审,最后由清华大学出版社审定出版。

目前，针对计算机类和电子信息类相关专业成立了两个"编委会"，即"清华大学出版社计算机教材编审委员会"和"清华大学出版社电子信息教材编审委员会"。推出的特色精品教材包括：

（1）21世纪高等学校规划教材·计算机应用——高等学校各类专业，特别是非计算机专业的计算机应用类教材。

（2）21世纪高等学校规划教材·计算机科学与技术——高等学校计算机相关专业的教材。

（3）21世纪高等学校规划教材·电子信息——高等学校电子信息相关专业的教材。

（4）21世纪高等学校规划教材·软件工程——高等学校软件工程相关专业的教材。

（5）21世纪高等学校规划教材·信息管理与信息系统。

（6）21世纪高等学校规划教材·财经管理与应用。

（7）21世纪高等学校规划教材·电子商务。

（8）21世纪高等学校规划教材·物联网。

清华大学出版社经过三十多年的努力，在教材尤其是计算机和电子信息类专业教材出版方面树立了权威品牌，为我国的高等教育事业做出了重要贡献。清华版教材形成了技术准确、内容严谨的独特风格，这种风格将延续并反映在特色精品教材的建设中。

清华大学出版社教材编审委员会

联系人：魏江江

E-mail：weijj@tup. tsinghua. edu. cn

前言

关系数据库应用技术是计算机在数据处理应用领域中的主要内容和坚实基础,也是今后若干年内研究和应用的最活跃的分支之一。近年来,尽管国内有不少数据库应用技术方面的教材出版,但是,真正从实际应用出发,适合高等职业技术院校用的教材并不多。本书是作者结合多年的数据库应用技术与 SQL Server 的教学经验,以及职业技术院校的教学实际,对原有的"关系数据库与 SQL Server"课程内容进行了大胆改进,并辅以"工作过程导向"的教学新理念,精心设计的具有时代特点和高职特点的工学结合教材。

课程标准

- 以计算机网络、软件技术、计算维护及会计电算化等专业学生的就业为导向。
- 以行业专家(聘请百瑞软件电脑公司、南通汽运集团、用友软件集团南通四方通用软件公司的专家)对网络技术、软件技术、计算维护及会计电算化所涵盖的岗位群进行的任务和职业能力分析为依据。
- 以职业实际应用的经验和策略的习得为主。
- 以适度够用的概念和原理为辅。
- 以能力培养的思路构建课程内容体系为核心。
- 以能力逐层提升设计整体结构为目标。
- 以实践应用的需求引入知识点为尺度。
- 以循环往复式训练为基础。
- 以任务驱动设计每节课的教学内容为基本模式。
- 以职业资格认证的相关考核为要求。

课程特点

以项目为主线,以任务为驱动。本书精心设计了一个"学生信息管理系统"项目,从数据库结构设计到数据库数据维护,以该项目的设计为主线安排顺序。每课创设一个工作情境,并以工作任务的操作过程为主线展开知识点,且配有随堂练习,重现课堂任务实例,让学生在完成任务的过程中获取知识,充分体现了"工作过程导向"的教学理念。

一书两用,满足教学和实训。针对不同院校的不同教学、实训时数的要求,本书在每一章都配备了各种难易程度的习题和实训。围绕图书借阅管理系统的开发,精心设计了实训内容,以供教师有选择地作为学生课后作业或上机练习。

"教、学、做"一体化。通过"教、学、做"一体化的途径,着重培养学生的数据库分析与设计能力、数据库管理与维护能力。在技能培养的同时,注重培养岗位所需的创新意识、团队合作精神等职业素质,使学生具备良好的数据库应用和开发的职业能力和职业素养。

课时分配

本书采用章和课两级目录,共分 11 章(18 课):第 1 章为数据库系统概述;第 2 章为规范化的数据库设计;第 3 章为 SQL Server 2008 的安装及使用;第 4 章为数据库的基本操作；第 5 章为数据表的基本操作；第 6 章为表数据的查询操作；第 7 章为视图的应用；第 8 章为存储过程的应用；第 9 章为触发器的应用；第 10 章为 T-SQL 语言；第 11 章为数据库的安全管理与维护。

　　章的内容依照工作过程环节与 SQL Server 软件功能模块二者结合的方式进行编排，课的内容根据教学要求确定，以工作任务的完成过程为主线。建议教学时数为 64～80 学时，其中，授课时数为 36 学时，实训时数为 28～54(1 周课程设计)学时，每一课为 2 课时，90 分钟。先导课程为计算机应用基础和程序设计基础。

　　本书在《关系数据库与 SQL Server 教程》(王晴、邵冬华、朱敏、王艳红编著)的基础上进行了改编。改编工作是由南通航运职业技术学院的王晴、王建华和王歆晔完成的。王歆晔编写了第 1、2、11 章及各章的实训内容；王建华编写了第 3～6 章的内容；王晴编写了第 7～10 章的内容。全书由王晴负责统编和定稿。在编写过程中，得到了院系领导及行业专家的大力支持和帮助，在此表示衷心感谢。

　　由于全球信息化发展很快，新概念、新技术、新模式不断出现，本书难免会出现不妥之处，敬请读者指正。

编　者

2013 年 3 月

目　录

第 **1** 章

数据库系统概述

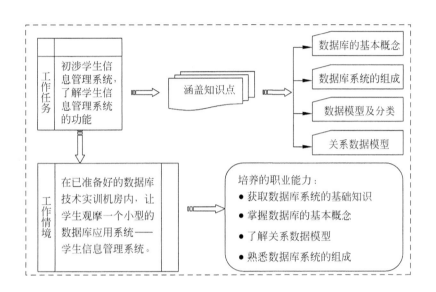

第 1 课 初识数据库系统

项目内容：开发一个学生信息管理系统。

对于该项目的开发，主要考虑以下两个方面。

一是用户应用程序的开发。包括学生信息管理系统的功能和用户操作界面的设计，也就是说，学生信息管理系统应提供哪些功能，用户又如何对其进行操作。对于这些，就需要选用一种语言工具，如 Visual Basic、Visual C、Delphi、ASP，来进行用户界面及功能菜单设计。

二是学生信息管理系统数据的组织和管理。包括学生信息管理系统中涉及的数据对象的分析、各对象之间的联系分析、如何组织并存储各数据对象及相关数据，以方便学生信息管理系统进行数据的处理等。对于这些，就必须选择一款合适的数据库管理系统软件，如 SQL Server，将数据按一定的数据模型组织起来，即建立一个数据库，以对数据进行统一管理，为需要数据的应用程序提供一致的访问方法。

那么，学生信息管理系统的应用程序又是怎样处理学生信息数据库中的数据的呢？如图 1-1 所示是用户访问数据库的流程示意图，描述了系统应用程序与数据库、数据库管理系统之间的关系。

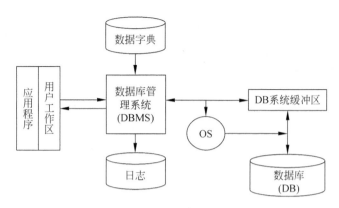

图 1-1　用户访问数据库的流程示意图

从图 1-1 中可以看出,在应用程序和数据库之间,由数据库管理系统把所有相关的数据汇集起来,按统一的数据模型,以记录为单位存储在数据库中,为用户提供方便、快捷的查询和使用。当应用程序需要处理数据库中的数据时,首先向数据库管理系统发送一个数据处理请求,数据库管理系统接收到这一请求后,对其进行分析和权限检查,若有问题,则拒绝执行该操作,并向应用程序返回出错状态信息;若没有问题,数据库管理系统从数据字典获取应读入的物理数据块和地址,向 OS(操作系统)发出执行数据操作命令,OS 接收到该命令后,启动联机 I/O 程序,完成读块操作,并把读取的数据块送到 DB 系统缓冲区。数据库管理系统接收到 OS 的结束操作指令后,将 DB 系统缓冲区操作结果送到应用程序工作区,并返回执行成功与否的状态信息。最后,数据库管理系统把系统缓冲区的运行记录记入运行日志,以备以后查阅或发生意外时用于系统恢复。

本课主要讨论数据库技术。数据库技术是数据管理的实用技术,是如何使用计算机科学而高效地组织、存储和处理数据的技术。下面就数据库技术中涉及的基本概念、术语,以及数据库系统的组成、数据模型、关系数据库等基础知识进行介绍。

1.1　基本概念和术语

课堂任务① 　掌握数据、信息和数据处理的基本概念。

1.1.1　数据

数据(Data)是数据库中存储的基本对象。在计算机领域内,数据这个概念已经不再局限于普通意义上的数据,除了常用的数字数据外,还包括文字、图形、图像和声音等。凡是计算机中用来描述事物的记录符号,都可以称为数据。

数据的概念包括两个方面,即数据内容和数据形式。数据内容是指所描述客观事物的具体特性,也就是数据的"值";数据形式则是指数据内容存储在媒体上的具体形式,也就是通常所说的数据的"类型"。

在计算机中,为了存储和处理事物,就要对由事物的相关特征组成的记录进行描述。例如,用学号、姓名、性别、籍贯这几个特征来描述学生信息,那么(125204001、王一枚、男、南通)这一条记录就是一个学生数据。

1.1.2　信息

信息(Information)是客观世界在人们头脑中的反映,是客观事物的表征,是一种已被加工为特定形式的、被消化和理解了的数据。信息具有时效性,是可以传播和加以利用的一种知识,信息是以某种数据形式表现的。

数据和信息是两个既相互联系又相互区别的概念。数据是信息的具体表现形式,信息是数据有意义的表现。例如,对上面列举的学生数据进行解释后,会得到如下信息:王一枚是个男大学生,南通人,他的学号是 125204001。

1.1.3　数据处理

数据处理(Data Processing)就是对数据进行加工的过程,或者是将数据转换为信息的过程。数据处理的内容主要包括数据的收集、整理、存储、加工、分类、维护、排序、检索和传输等一系列活动的综合。数据处理的目的是从大量的数据中,根据数据自身的规律及其相互联系,通过分析、归纳、推理等科学方法,利用计算机技术、数据库技术等手法,提取有效的信息资源,为进一步分析、管理和决策提供依据。

例如,把学生各门课的成绩经过计算得出平均成绩和总成绩等信息,该计算处理的过程就是数据处理。

如图 1-2 所示为计算机中数据、数据处理和信息的关系。计算机中的数据经过各种软件处理后,以文档、电子表格等不同形式的信息呈现给用户。

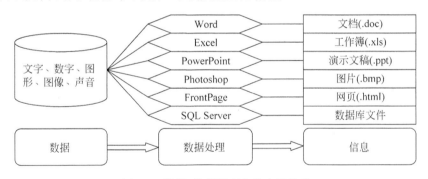

图 1-2　数据、数据处理和信息的关系

1.2　数据管理技术的发展

课堂任务②　学习数据管理技术的发展史,了解数据库技术发展的 3 个阶段。

随着计算机硬件和软件技术的发展,数据管理技术也不断地成熟与完善,经历了人工管理、文件系统和数据库系统 3 个阶段。

1.2.1　人工管理阶段

20 世纪 50 年代中期以前,计算机主要用于科学计算,那时没有专门管理数据的软件,也没有像磁盘这样可以随机存取的外部存储设备,对数据的管理没有一定的格式,只能以人工来进行。人工管理阶段的特征如图 1-3 所示。

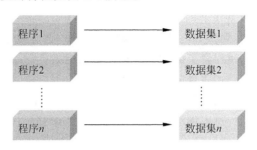

图 1-3　人工管理阶段的特征

人工管理阶段的特点如下：
- 数据不被保存。主要用于科学计算，在计算某一问题时，把程序和相应的数据装入，计算完就退出。
- 用户自行管理数据。由于没有软件对数据进行管理，所以必须由用户自行管理。
- 数据不能共享。一组数据仅对应一个应用程序，程序之间不能共享数据，所以程序之间存在大量的数据冗余。
- 数据不具有独立性。数据的逻辑结构和物理结构发生变化会导致应用程序发生变化，使程序员的负担加重。数据的独立性也很差。

1.2.2　文件系统阶段

20 世纪 50 年代末到 60 年代中期为文件系统阶段，应用程序通过专门管理数据的软件即文件管理系统来使用数据。这一阶段的计算机硬件已经有了磁盘、磁鼓等直接存取的外部设备，软件则出现了高级语言和操作系统，而操作系统的文件系统是专门用于数据管理的软件。文件系统阶段的特征如图 1-4 所示。

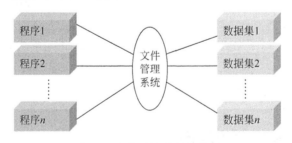

图 1-4　文件系统阶段的特征

文件系统阶段的特点如下：
- 由文件管理系统管理数据。初步形成了对数据执行查询、插入、删除、更新等的操作。
- 由专用程序(通常是用户自定义的)对程序和数据提供存取方法的改变，程序与数据具有一定独立性。
- 数据可以长期保留，具有多种形式的文件(顺序文件、索引文件等)。
- 数据基本上以记录为单位进行存取。

但是，文件系统阶段也有一定的缺点：

- 文件面向应用,数据冗余量大。
- 数据独立性差。

1.2.3 数据库系统阶段

20 世纪 60 年代末以来,计算机的应用更为广泛,随着计算机系统性能的持续提高及软件技术的不断发展,人们克服了文件系统的不足,开发了新的数据管理软件——数据库管理系统(DataBase Management System,DBMS)。运用数据库技术进行数据管理,将数据管理技术推向了新的数据管理阶段。数据库系统阶段的特征如图 1-5 所示。

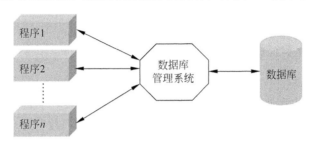

图 1-5 数据库系统阶段的特征

数据库系统阶段具有如下特点:

- **数据结构化**。数据库系统实现整体数据的结构化,即在数据库中,数据不再对应一个应用系统,而是面向全组织的复杂数据结构。不仅数据内部是结构化的,数据之间也具有联系。数据库中的数据按一定的数据模型组织、描述和存储。
- 数据的共享性高,冗余度小,易扩充。
- 数据独立性高,包括物理独立性和逻辑独立性。物理独立性是指用户的应用程序与存储在磁盘上的数据库中的数据是相互独立的。逻辑独立性是指用户的应用程序与数据的逻辑结构是相互独立的。
- **统一的数据控制功能**。数据库系统,具有安全性、完整性和并发性控制,并具有数据库备份与恢复的功能。
  ◇ 安全性控制:指保护数据,以防止非法的使用造成的数据的泄密和破坏。
  ◇ 完整性控制:指数据的正确性、有效性和相容性,即保证存入数据库中的数据是正确的,不是可疑的。
  ◇ 并发性控制:当多用户同时使用数据库时,保证数据的正确性。
  ◇ 数据库备份与恢复:一旦数据库遭到破坏,可以将数据库从错误的状态恢复到某一正确的状态。
- 数据的存储单元为数据项(一个字段、一条记录、一组字段、一组记录等)。

1.3 数据库系统

> **课堂任务③** 学习数据库系统的组成,数据库、数据库管理系统等相关术语的概念,数据库的体系结构及相关概念。

数据库系统(DataBase System,DBS)是一个计算机应用系统,它由数据库、数据库管理系统、应用系统、数据库管理员和用户等构成,如图 1-6 所示。

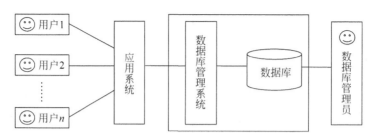

图 1-6　数据库系统构成示意图

1.3.1　数据库系统的组成

1. 数据库

长期存储在计算机存储介质中的、有组织的、相关联的、可共享的数据集合称为数据库(DataBase,DB)。也可理解为,数据库是用于组织、存储和管理数据的仓库。

数据库中的数据按一定的数据模型组织、描述和存储,数据冗余度小,独立性高。在日常工作中,常常需要把某些相关的数据放进这样的"仓库",并根据管理的需要进行相应的处理。例如,学校把每位学生的基本情况(学号、姓名、性别、出生日期、政治面貌、入学时间、家庭住址)、选课信息(学号、课程号、成绩)、课程信息(课程号、课程名、备注)等存放在表中,这些表组合在一起就可以看成是一个数据库。有了这个"数据库",人们就可以根据需要随时查询学生的学习情况。数据库、表和数据之间的关系如图 1-7 所示。

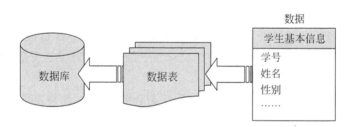

图 1-7　数据库、表和数据之间的关系

2. 数据库管理系统

数据库管理系统是一种操纵和管理数据库的大型软件系统,可帮助用户建立、使用和维护数据库。DBMS 必须运行在相应的系统平台上,只有在操作系统和相关的系统软件支撑下,才能有效地运行,从而对数据库进行统一管理和控制,以保证数据库的安全性和完整性。

用户通过 DBMS 访问数据库中的数据,数据库管理员通过 DBMS 进行数据库的维护。它提供多种功能,可使多个应用程序和用户使用不同的方法在同一刻时或不同的时刻去建立、修改和查询数据。它能使用户方便地定义和操纵数据库,维护数据的安全性和完整性,以及进行多用户的并发性控制和恢复数据库。

DBMS 从规模上划分,可分为桌面型数据库管理系统和网络型数据库管理系统。桌面型数据库管理系统有 Access、Visual FoxPro 等;网络型数据库管理系统有 Oracle、SQL Server、Informix、Sysbase、DB2 等。

时下流行的数据库管理系统有 Oracle 公司的 Oracle 产品,是"关系—对象"型数据库,产品免费,服务收费;Microsoft 公司的 SQL Server 产品,针对不同用户群体有多个版本,易用性好;IBM 公司的 DB2 产品,支持多操作系统、多种类型的硬件和设备。

3. 应用系统

应用系统(Application)是在 DBMS 的基础上由用户根据实际需要所开发的、用于处理特定业务的应用程序。应用系统的操作范围通常仅是数据库的一个子集,即用户所需要的那部分数据。

4. 数据库管理员和用户

数据库管理员(DataBase Administrator,DBA)负责创建数据库存储结构、数据库对象,以及管理、监督和维护数据库系统的正常运行等工作。

用户(User)是在 DBMS 与应用程序的支持下,操作并使用数据库系统的普通使用者。

1.3.2 数据库系统的体系结构

为了有效地组织和管理数据,提高数据库的逻辑独立性和物理独立性,人们为数据库系统设计了一个严谨的结构,即三级模式(外模式、模式和内模式)和二级映射(外模式/模式映射、模式/内模式映射),如图 1-8 所示。

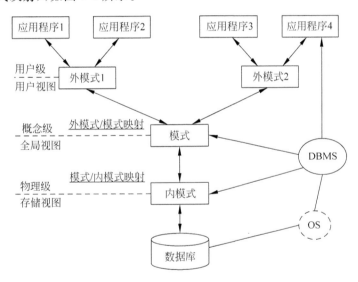

图 1-8 数据库系统的体系结构

1. 外模式

外模式(External Schema)又称为用户模式,是数据库用户和数据库系统的接口,是数据库用户的数据视图(View),是数据库用户可以看见和使用的局部数据的逻辑结构、特征的描述,是与某一应用有关的数据的逻辑表示。

一个数据库通常有多个外模式。当不同用户在应用需求、保密级别等方面存在差异时,其外模式描述就会有所不同。一个应用程序只能使用一个外模式,但同一个外模式可以为多个应用程序所用。

外模式是保证数据库安全的重要措施。用户只能看见和访问所对应的外模式中的数据,而数据库中的其他数据不可见。

2. 模式

模式(Schema)又可细分为概念模式和逻辑模式,是所有数据库用户的公共数据视图,是数据库中全部数据的逻辑结构和特征的描述,反映了数据库系统的整体观。

一个数据库只有一个模式。其中,概念模式可用实体—联系模型来描述,逻辑模式以某种数据模型(比如关系模型)为基础,综合考虑所有用户的需求,并形成全局逻辑结构。模式不但要描述数据的逻辑结构,比如数据记录的组成,以及各数据项的名称、类型、取值的范围,而且还要描述数据之间的联系、数据的完整性、安全性等要求。

3. 内模式

内模式(Internal Schema)又称为存储模式,是数据库物理结构和存储方式的描述,是数据在数据库内部的表示方式。

一个数据库只有一个内模式。内模式描述记录的存储方式、索引的组织方式、数据是否压缩和加密等。在三级模式结构中,数据按照外模式的描述提供给用户,按内模式的描述存储在硬盘上。模式介于外模式和内模式之间,既不涉及外部的访问,也不涉及内部的存储,从而起到隔离作用,有利于保持数据的独立性。

4. 数据库的二级映射

所谓映射,就是一种对应规则,说明映射双方如何进行转换。

用户应用程序根据外模式进行数据操作,通过外模式/模式映射定义和建立某个外模式与模式之间的对应关系,将外模式与模式联系起来。有了外模式/模式映射,当模式改变时,比如增加新的属性、修改属性的类型,只要对外模式/模式映射进行相应的改变,使外模式保持不变,则以外模式为依据的应用程序就不受影响,从而保证了数据与程序之间的逻辑独立性,也就是数据的逻辑独立性。

另一方面,通过模式/内模式映射定义建立数据的逻辑结构(模式)与存储结构(内模式)间的对应关系。当内模式改变时,比如数据的存储结构发生变化,只需改变模式/内模式映射,就能保持模式不变,应用程序就不受影响,从而保证了数据与程序之间的物理独立性,也就是数据的物理独立性。

正是通过这两级映射,才将用户对数据库的逻辑操作最终转换成对数据库的物理操作,在这一过程中,用户不必关心数据库全局,更不必关心物理数据库,用户面对的只是外模式,因此,方便了用户操作、使用数据库。这两级映射转换是由 DBMS 实现的,它将用户对数据库的操作从用户级转换到了物理级。

1.4　数据模型及其分类

课堂任务④　了解信息的 3 种世界,学习概念模型的相关知识,熟悉数据模型的分类。

模型,人们对它并不陌生。一张地图、一组建筑设计沙盘、一架精致的航模飞机都是具体的模型。通过这些模型会使人联想到现实生活中的事物。模型是现实世界特征的模拟和抽象。数据模型(Data Model)也是一种模型,它是现实世界数据特征的抽象。

1.4.1　信息的 3 种世界

现实世界是存在于人脑之外的客观世界,是数据库操作处理的对象。建立数据库系统的目的,是为了实现对现实世界中各种信息的计算机处理。由于现实世界的复杂性,不可能直接从现实世界中建立数据模型,而是首先要把现实世界抽象为信息世界,并建立信息世界中的数据模型,然后进一步把信息世界中的数据模型转化为可以在计算机中实现的、最终支持数据库系统的数据模型。也就是说,数据模型的建立要经历如图1-9所示的过程。

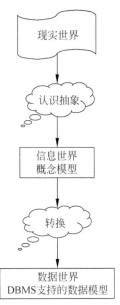

图 1-9 数据模型建立过程

1. 现实世界

客观事物及其相互联系就处于现实世界中,客观事物可以用对象和性质来描述。

2. 信息世界

信息世界是现实世界在人脑中的反映,又称观念世界。客观事物在信息世界中称为实体,反映事物间联系的是实体模型或概念模型。现实世界是物质的;相对而言,信息世界是抽象的。

3. 数据世界

信息世界中的信息,经过数字化处理形成计算机能够处理的数据,就进入了数据世界。现实世界中的客观事物及其联系在数据世界中以数据模型描述。相对于信息世界,数据世界是量化的、物化的。

因此,客观世界是信息之源,是设计、建立数据库的出发点,也是使用数据库的最后归宿。概念模型和数据模型是对客观事物及其相互联系的抽象描述,可实现信息3个层次间的对应转换。数据模型是数据库系统的核心和基础。

1.4.2 概念模型

将现实世界中的客观对象抽象为某一种信息结构,即概念模型。概念模型实际上是现实世界到数据世界的一个中间层次,不依赖计算机及DBMS。它是现实世界真实、全面的反映,是数据库设计人员进行数据库设计的有力工具,也是数据库设计人员和用户之间进行交流的语言。

1. 概念模型中的基本术语

- 实体。客观事物在信息世界中称为实体(Entity)。它是现实世界中客观存在的且可相互区别的事物。实体可以是具体的人或物,如王一枚同学、苏通大桥;也可以是抽象的概念,如一个人、一座桥。
- 属性。实体有许多特性,实体所具有的某一特性称为属性(Attribute)。一个实体可以用多个属性来描述。例如,学生实体可以用学号、姓名、性别、出生日期等属性描述。
- 码。唯一标识实体的一组属性集称为码(Key)。如学号唯一标识学生,学号为学生实体的码。
- 域。某个属性对应的属性值范围称为域。例如学生的性别域为(男,女)。
- 实体型。具有相同属性的实体所具有的共同特征,用实体名和属性名集合来表示,相当于数据结构。如学生(学号、姓名、性别、出生日期、入校时间)是一个实体型。

- 实体集。性质相同的同类实体的集合称为实体集,相当于记录体。如全体学生为一个实体集。
- 实体联系。在现实世界中,事物与事物之间是有联系的,这些联系在信息世界中反映为实体与实体之间的联系,即实体联系。

2. 两个实体间的联系类型

常见的实体联系有3种类型,如图1-10所示。

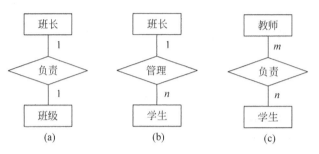

图1-10   实体间的联系

- 一对一联系(1:1)。对于实体集A中的每一个实体,实体集B中至多有一个与之联系,反之一样,则称实体集A与实体集B是一对一的联系。如班长和班级的联系,一个班级只有一个班长,一个班长对应一个班级,如图1-10(a)所示。
- 一对多联系(1:n)。对于实体集A中的每一个实体,实体集B中有n(n>1)个实体与之联系,反之,对于实体集B中的每一个实体,实体集A中至多有一个与之联系,则称实体集A与实体集B是一对多的联系。如班长与学生的联系,一个班长对应多个学生,而本班的每个学生只对应一个班长,如图1-10(b)所示。
- 多对多联系(m:n)。对于实体集A中的每一个实体,实体集B中有n(n>1)个实体与之联系,反之,对于实体集B中的每一个实体,实体集A中有m(m>1)个与之联系,则称实体集A与实体集B是多对多的联系。如教师与学生的联系,一位教师为多个学生授课,每个学生也有多位任课教师,如图1-10(c)所示。

1.4.3　数据模型

数据模型是数据库系统中的一个关键概念。数据模型不同,相应的数据库系统就完全不相同。任何一个数据库管理系统都是基于某种数据模型的,数据库管理系统中常用的数据模型有层次模型、网状模型和关系模型。其中,层次模型和网状模型统称为非关系模型。

1. 层次模型

层次模型(Hierarchical Model)是数据库系统中最早出现的数据模型,其采用树形结构表示实体和实体之间的联系,如图1-11所示。

层次模型的基本特点如下:

- 有且仅有一个结点无父结点,称其为根结点。
- 其他结点有且只有一个父结点。

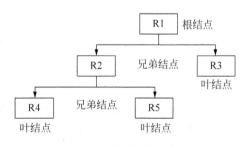

图1-11   层次模型示意图

层次模型的优点主要如下:

- 层次模型本身比较简单,只需很少几条命令就可操纵数据库,使用方便。
- 对于实体间联系固定且预先定义好的应用系统,可采用层次模型来实现,其性能优于关系模型,不低于网状模型。
- 层次模型提供了良好的完整性支持。
- 使用层次模型对具有一对多联系的部门描述会非常自然、直观,容易理解,这是层次模型的突出优点。

层次模型的不足主要有以下几点:

- 只能表示一对多的联系,虽然有多种辅助手段实现联系,但表示笨拙、复杂,用户难以掌握。
- 由于树形结构层次和顺序的严格与复杂性,导致数据的查询和更新操作也很复杂,最终导致应用程序的编写困难。

2. 网状模型

用网状结构表示实体和实体之间联系的数据模型称为网状模型(Network Model)。网状模型是层次模型的拓展,能够表示各种复杂的联系,如图 1-12 所示。

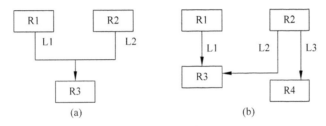

图 1-12 网状模型示意图

网状模型的基本特点有以下两点:

- 允许一个以上的结点没有双亲结点。
- 一个结点可以有多于一个的双亲结点。

网状模型的优点主要有以下两点:

- 更为直接、自然地描述现实世界,例如,一个结点可以有多个双亲结点。
- 具有良好的性能,存取效率较高。

网状模型的不足主要有以下两点:

- 结构较为复杂,特别是随着应用需求范围的扩大,数据库结构变得相当复杂,使得用户难以理解与掌握。
- 网状模型中记录间的联系通过存取路径实现。应用程序访问数据时应当选择适当的存取路径,用户必须了解系统结构的细节,从而加重了编写应用程序的负担。

3. 关系模型

用二维表来表示实体和实体间联系的数据模型称为关系模型。例如,在关系模型中可用如表 1-1 所示的形式表示学生对象。关系不仅可以表示实体间一对多的联系,也可以方便地表示多对多的联系。

表 1-1　学生基本信息表

学号	姓名	性别	出生日期	政治面貌	入学时间	系部代码	班号	籍贯
125204001	王一枚	男	1993-03-02	共青团员	2012-09-14	01	520401	南通
125204002	李碧玉	女	1993-08-06	共青团员	2012-09-14	01	520402	南通
125901001	张玉桥	男	1992-09-12	共产党员	2012-09-14	04	590102	南京
126601002	赵思男	男	1993-01-03	共青团员	2012-09-14	07	660108	南京
126202001	陈晗韵	女	1993-05-06	共青团员	2012-09-14	06	620203	南京
115204001	李绿杨	女	1991-12-07	共青团员	2011-09-11	01	520402	南通
116202001	胡静怡	男	1992-06-16	共青团员	2011-09-11	06	620201	南通
116202002	宛如缺	女	1991-02-28	共青团员	2011-09-16	06	620201	徐州
106701001	于　归	男	1990-01-02	共产党员	2010-09-16	07	670101	扬州
106701002	江　凤	女	1991-10-25	共青团员	2010-09-16	07	670101	南京

1.5　关系模型的数据结构

课堂任务⑤　学习关系模型的数据结构及相关理论知识。

1970 年,美国 IBM 公司 San Jose 研究室的研究员 E. F. Code 博士首次提出关系模型,开创了关系数据库理论的研究,为数据库技术奠定了基础。由于他的杰出工作,在 1981 年获得 ACM 图灵奖。

关系模型是建立在严格的数学基础之上的,层次数据库和网状数据库是先有数据库后有理论,而关系数据库是以理论为指导建立起来的数据库系统。从用户的角度来看,关系模型是一个简单的二维表格,它由行和列组成。

1.5.1　关系模型的基本概念

1. 关系

关系就是一个二维表,通常将一个没有重复行和重复列的二维表看成一个关系,每个关系都有一个关系名。例如,学生信息管理系统中的课程表就是一个关系,如表 1-2 所示。

表 1-2　课程表

课程号	课　程　名	课程性质	学分
0110	值班与避碰	A	5
0311	电子商务	B	4
……	……	……	……

2. 元组

二维表的每一行在关系中称为元组。

3. 属性

二维表的每一列在关系中称为属性,每个属性都有一个属性名,属性值则是各个元组在该属性上的取值。

例如表 1-2 中的第二列,"课程名"是属性名,"电子商务"则为第二个元组在"课程名"属性上的取值。

4. 域

属性的取值范围称为域。域作为属性值的集合,其类型与范围由属性的性质及其所表示的意义确定。

例如,表 1-2 中的"课程性质"属性的域是{A,B}。

5. 关键字或码

在关系的诸属性中,能够用来唯一标识元组的属性或属性组称为关键字或码。

例如,表 1-2 中的"课程号"属性是关键字,因为通过课程号可以唯一确定元组。

6. 候选关键字或候选码

在一个关系中,如果多个属性(或属性组)都能唯一标识该关系中的元组,则这些属性(或属性组)都称为该关系的候选关键字或候选码。

例如,在课程表中,如果没有重名的课程名,则课程号和课程名都是课程表的候选关键字。

7. 主关键字或主码

在一个关系的若干候选关键字中,被指定为关键字的候选关键字称为该关系的主关键字或主码。

8. 非主属性或非码属性

在一个关系中,不是码的属性称为该关系的非主属性或非码属性。

例如,表 1-1 所示的学生基本信息表中的姓名、出生日期和系部代码等是非主属性。

9. 外部关键字或外码

一个关系的某个属性虽不是该关系的关键字,或只是关键字的一部分,但却是另一个关系的关键字,则称这样的属性为该关系的外部关键字或外码。外部关键字是表与表联系的纽带。

例如,学生基本信息表中的系部代码不是学生表的关键字,但它却是表 1-3 所示的系部表的关键字,因此,系部代码是学生基本信息表的外部关键字,通过系部代码可以使学生表与系部表建立联系。

表 1-3　系部表

系部代码	系部名称	系主任	联系电话	备注
06	管信系	龙海生	32489702	
05	通信系	飞越	39547888	
03	机电系	成功	85124789	
07	艺术系	赵炳	65888888	

10. 主表和从表

主表和从表是指通过外码相关联的两个表。外码所在的表称为从表;主码所在的表称为主表。例如,系部表是主表,学生基本信息表是从表。

11. 关系模式

关系模式是对关系的描述,一般表示为关系名(属性 1,属性 2,…)。

例如,课程表的关系模式为课程(课程号,课程名,课程性质,学分)。又如,系部表的关系模式为系部(系部代码,系部名称,系主任,联系电话,备注)。

1.5.2　基本关系的6条性质

- 列是同质的,即每一列中的值是同一类型的数据,来自同一个域。
- 不同的列可以出自同一个域,称其中的每一列为一个属性,不同的属性要使用不同的属性名。
- 列的顺序无所谓,即列的次序可以任意交换。
- 任意两个元组不能完全相同。这只是现实中的一般性要求,有些数据库允许在同一张表中存在两个完全相同的元组。
- 行的顺序无所谓,即行的次序可以任意交换。
- 关系模式必须满足规范化的理论,不允许表中有表。

1.5.3　关系模型的主要优缺点

关系模型的主要优点有以下3点:

- 具有严格的数学基础。
- 概念单一,无论是实体还是联系,统一用二维表来描述,结构清晰、简单,用户容易理解。
- 存取路径对用户透明,具有较高的数据独立性和安全保密性。

关系模型的主要缺点是,由于存储路径透明,查询效率低于非关系模型,因此,系统必须对查询进行优化。

课后作业

1. 数据管理技术经历了哪3个阶段? 各阶段的特点是什么?
2. 什么是数据、数据库、数据库管理系统和数据库系统?
3. 什么是数据的独立性? 在数据库系统中,为什么能具有数据独立性?
4. 实体与实体之间的联系类型有哪几种? 试举出相应的实例。
5. 常见的数据模型有几种类型? 各有什么特点?
6. 什么是关系? 什么是关系模式? 基本关系具有哪些性质?

规范化的数据库设计

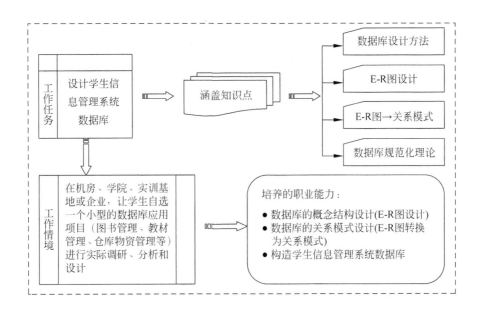

第2课　构造学生信息管理系统数据库

数据库设计是建立数据库及其应用系统的技术,是信息系统开发和建设中的核心技术。具体来说,数据库设计是指,对于给定的应用环境,构造最优的数据库模式。本课将以构造学生信息管理系统数据库为例来讨论数据库设计的方法和设计过程,使学生掌握数据库设计的要点。

2.1　关系数据库设计的方法与阶段

2.1.1　数据库设计的方法

数据库设计的方法有直观设计法、规范设计法、计算机辅助设计法和自动化设计法。

1. 直观设计法(手工试凑法)

直观设计法依赖于设计者的经验和技巧,设计质量难以保证。

2. 规范设计法

- 新奥尔良(New Orleans)方法。规范设计法中比较著名的是新奥尔良(New Orleans)方法,它将数据库设计分为4个阶段:需求分析(分析用户要求)、概念设计(信息分析和定义)、逻辑设计(设计实现)和物理设计(物理数据库的设计)。
- 基于E-R模型的数据库设计方法。其基本思想是,在需求分析的基础上,用E-R图构造一个反映现实世界实体之间联系的模式,再转换成基于某一特定的DBMS数据模型。
- 基于3NF的数据库设计方法。其基本思想是,在需求分析的基础上确定数据库模式中的全部属性和属性间的依赖关系,并将它们组织在一个单一的关系模式中,然后分析模式中不符合3NF的约束条件,将其进行投影分解,最后规范成若干个3NF关系模式的集合。
- 基于视图的数据库设计方法。其基本思想是,先分析各个应用的数据,并为每个应用建立自己的视图,然后把这些视图汇总起来,合并成整个数据库的概念模式。

3. 计算机辅助设计法

在数据库设计的某些过程中模拟某一规范化设计的方法,并以人的知识或经验为主导,通过人机交互方式实现设计中的某些部分。例如,使用PowerDesigner工具进行数据库建模。

4. 自动化设计法

完全由计算机完成数据库设计。

2.1.2 数据库设计的阶段

按照规范设计的方法将数据库的设计分为以下6个阶段进行,不同的阶段完成不同的设计内容,如图2-1所示。

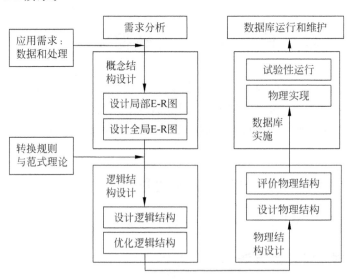

图 2-1 数据库设计的阶段

1. 需求分析阶段

需求分析的重点是调查、收集与分析用户在数据管理中的信息要求、处理要求、安全性与完整性要求，从而得到设计系统所必须的需求信息，建立系统说明文档。需求分析是整个设计过程的基础，是最困难、最耗时间的一步。

- 需求的调查：调查组织机构情况、各部门的业务活动情况，以协助用户明确对新系统的各种要求。
- 需求的收集：收集数据及其发生时间、频率，数据的约束条件、相互联系等。
- 需求的分析：数据业务流程分析；数据分析统计（对输入、存储、输出的数据分别进行统计）；分析数据的各种处理功能，产生系统功能结构图。

需求分析阶段的成果是系统需求说明书，此说明书主要包含数据流图、数据字典、系统功能结构图和必要的说明。系统需求说明书是数据库设计的基础文件。

2. 概念结构设计阶段

概念结构设计是整个数据库设计的关键。它通过对用户的需求进行综合、归纳与抽象，形成一个独立于具体 DBMS 的概念模型。

最常采用的设计策略是自底向上，即首先定义各局部应用的概念结构，然后将它们集成起来，得到全局的概念结构。一般以 E-R 模型为工具来描述概念结构。

3. 逻辑结构设计阶段

逻辑结构设计的任务就是将概念模型（E-R 模型）转换成特定的 DBMS 系统所支持的数据库的逻辑结构。

由于当前设计的数据库应用系统都普遍采用关系模型的 RDBMS，所以，逻辑结构设计实质上是关系数据库逻辑结构的设计。

关系数据库逻辑结构设计可按以下步骤进行：

(1) 将 E-R 图转换为关系模式；
(2) 将转换后的关系模式向特定的 RDBMS 支持的数据模型转换；
(3) 对数据模型进行优化。

4. 物理结构设计阶段

数据库的物理结构设计是为逻辑数据模型选取一个最适合应用环境的物理结构，包括存储结构和存取方法。

5. 数据库实施阶段

设计人员运用 DBMS 提供的数据语言及宿主语言，根据逻辑结构设计和物理结构设计的结果建立数据库，编制与调试应用程序，组织数据入库，并进行试运行。

6. 数据库运行和维护阶段

数据库应用系统经过试运行后，即可投入正式运行。在数据库系统的运行过程中，必须不断地对其进行评价、调整与修改。

2.1.3 E-R 图的设计

概念模型的表示方法最常用的是实体-联系（Entity-Relationship Approach，E-R）方法，是由美籍华人陈平山于 1976 年提出的。该方法用 E-R 图来描述现实世界的概念模型。

构成 E-R 图的基本图形元素有矩形、椭圆、菱形和无向线。

- 矩形。用来表示实体,矩形框内写上实体名。
- 椭圆。用来表示实体的属性,椭圆内写上属性名,并用无向线把实体与属性连接起来。
- 菱形。用来表示实体与实体的联系,菱形框内写上联系名,用无向线把菱形分别与相关实体相连接,在无向线旁标上联系的类型($1:1,1:n,m:n$)。若实体的联系也具有属性,则把属性与菱形也用无向线连接上。
- 无向线。用于实体与属性、实体与联系之间的连接。

设计一个数据库系统的 E-R 模型,可按以下步骤进行。

(1) 设计局部 E-R 模型。

- 确定实体类型。
- 确定实体间联系的类型。
- 确定实体类型的属性。
- 确定联系类型的属性。
- 根据实体类型绘制出 E-R 图。

(2) 设计全局 E-R 模型。将所有的局部 E-R 图集成为全局 E-R 模型。

(3) 全局 E-R 模型的优化。分析全局 E-R 模型,看能否反映和满足用户的需求,尽量减少实体的个数,减少实体类型所含的属性个数,使实体间的类型联系无冗余。

假设学生信息管理系统中的学生、教师、课程 3 个实体分别具有下列属性。

学生:学号,姓名,性别,出生日期,政治面貌,入学时间,系部代码,班号,籍贯,家庭住址。

教师:教师编号,姓名,性别,出生日期,政治面貌,参加工作时间,学历,职务,职称,系部代码。

课程:课程号,课程名,课程性质,学分。

这 3 个实体的 E-R 图如图 2-2 所示。

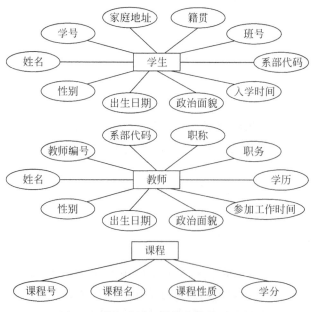

图 2-2　学生、教师、课程实体的 E-R 图

在这 3 个实体中,教师和课程之间存在着任课联系,学生和课程之间存在着选课联系,教师和学生之间存在着授课的联系。这 3 个实体之间联系的 E-R 图如图 2-3 所示。

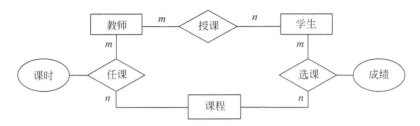

图 2-3　实体及其联系 E-R 图

在制作实体联系模型时,应注意以下 5 个问题:

- 实体联系模型要全面正确地刻画客观事物,要清楚明了,易于理解。
- 实体中码的选择应注意确保唯一性,即作为码的属性确实应该是那些能够唯一识别实体的属性码。不一定是单个属性,也可以是某几个属性的组合。
- 实体间的联系常常通过实体中某些属性值的关系来表达,因此在选择组成实体的属性时,应考虑如何实现实体间的联系。
- 有些属性是通过实体间的联系反映出来的,如选课中的成绩属性,对这些属性应特别注意,因为它们通常是将概念模型向数据模型转换时的重要数据项。
- 前面给出的教学管理例子中,联系都是存在于两个实体之间的,且实体之间只存在一种联系,这是最简单的情况。而现实中,联系可能存在于多个实体之间,实体之间可能有多种联系,此时,实体与它自己的某个子集之间也构成某种联系。

任务①对照练习　① 已知系部实体有系部代码、系部名称、系主任、联系电话等几个属性,绘制出其实体属性图。

② 已知专业实体有专业代码、专业名称、系部代码这几个属性,绘制出其实体属性图。

③ 绘制出系部和专业联系的 E-R 图。

2.2　E-R 图转换为关系模式的规则

课堂任务②　学习将 E-R 模型转换为关系模式的方法。

概念结构设计阶段得到的 E-R 模型是用户的模型,它独立于任何一种数据模型,独立于任何一个具体的 DBMS。为了建立用户所要求的数据库,需要把上述概念模型转换为某个具体的 DBMS 所支持的数据模型。数据库逻辑设计的任务就是将概念模型转换成特定的 DBMS 所支持的数据模型。

2.2.1　实体的转换规则

一个实体转换为一个关系模式,实体的属性就是关系的属性,实体的码就是关系的码。例如,图 2-2 中的学生、教师和课程 3 个实体可转换为如下的关系模式:

学生(<u>学号</u>,姓名,性别,出生日期,政治面貌,入学时间,系部代码,班号,籍贯,家庭地址)
教师(<u>教师编号</u>,姓名,性别,出生日期,政治面貌,参加工作时间,学历,职务,职称,系部代码)

课程(<u>课程号</u>,课程名,课程性质,学分)

其中,每个带下画线的属性为关系的码。

2.2.2 实体间联系的转换规则

1. 1:1联系

一个1:1联系可以转换为一个独立的关系模式,也可以与任意一端所对应的关系模式合并。如果转换为一个独立的关系模式,则与联系相连的各实体的码及联系本身的属性均转换为关系的属性,每个实体的码均是该关系的候选码。

如果将联系与任意一端实体所对应的关系模式合并,则需要在被合并的关系中增加属性,其新增的属性为联系本身的属性和与联系相关的另一个实体的码。

例如,将如图2-4所示的班级和班长1:1联系的E-R图转换为关系模式。

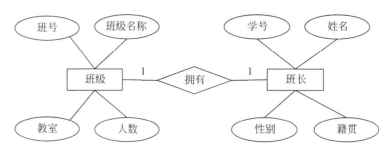

图2-4 班级和班长联系的E-R图

方案1:使联系形成的关系独立存在,转换后的关系模式如下。

班级(<u>班号</u>,班级名称,教室,人数)
班长(<u>学号</u>,姓名,性别,籍贯)
拥有(<u>班号</u>,学号)

方案2:将"拥有"和"班长"合并,转换后的关系模式如下。

班级(<u>班号</u>,班级名称,教室,人数)
班长(<u>学号</u>,姓名,性别,籍贯,班号)

方案3:将"拥有"和"班级"合并,转换后的关系模式如下。

班级(<u>班号</u>,班级名称,教室,人数,学号)
班长(<u>学号</u>,姓名,性别,籍贯)

将方案2或方案3与方案1相比,比方案1少一个关系,更节省存储空间。

2. 1:n联系

一个1:n联系可以转换为一个独立的关系模式,也可以与n端所对应的关系模式合并。

如果转换为一个独立的关系模式,则与该联系相连的各实体的码及联系本身的属性均转换为关系的属性,而关系的码为n端实体的码。

如果与n端所对应的关系合并,在n端实体中增加新属性,则新属性由联系对应的1端实体的码和联系自身的属性构成,新增属性后原关系的码不变。

例如,将如图2-5所示的系部和专业1:n联系的E-R图转换为关系模式。

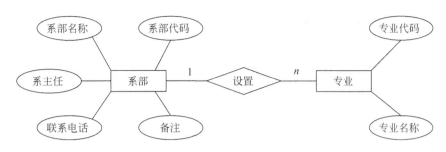

图 2-5 系部和专业联系的 E-R 图

方案 1：使联系形成的关系独立存在，转换后的关系模型如下。

系部(<u>系部代码</u>,系部名称,系主任,联系电话,备注)
专业(<u>专业代码</u>,专业名称)
设置(<u>专业代码</u>,系部代码)

方案 2：将联系形成的关系与 n 端合并，转换后的关系模式如下。

系部(<u>系部代码</u>,系部名称,系主任,联系电话,备注)
专业(<u>专业代码</u>,专业名称,系部代码)

比较以上两种方案可以发现：方案 1 中用一个关系来存放系部与专业的对应关系，方案 2 中则在专业关系中用一个属性来存放系部和专业的对应关系。事实上，每个专业都会从属于一个系部，方案 2 比方案 1 设计合理，又能节省存储空间。

3. $m:n$ 联系

一个 $m:n$ 联系转换为一个关系模式。

转换的方法为，与该联系相连的各实体的码及联系本身的属性均转换为关系的属性，新关系的码为两个相连实体码的组合。

例如，将图 2-3 所示的学生、课程及形成的选课联系转换为关系模式。

学生(<u>学号</u>,姓名,性别,出生日期,政治面貌,入学时间,系部代码,班号,籍贯,家庭地址)
课程(<u>课程号</u>,课程名,课程性质,学分)
选课(<u>学号</u>,<u>课程号</u>,成绩)

选课关系的码应为"学号"和"课程号"的组合。

2.2.3 关系合并规则

为了减少系统中的关系个数，如果两个关系模式具有相同的主码，则可以考虑将它们合并为一个关系模式。合并的方法是，将其中一个关系模式的全部属性加入到另一个关系模式中，然后去掉其中的相同属性，并适当调整属性的次序。

例如，班长 1(<u>学号</u>,姓名,性别,籍贯)和班长 2(<u>学号</u>,姓名,性别,班号)的关系模式可合并成如下的关系模式：

班长(<u>学号</u>,姓名,性别,班号,籍贯)

任务②对照练习 将图 2-3 所示的教师与课程及形成的任课联系、教师与学生及形成的授课联系分别转换为关系模式。

2.3 关系数据模式的规范化理论

课堂任务③ 学习关系数据库中函数依赖、范式及关系分解的相关知识。

关系数据库的设计直接影响着应用系统的开发、维护及其运行效率。一个不好的关系模式会导致插入异常、删除异常、修改异常、数据冗余等问题。为使数据库的设计方法逐渐完备，人们提出了关系数据库的理论，它借助于数学工具规定了一整套关系数据库设计的理论和方法，主要包括函数依赖理论和关系规范化理论。

2.3.1 数据依赖

数据依赖是指关系中属性值之间的既相互依赖又相互制约的联系。常见的数据依赖主要有函数依赖和多值依赖两种形式。本小节仅讨论函数依赖的形式。

1. 函数依赖的概念

设有一个关系：学生(学号，姓名，性别，出生日期，入学时间，系名)。

在这个关系中，当学生的学号确定时，该学生的姓名将唯一确定(学号→姓名)。

当学生的学号确定时，该学生的系名将唯一确定(学号→系名)。

函数依赖定义：在关系模式 R(X,Y) 中，X、Y 都是 R 的属性集，当 X 中取值确定时，Y 中的取值唯一确定，叫做 Y 函数依赖于 X，或 X 函数决定 Y，记作 X→Y，并称 X 为决定因素。

2. 函数依赖的分类

函数依赖可以分为完全函数依赖、部分函数依赖和传递函数依赖三类。

1) 完全函数依赖与部分函数依赖

设一个关系：SDC(学号，系名，系主任名，课程名，成绩)。

在 SDC 关系中，有函数依赖学号→系名，系名→系主任名，(学号，课程名)→成绩，这样，SDC 的关键字应为(学号，课程名)。显然有(学号，课程名)→系名，(学号，课程名)→系主任名，系名、系主任名只依赖于关键字(学号，课程名)中的学号，是部分函数依赖。本来由学号就能单独确定的属性值，由于关键字实体完整性的限制，课程名也不能为空，使得课程名也对系名和系主任名产生决定作用，这显然是不合理的。

部分函数依赖定义：在关系模式 R(X,Y) 中，X、Y 是 R 中的属性集，X→Y，且对 X 的任一个真子集 X'，不存在 X'→Y，则 X→Y 为完全函数依赖，否则称为部分函数依赖。

2) 传递函数依赖

设有一个关系：SD(学号，系名，系主任名)。

在 SD 关系中，有函数依赖学号→系名，系名→系主任名，而 SD 的关键字是学号。显然有学号→系主任名，这样，系主任名传递函数依赖于关键字学号。本来系名可以单独决定系主任名，但由于学号是关键字，在 SD 中不得不由学号起决定作用，这显然是不合理的。

传递函数依赖定义：在关系模式 R 中，X、Y、Z 是 R 中的属性集，X→Y，Y→Z，且不存在 Y⊆X、Y→X，则称 Z 传递函数依赖于 X。

函数依赖是数据依赖的一种，函数依赖反映了同一关系中属性间一一对应的约束。函数依赖的理论是关系的 1NF、2NF、3NF、BCNF 和 4NF 的基础理论。

2.3.2 范式及无损分解

在定义各种范式之前，先看一个例子。假设现有关系学生(学号，姓名，班级，课程号，成绩,班主任),这个关系模式的主码是(学号,课程号)。

可以看出,学生这个关系模式存在以下 4 个问题:

- 数据冗余。一个学生通常要选多门课,学号、姓名、课程号和班主任都会重复多次,占用存储空间多。
- 更新异常。如果某班改换了班主任,则属于该班的学生都要修改班主任的内容,而每一个学生又选修了多门课程,修改时一不小心就可能此改彼漏,造成数据不一致。
- 插入异常。例如,当某学生尚未选课前,虽然已知他的学号、姓名与班级,但仍无法将他的信息插入关系中。这是因为关系的主码是(学号,课程号),课程号不能为空,所以插入是禁止的。显然,这和先入学后选课的情形是冲突的。
- 删除异常。假定某个学生只选修了一门课程,现在要取消这次选课,显然在删除记录时需将整个元组一起删去,这样有关该学生的其他信息就丢失了。若想保留该学生的其他信息,就只好不删。

产生上述问题的原因,直观地说,是因为关系中"包罗万象",内容太杂了。从属性间函数依赖的关系看,由于该关系中除存在完全函数依赖外,还存在着部分函数依赖和传递函数依赖。下面从消除后两种函数依赖入手,尝试解决上述问题。

1. 范式及规范化

规范化的理论是 E. F. Codd 首先提出的。他认为,一个关系数据库中的关系都应满足一定的规范,才能构造出好的数据模式,Codd 把应满足的规范分成几级,每一级称为一个范式(Normal Form)。例如,满足最低要求的,叫第一范式(1NF);在 1NF 基础上又满足一些要求的叫第二范式(2NF);在第二范式中,有些关系能满足更多的要求,就属于第三范式(3NF)。后来 Codd 和 Boyce 又共同提出了一个新范式:BC 范式(BCNF)。以后又有人提出第四范式(4NF)和第五范式(5NF)。范式的等级越高,应满足的条件也越严。

所谓"第几范式",是表示关系的某一种级别,所以经常称某一关系模式 R 为第几范式。但现在人们把范式这个概念理解成符合某一种级别的关系模式的集合,则 R 为第几范式就可以写成 $R \in x$NF。对于各种范式之间的联系,$5NF \subset 4NF \subset BCNF \subset 3NF \subset 2NF \subset 1NF$ 成立。

将一个低一级范式的关系模式,通过模式分解可以转换为若干个高一级范式的关系模式的集合,这个过程就叫规范化。

1) 第一范式(1NF)

如果关系模式 R 的每一个属性是不可分解的数据项,则 R 为第一范式模式,记为 $R \in 1$NF。简单地说,第一范式要求关系中的属性必须是原子项,即不可再分的基本类型、集合、数组和结构不能作为某一属性出现,严禁出现"表中有表"的情况。如表 2-1 所示,成绩这个属性中还包含了多个子项,所以这个关系就不符合第一范式的规定。

表 2-1 不符合第一范式的形式

学号	姓名	成绩		
		课程 1 成绩	课程 2 成绩	课程 3 成绩
125204001	王一枚	85	75	60
125204002	李碧玉	63	81	74

但是,满足第一范式的关系模式并不一定是一个好的关系模式,例如,关系模式:

学生(学号,姓名,班级,课程号,成绩,班主任)

显然,这个关系模式满足第一范式,但是前面已经讨论过了,该关系存在插入异常、删除异常、数据冗余度大和更新异常 4 个问题。

2) 第二范式(2NF)

学生关系模式之所以会有上述问题,其原因是姓名、班级等非主属性对码的部分函数依赖。为了消除这种部分函数依赖,可以把学生关系分解为两个关系模式:学生和选课。

学生(学号,姓名,班级,班主任)
选课(学号,课程号,成绩)

其中,学生关系模式的码为(学号),选课关系模式的码为(学号,课程号)。它们的函数依赖如图 2-6 所示。

图 2-6　学生关系模式的函数依赖与选课关系模式的函数依赖

显然,在分解后的关系模式中,非主属性都完全函数依赖于码了,从而使上述 4 个问题在一定程度上得到了一定的解决。

- 在学生关系中可以插入尚未选课的学生信息。
- 删除某一门课程仅涉及选课关系模式,如果某一个学生不再选修某一课程了,只是选课关系中没了关于该学生的相关课程信息,不会牵扯学生关系中该学生的其他相关信息。
- 由于学生的选课情况与其本身的基本信息是分开存储在两个关系模式中的,因此,无论某个学生学习了多少门课程,该学生对应的姓名、班级和班主任的信息只会在学生关系中存储一次,这就降低了数据冗余。

第二范式定义:若关系模式 R 满足第一范式,即 R∈1NF,并且每个非主属性都完全函数依赖于 R 的码(即不存在部分函数依赖),则 R 满足第二范式,记为 R∈2NF。

上例中,从学生关系分解后的学生关系和选课关系都属于 2NF。可见,采用分解法将一个 1NF 关系分解为多个 2NF 的关系,可以在一定程度上减轻原 1NF 关系中存在的插入异常、删除异常、数据冗余度大和更新异常等问题。但是,将一个 1NF 关系分解为多个 2NF 的关系,并不一定能完全消除关系模式中的各种异常。也就是说,属于 2NF 的关系模式并不一定是一个好的关系模式。

例如,分解后属于 2NF 的关系模式学生(学号,姓名,班级,班主任)中有下列函数依赖:学号→姓名,学号→班级,班级→班主任,学号→班主任。

在这个关系模式中有班主任传递函数依赖于学号,即学生关系模式中存在非主属性对码的传递函数依赖。

学生关系模式中还存在以下一些问题：

- 插入异常。如果要添加一个班主任，但该班主任的班级暂时还没有学生入学，就无法将其信息存入数据库。
- 删除异常。如果删除一个班的所有学生，则该班级和班主任的信息将一并被删除了。
- 仍有较大的冗余。一个学生对应一个班主任，在学生关系中却重复出现，重复次数为学生的数量。
- 更新异常。如果要修改某个班级的班主任，本来只需修改一次，但在学生关系中，要修改其对应的所有学生的相关信息。

所以，学生关系模式仍不是一个好的关系模式。

3) 第三范式(3NF)

学生关系模式出现上述问题的原因是，该关系模式含有传递函数依赖。为了消除该传递函数依赖，可以把学生关系模式分解为关系模式：学生和班级。

学生(学号,姓名,班级)
班级(班级,班主任)

其中，学生关系模式的码是学号，班级关系模式的码是班级。这两个关系模式的函数依赖如图 2-7 所示。

图 2-7　学生的函数依赖与班级的函数依赖

显然，在分解后的关系模式中，既没有非主属性对码的部分函数依赖，也没有非主属性对码的传递函数依赖，这在一定程度上解决了上述 4 个问题。

- 在班级关系模式中，可以插入暂时没有接管学生的班主任的相关信息。
- 如果删除了一个班的学生信息，则只是删除了学生关系模式的相应元组，班级关系模式中关于该班的相关信息将仍保存。
- 每个班级对应的班主任信息只在班级关系模式中出现一次。
- 如果要修改某个班的班主任，则只需在班级关系模式中修改一次就可以了。

第三范式定义：若关系模式 R∈2NF，且它的每一个非主属性都不存在传递函数依赖于码，则 R 满足第三范式，记做 R∈3NF。换句话说，如果一个关系模式 R 满足不存在部分函数依赖和传递函数依赖，则 R 满足 3NF。

上例中，学生和班级关系模式都属于 3NF。可见，采用分解法将一个 2NF 关系分解为多个 3NF 的关系，可以在一定程度上减轻原 2NF 关系中存在的插入异常、删除异常、数据冗余度大和更新异常等问题。

除了上述的 3 种范式之外，还有 BC 范式(BCNF)、第四范式(4NF)和第五范式(5NF)。

其中,BCNF 是对 3NF 的进一步修正,4NF 考虑到多值依赖的问题,5NF 尚在理论研究中。一般来讲,数据库的关系模式设计只要能够满足 3NF 就可以了。

2. 关系模式的分解

分解就是将一个关系拆分成两个或多个关系,让一个关系模式描述一个概念、一个实体或者实体间的一种联系。若多于一个概念,就把它"分离"出去。分解是提高关系范式等级的重要方法。从上述的各个例子中可以看到分解所起的作用。

那么,如何对关系模式进行分解呢? 下面通过一个实例说明模式分解的一般方法和对分解质量的要求。

例如,已知关系学生(学号,班级,班主任)∈2NF,如表 2-2 所示为其包含的内容,如图 2-8 所示为属性间的依赖关系。

表 2-2　学生关系的内容

学号	班级	班　主　任
S1	A1	Sam
S2	A2	Tom
S3	A2	Tom
S4	A3	Sam

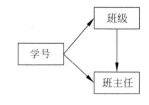

图 2-8　学生关系模式的函数依赖

从图中可以看出,该关系中存在传递函数依赖。将学生关系分解为符合 3NF 的新关系,这里有 3 种不同的分解方法。

方案 1:学生-班级(学号,班级),班级-班主任(班级,班主任)

方案 2:学生-班级(学号,班级),学生-班主任(学号,班主任)

方案 3:学生-班主任(学号,班主任),班级-班主任(班级,班主任)

3 种方案得出的新关系全是 3NF,但分解的质量却大有差异。以下结合对分解质量的要求,对这 3 种方案进行比较。

(1) 分解必须是无损的,即不应在分解中丢失信息。

在上例中,方案 3 就不能保证无损分解。如表 2-3 和表 2-4 所示为这一方案得出的两个关系。由于 A1 班和 A3 班的班主任是同一个人,因此分解后将无法分辩 S1~S4 属于哪一个班。

表 2-3　学生-班主任关系

学　　号	班　主　任
S1	Sam
S2	Tom
S3	Tom
S4	Sam

表 2-4　班级-班主任关系

班　　级	班　主　任
A1	Sam
A2	Tom
A3	Sam

(2) 分解后的新关系应相互独立,对一个关系内容的更改应不影响另一个关系。

试比较以上的 1、2 两种方案。设 S4 从 A3 班转到 A2 班。按第 1 种方案,仅修改学生-班级关系模式就可以了;而按第 2 种方案,就要同时修改学生-班级与学生-班主任两个关系。

在插入的时候,1、2两种方案的情况也不相同。假定增加了一个新班,并有了班主任。按第1种方案,可以直接在班级—班主任关系中插入一个新元组;而按第2种方案,则必须等这个班已有了学生,才能将班级与班主任的信息分别插入学生—班级与学生—班主任两个关系。

产生以上这些差别的原因,可以结合图2-8来说明。在图中的3个属性之间,学号→班级,班级→班主任都是完全函数依赖,而学号→班主任则为传递函数依赖。方案1建立的两个新关系分别使用了两个原有的完全函数依赖关系,方案2和方案3都只有一个新关系使用了完全函数依赖,另一个新关系使用了传递函数依赖。对于未用到的那个完全函数依赖关系,只能靠推导才能得到。这就是方案1优于其他方案的原因。

从上例可知,对关系模式的分解,不能仅着眼于提高它的范式等级,还应遵守无损分解和分解后的新关系相互独立等原则。只有兼顾到各方面的要求,才能保证分解的质量。

任务③对照练习　设有一关系模式学生(学号,姓名,班级,课程号,课程名,成绩,班主任)存在数据依赖,请进行无损分解。

2.4　构造学生信息管理系统

课堂任务④　完成学生信息管理系统数据库的设计。

2.4.1　学生信息管理系统功能模块

在本案例中,学生选修课程,教师教授课程,每个学生都应属于某个系部,每个系部又设置多个不同的专业。在该系统中,要求可以查看到学生的信息、学生选课的信息、教师的信息、每个课程的信息及学生所在系部和专业的信息等。

经过调研及分析,学生信息管理系统主要具有以下功能。

- 学生信息维护:主要完成学生信息的登记、修改、删除等操作。
- 课程信息维护:主要完成课程信息的添加、修改和删除等操作。
- 学生选课处理:主要完成学生的选课活动,记录学生的选课情况和考试成绩。
- 教师信息维护:主要完成教师信息的登记、修改、删除等操作。
- 班级信息维护:主要记录各个班级的相关信息,并能进行添加、修改和删除等操作。
- 教师任课情况处理:主要完成对教师任课情况的记录和维护。
- 系部和专业信息维护:主要完成系部和专业相关信息的管理和维护。
- 教学计划维护:主要完成对各课程计划制订信息的管理和维护。

2.4.2　设计学生信息管理系统的 E-R 图

1. 设计局部 E-R 模型

(1) 学生信息管理系统实体的确定。

初步分析,学生信息管理系统主要有 6 个实体:学生、教师、课程、班级、系部和专业。

(2) 学生信息管理系统实体间联系类型的确定。

学生与课程之间存在的选课联系为 $m:n$ 联系,即一个学生可以选修多门课程,一门课程可以被多个学生选修,定义联系为"选课"。

教师与课程之间存在的任课联系为 $m:n$ 联系,即一名教师可以教授多门课程,一门课程可以被多个教师讲授,定义联系为"任课"。

学生与班级之间存在的属于联系为 $1:n$ 联系,即一个班级有多个学生,一个学生只能属于一个班级,定义联系为"属于"。

系部和班级之间存在的管理联系为 $1:n$ 联系,即一个系部有多个班级,一个班级只属于一个系部,定义联系为"管理"。

系部和教师之间存在的拥有联系为 $1:n$ 联系,即一个系部有多个教师,一个教师只属于一个系部,定义联系为"拥有"。

系部和专业之间存在的专业设置的联系为 $1:n$ 联系,即一个系部可设置多个专业,一个专业只属于一个系部,定义联系为"设置"。

课程和专业之间存在的开设课程的联系为 $m:n$ 联系,即一个专业可以制定多门课程,一门课程可以被多个专业选用,定义联系为"制定"。

(3)各实体类型属性的确定。

学生实体类型的属性:学号、姓名、性别、出生日期、政治面貌、入学时间、系部代码、班号、籍贯、家庭住址、备注。

课程实体类型的属性:课程号、课程名、课程性质、学分。

教师实体类型的属性:教师编号、姓名、性别、出生日期、政治面貌、参加工作时间、学历、职务、职称、系部代码、备注。

班级实体类型的属性:班号、班级名称、学生数、专业代码、班主任、班长、教室。

系部实体类型的属性:系部代码、系部名称、系主任、联系电话、备注。

专业实体类型的属性:专业代码、专业名称。

(4)根据实体类型绘制出 E-R 图。

根据前面的分析,设计局部 E-R 图。学生与课程的 E-R 模型如图 2-9 所示。

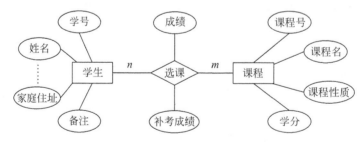

图 2-9 学生与课程联系的 E-R 模型

教师与课程的 E-R 模型如图 2-10 所示。学生与班级的 E-R 模型如图 2-11 所示。

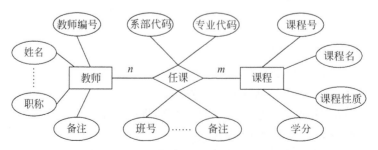

图 2-10 教师与课程联系的 E-R 模型

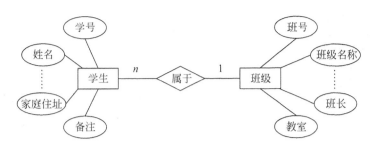

图 2-11 学生与班级联系的 E-R 模型

此外,还有学生与系部、教师与系部等联系的 E-R 图,这里就不赘述了。

2. 学生信息管理系统的初步 E-R 模型

综合图 2-9、2-10、2-11 及其他局部 E-R 模型,可以得到图 2-12 所示的学生信息管理系统的全局 E-R 模型。

在集成的过程中,要消除属性、结构、命名三类冲突,实现合理集成。

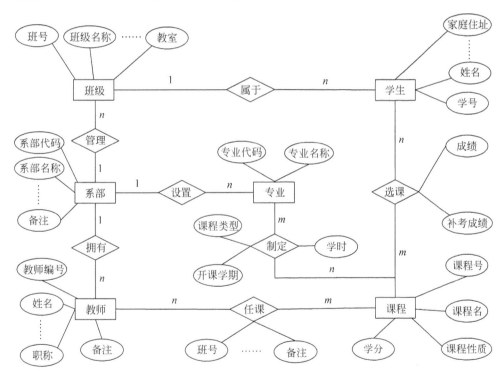

图 2-12 学生信息管理系统的全局 E-R 模型

2.4.3 学生信息管理系统的关系模式

利用前面介绍的关系模式转换规则,将图 2-12 中的实体和实体间的联系转换为如下的关系模式:

学生基本信息(学号,姓名,性别,出生日期,政治面貌,入学时间,班号,籍贯,家庭住址,备注)
课程(课程号,课程名,课程性质,学分)

教师(<u>教师编号</u>,姓名,性别,出生日期,政治面貌,参加工作时间,学历,职务,职称,系部代码,备注)
班级(<u>班号</u>,班级名称,学生数,班主任,班长,系部代码,教室)
系部(<u>系部代码</u>,系部名称,系主任,联系电话,备注)
专业(<u>专业代码</u>,专业名称,系部代码)
选课(<u>学号</u>,<u>课程号</u>,成绩,补考成绩)
教师任课(<u>教师编号</u>,课程号,系部代码,专业代码,班号,开课学期,学生数,备注)
教学计划(<u>课程号</u>,<u>专业代码</u>,课程类型,开课学期,学时)

此时,还需要对转换得到的学生信息管理系统关系模式进行优化处理,以尽量减少数据冗余,但不能完全消除冗余。因为只要实体间的联系存在,就会有公共的属性,这是两实体实现联系的依据。在实际应用中,有时保留一定的冗余会使数据的处理和管理更方便。

数据库的关系模式确定后,就可将其转换为 SQL Server 中的关系数据模型了。关系数据模型中的一个关系对应 SQL Server 数据库中的一个表,具体的相关操作将在后续的课程中进行介绍。

课后作业

1. 试述数据库设计方法和基本过程。

2. 给出下列术语的定义,并加以理解:

函数依赖、完全函数依赖、传递函数依赖、1NF、2NF、3NF。

3. 什么是 E-R 图?构成 E-R 图的基本要素是什么?

4. 试述 E-R 图转换为关系模式的规则。

5. 现有一个局部应用,包括两个实体:出版社和作者。这两个实体是多对多的联系,请设计适当的属性,绘制出 E-R 图,再将其转换为关系模式。

6. 请设计一个图书馆数据库,在此数据库中,对每个借阅者保存的记录包括读者号、姓名、地址、性别、年龄和单位。对每本书保存书号、书名、作者和出版社。对每本被借出的书保存读者号、借出日期和应还日期。要求给出该图书馆数据库的 E-R 图,并将其转换为关系模式。

7. 如图 2-13 所示是一个销售业务管理的 E-R 图,请把它转换成关系模式。

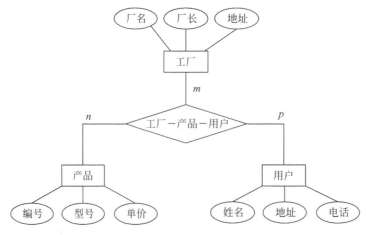

图 2-13　一个销售业务管理的 E-R 图

8. 设一个仓库管理系统的局部应用有如下 3 个实体。

仓库：仓库号、仓库名称、地点、面积。

职工：职工号、职工姓名、性别、年龄。

货物：货物号、货物名、价格。

其中，仓库和职工是一对多的关系，仓库和货物是多对多的关系。请绘制出该局部应用的 E-R 模型，并将其转换为关系模式。

9. 关系规范化的作用是什么？第一范式至第三范式，每种范式的特点是什么？

实训 1　图书借阅管理系统数据库的设计

1. 实训目的

熟悉数据库设计的基本方法和步骤，理清数据库设计各个阶段所要完成的任务。通过该实训，更加清楚地了解数据库设计的过程。

2. 实训准备

(1) 熟悉 E-R 图的绘制。

(2) 熟悉数据库设计的方法、步骤。

3. 实训要求

(1) 在实训之前做好实训准备。

(2) 完成数据库设计，并验收实训结果，提交设计报告。

4. 实训内容

(1) 根据周围的实际情况，自选一个小型的数据库应用项目，深入到应用项目中调研，并进行分析和设计。例如可选择人事管理系统、工资管理系统、教材管理系统、小型超市商品管理系统和图书管理系统等。要求写出数据库设计报告。

在数据库设计报告中包括以下内容：

• 系统需求分析报告。

• 概念模型的设计(E-R 图)。

• 关系数据模型的设计。

(2) 完成下列图书借阅管理系统数据库的设计。

• 图书借阅管理系统功能简析。

图书信息维护：主要完成图书信息的登记、修改和删除等操作。

读者信息维护：主要完成读者信息的添加、修改和删除等操作。

工作人员信息维护：主要完成工作人员信息的添加、修改和删除等操作。

图书类别的管理：主要完成图书类别的添加、修改和删除等操作。

图书借还管理：主要完成图书借还信息的记录。

• 图书借阅管理系统中的实体和属性的设计。

读者(借书证号，姓名，性别，出生日期，借书量，单位，电话，E-mail)

图书(图书编号，图书名称，作者，出版社，定价，购进日期，购入数，复本数，库存数)

工作人员(工号,姓名,性别,出生日期,联系电话,E-mail)

图书类别(类别号,图书类别)

其中,每本图书都有唯一的一个图书类别,每个图书类别有多本图书;每个读者可以借阅多本图书;工作人员负责读者的借还工作。

- 设计该系统数据库的 E-R 图。
- 将设计好的 E-R 图转换为关系模式。
- 对设计好的关系模式进行规范化的处理。

第3章

SQL Server 2008的安装及使用

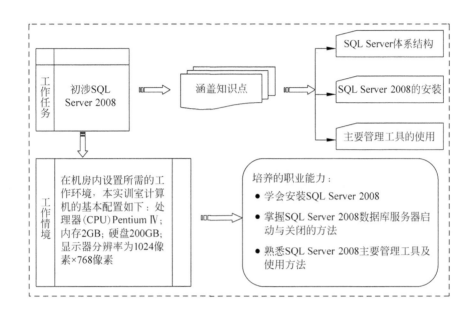

第3课　初涉 SQL Server 2008

开发学生信息管理系统数据库采用的工具是 Microsoft 公司推出的最新一代的数据库管理系统 SQL Server 2008。SQL Server 2008 是一款重要的产品版本，它推出了许多新的特性和关键的改进，从而使得它成为迄今为止最强大和最全面的 SQL Server 版本。该软件具有怎样的体系架构？该如何安装？主要的管理工具又该如何使用？下面就这些问题进行讨论。

3.1　SQL Server 2008 概述

课堂任务① 了解 SQL Server 2008 的体系结构、版本类型和安装的环境要求。

SQL Server 2008 系统诞生于 2008 年 3 月 13 日。在微软 2008 新一代企业应用平台与开发技术发布大会上，微软向企业用户同时发布三款核心应用平台产品：Windows Server 2008、Visual Studio 2008、SQL Server 2008。随着 Windows Server 2008、Visual Studio 2008 和 SQL Server 2008 的推出，它们开启了一个新的时代。

SQL Server 是美国 Microsoft 公司的旗舰产品，是一种典型的关系型数据库解决方案。

它起源于 1989 年由 Sybasee 公司和 Ashton-Tate 公司合作开发的 SQL Server 1.0 数据库产品,1995 年推出的 SQL Server 6.0 是第一个完全由 Microsoft 公司开发的,从此以后,SQL Server 便成为 Microsoft 公司的重要产品。Microsoft 公司于 1996 年又推出了 SQL Server 6.5 版,1998 年推出了 7.0 版,2000 年 9 月发布了 SQL Server 2000 版,5 年后推出了 SQL Server 2005 版。SQL Server 早期的版本适用于中小企业的数据管理,后来随着版本的升级,系统性能不断提高,可靠性与安全性不断增强,应用范围也扩展到大型企业及跨国公司的数据管理领域。

3.1.1   SQL Server 2008 的体系结构

体系结构是描述系统组成要素和要素之间关系的方式。Microsoft SQL Server 系统的体系结构是对 Microsoft SQL Server 的主要组成部分和这些组成部分之间关系的描述。Microsoft SQL Server 是一个提供了联机事务处理、数据仓库、电子商务应用的数据库和数据分析的平台,由 4 个主要部分组成。这 4 个部分被称为 4 个服务,这些服务分别是数据库引擎、分析服务、报表服务和集成服务。

1. 数据库引擎

数据库引擎(SQL Server Database Engine,SSDE)是 Microsoft SQL Server 2008 系统的核心服务,负责完成业务数据的存储、处理、查询和安全管理等操作。例如创建数据库、创建表、执行各种数据查询、访问数据库等操作,都是由数据库引擎完成的。数据库引擎本身也是一个复杂的系统,它包括了许多功能,例如 Service Broker、复制等。Service Broker 提供了异步通信机制,可以用于存储、传递消息。复制是指在不同的数据库之间对数据和数据库对象进行备份和分发,是保证数据库之间同步和数据一致的技术。学生信息管理系统使用 Microsoft SQL Server 2008 作为后台数据库,数据库引擎负责完成学生、教师和课程等信息数据的添加、更新、删除、查询及安全控制等操作。

2. 分析服务

分析服务(SQL Server Analysis Services,SSAS)提供了多维分析(Online Analysis Processing,OLAP,中文直译为联机分析处理)和数据挖掘功能,可以支持用户建立数据仓库和进行商业智能分析。使用 SSAS 服务,可以设计、创建和管理包含了来自于其他数据源数据的多维结构,通过对多维数据进行多个角度的分析,可以使管理人员对业务数据进行更全面的理解。另外,通过使用 SSAS 服务,用户可以完成数据挖掘模型的构造和应用,实现知识发现、知识表示、知识管理和知识共享。例如,在学生信息管理系统中,可以使用 Microsoft SQL Server 2008 系统提供的 SSAS 服务完成对学生的数据挖掘分析,发现更多有价值的信息和知识,从而为深入教学改革、提高教学质量管理水平提供有效的支持。

3. 报表服务

报表服务(SQL Server Reporting Services,SSRS)为用户提供了支持 Web 的企业级的报表功能。通过使用 Microsoft SQL Server 2008 系统提供的 SSRS 服务,用户可以方便地定义和发布满足自己需求的报表。无论是报表的布局格式,还是报表的数据源,用户都可以轻松地实现。这种服务极大地便利了企业的管理工作,满足了管理人员高效、规范的管理需求。例如,在学生信息管理系统中,使用 Microsoft SQL Server 2008 系统提供的 SSRS 服务可以方便地生成 Word、PDF、Excel、XML 等格式的报表。另外,SSRS 的处理能力和性能也得到了改进,使得大型报表不再耗费所有的可用内存,从而在报表的设计和完成之间有了更好的一致性。SSRS还包含了跨越表格和矩阵的TABLIX,Application Embedding允许用户单击报表中的URL链接,以调用应用程序。

4. 集成服务

集成服务(SQL Server Integration Services,SSIS)是一个嵌入式应用程序,可以完成有关数据的提取、转换和加载等。如何将数据源中的数据经过适当地处理加载到分析服务中,以便进行各种分析处理,这正是SSIS服务所要解决的问题。SSIS替代了SQL Server 2000的DTS(数据转换服务),可以高效地处理各种各样的数据源,除了可以处理Microsoft SQL Server数据之外,还可以处理Oracle、Excel、XML文档、文本文件等数据源中的数据。另外,SQL Server 2008集成服务有了很大的改进和增强,在执行程序方面能够更好地并行执行,能够在多处理器机器上跨越两个处理器,而且它在处理大件包上面的性能得到了提高。

3.1.2　SQL Server 2008的版本类型

根据数据库的用户类型和使用需求,Microsoft公司分别发行了多种不同的SQL Server 2008的版本,主要有企业版、标准版、工作组版、开发版、精简版和移动版等。用户可以根据自己的实际使用需求及软硬件的配置,选择所需要安装的SQL Server 2008版。各版本的主要性能及适用范围如表3-1所示。

表3-1　SQL Server 2008各版本的性能说明及适用范围

版　　本	性　能　说　明	适　用　范　围
企业版 Enterprise Edition	是一个全面的数据管理和分析智能平台,为业务应用提供了企业级的数据仓库、集成服务、分析服务和报表服务等技术支持,是最全面的SQL Server 2008版	超大型企业的理想选择,能够满足最复杂的需求,如大规模联机事务处理(OLTP)、大规模报表、先进的分析、数据仓库等
标准版 Standard Edition	是一个完整的数据管理和分析智能平台,包含电子商务、数据仓库和业务流解决方案所需要的基本功能、分析服务和报表服务,提供最好的易用性和可管理性	中小型企业的理想选择,用于中小型规模联机事务处理、报表和分析等
工作组版 Workgroup Edition	是一个可信赖的数据管理和报表平台,具有安全发布、远程同步等管理功能	对数据库大小和用户数量没有限制的小型企业的理想选择。用于分支数据存储、分支报表和远程同步
开发版 Developer	拥有企业版的所有特性,但只限于在开发、测试和演示场合使用	是开发人员构建和测试基于SQL Server任意类型应用的理想选择。基于该版本开发的应用系统和数据库,可以很容易地升级到企业版
精简版 Express Edition	是一个微缩的免费版本,拥有核心数据库功能,支持SQL Server 2008最新的数据类型,缺少管理工具、高级服务和可用性功能	低端服务器用户和非专业开发人员入门级学习的理想选择,可构建丰富的桌面应用系统
移动版 Compact Edition	是一款免费的嵌入式数据库系统,可创建仅有少量连接需求的移动设备、桌面或Web客户端应用	独立嵌入式开发或断开式连接客户端的理想选择

3.1.3 安装 SQL Server 2008 的环境要求

SQL Server 2008 同其他软件一样,其安装与运行对计算机系统的硬件和软件都有一定的要求。

1. 硬件要求

为了正确安装 SQL Server 2008,满足 SQL Server 2008 的正常运行要求,计算机的芯片、内存、硬盘空间等需要满足最低的硬件配置要求,这种最低的硬件要求如表 3-2 所示。

表 3-2 最低的硬件要求

硬　件	最　低　要　求
处理器	Pentium Ⅲ 兼容处理器或速度更快的处理器,至少 600MHz 以上,推荐 1GHz 或更高
内存(RAM)	企业版、标准版、工作组版:至少 512MB,推荐 1GB 或更大;精简版:至少 192MB,推荐 512MB 或更大
硬盘空间	数据库组件:95~300MB,典型安装 250MB;Analysis Services 另加 50MB;Reporting Services(Report Server 50MB,Report Designer 50MB)另加 100MB
显示器	分辨率至少在 1024 像素×768 像素或以上,才能使用其图形分析工具

2. 软件要求

SQL Server 2008 需要安装并运行在 Windows 操作系统上。对于不同的 SQL Server 2008 版本,所要求的操作系统也不一样。除了对操作系统的要求之外,还有一些其他软件的要求。因此,了解 SQL Server 2008 对软件的要求,也是顺利安装 SQL Server 2008 不可缺少的。SQL Server 2008 对软件的具体要求如表 3-3 所示。

表 3-3 软件要求

软　件　名　称	要　求　说　明
操作系统	Windows Server 2003 Service Pack 2 Windows Server 2008 Windows Server 2008 R2 可以安装到 64 位服务器的 Windows on Windows(WOW64)32 位子系统中
框架	.NET Framework 3.5 SP1 SQL Server Native Client SQL Server 安装程序支持文件
其他软件	Microsoft Windows Installer 4.5 或更高版本 Microsoft Internet Explorer 6 SP1 或更高版本
网络协议	Shared memory(客户端连接本机 SQL Server 实例时使用) Named Pipes TCP/IP VIA

以上仅仅是 SQL Server 2008 Enterprise(32 位)对计算机系统要求的简单介绍,而 SQL Server 2008 Enterprise(64 位)版本除了要求操作系统是 64 位系统外,其他部分改动不大。

如果表 3-2 和表 3-3 中的要求达不到,则安装程序有可能中断安装并给出错误提示。此时,需要对机器系统做出修改,以便顺利进行安装。

3.2　SQL Server 2008 的安装与启动

课堂任务②　完成 SQL Server 2008 的安装和启动。

3.2.1　SQL Server 2008 的安装

在获得 SQL Server 2008 安装光盘或安装文件后,并确认计算机软硬件配置能够满足安装要求的情况下,就可以开始安装 SQL Server 2008 了,其安装步骤如下:

(1) 打开 SQL Server 2008 的文件夹,双击 setup.exe 安装文件。如果当前没有安装 Microsoft.NET Framework 3.5 版,则会出现如图 3-1 所示的安装提示对话框,单击【确定】按钮,按照安装向导即可完成 Microsoft.NET Framework 3.5 的安装。

图 3-1　安装.NET Framework 提示对话框

(2) 在完成了 Microsoft.NET Framework 的安装并更新了 Windows Installer 之后,再次双击 setup.exe 安装文件,将弹出"SQL Server 安装中心"窗口,如图 3-2 所示。在该窗口中选择左窗格的"安装"选项,进入"安装"界面,如图 3-3 所示。

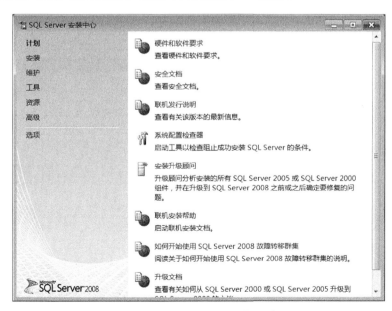

图 3-2　"SQL Server 安装中心"窗口

（3）在"安装"界面右窗格中选择"全新 SQL Server 独立安装或向现有安装添加功能"选项，开始 SQL Server 2008 的安装。

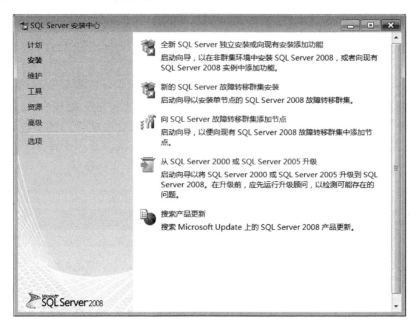

图 3-3　"安装"界面

（4）系统进行安装程序支持规则的检查，判断当前机器环境是否符合 SQL Server 2008 的安装条件，只有在各规则全部通过检查后，才能继续进行安装，"安装程度支持规则"界面如图 3-4 所示。

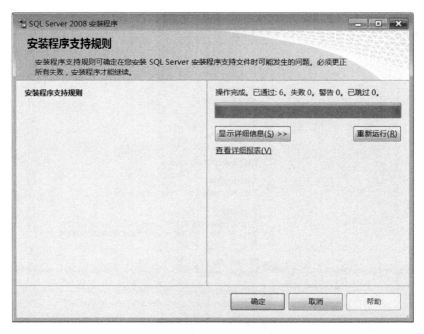

图 3-4　"安装程序支持规则"界面

(5) 单击【确定】按钮,进入"安装程序支持文件"界面,如图 3-5 所示。这些文件是安装或更新 SQL Server 2008 所必需的。

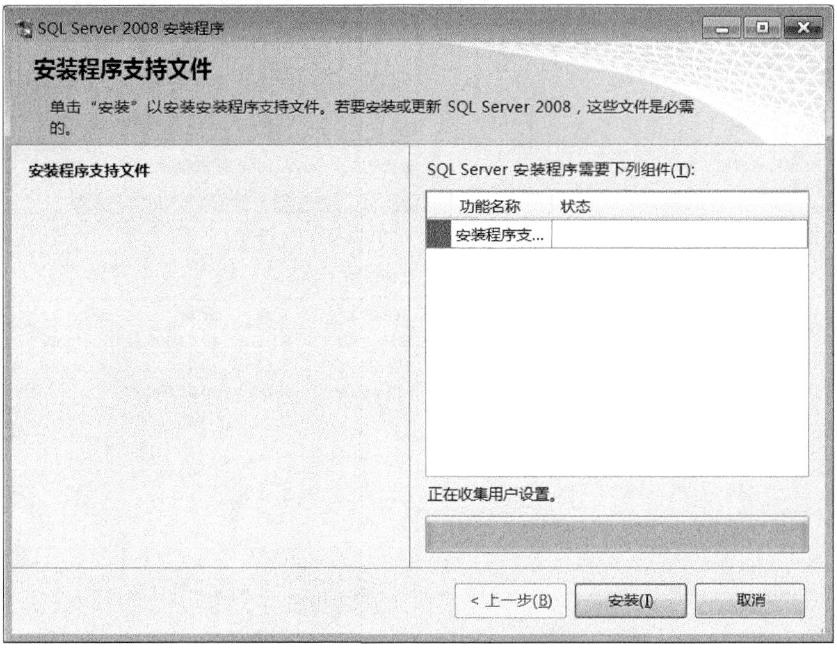

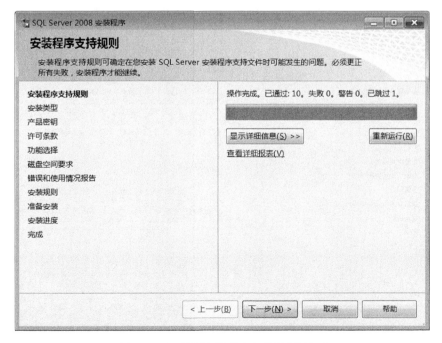

图 3-5 "安装程序支持文件"界面

(6) 单击【安装】按钮,开始安装"安装程序支持文件"。安装结束后,弹出"安装程序支持规则"界面,如图 3-6 所示,在该界面中将显示安装程序所支持文件的通过情况。

图 3-6 此时的"安装程序支持规则"界面

（7）单击【下一步】按钮，弹出"安装类型"界面，如图 3-7 所示。从中可执行新安装或向 SQL Server 2008 现有实例中添加功能。

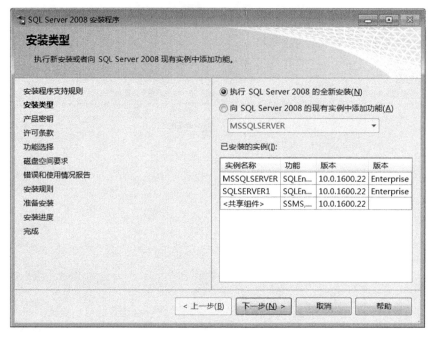

图 3-7 "安装类型"界面

（8）单击【下一步】按钮，进入"产品密钥"界面，如图 3-8 所示。从中可输入正版产品的密钥，或默认不输入任何密钥。如果不输入密钥，则 SQL Server 2008 可试用 180 天。

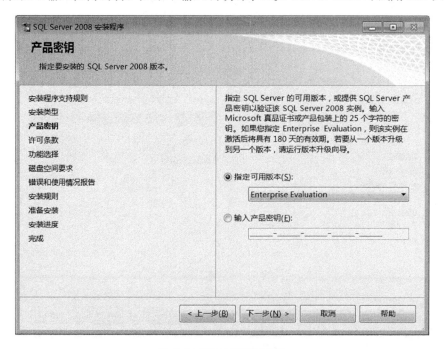

图 3-8 "产品密钥"界面

　　(9) 单击【下一步】按钮，在弹出的"许可条款"界面中选中下面的"我接受许可条款(A)"复选框，"许可条款"界面如图 3-9 所示。

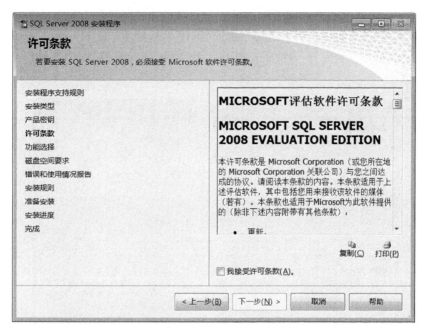

图 3-9　"许可条款"界面

　　(10) 单击【下一步】按钮，弹出"功能选择"界面，如图 3-10 所示。从中可选择需安装的功能，至少需要安装"数据库引擎服务"、Reporting Services、"客户端工具"，Business Intelligence Development Studio，每当选择需安装的功能名称后，便会显示每个组件组的功能说明。

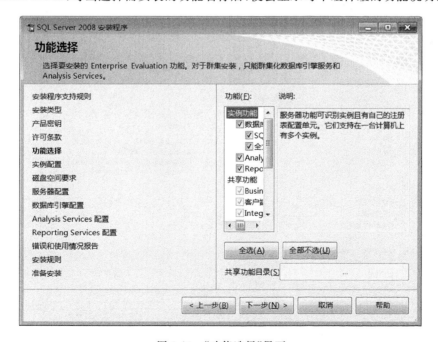

图 3-10　"功能选择"界面

（11）单击【下一步】按钮，弹出"实例配置"界面，如图 3-11 所示。从中可以指定是安装默认实例还是命名实例。对于默认实例，实例名称和实例 ID 均为 MSSQLSERVER；对于命名实例，可在单选按钮右侧的文本框中输入自行命名的实例名称。如果是第一次安装，则可选择"默认实例"单选按钮；如果是第二次安装，计算机上已安装了一个默认实例，则必须选择"命名实例"单选按钮。每一个安装称为一个实例（Instance），每个实例必须有属于它的唯一的名称。

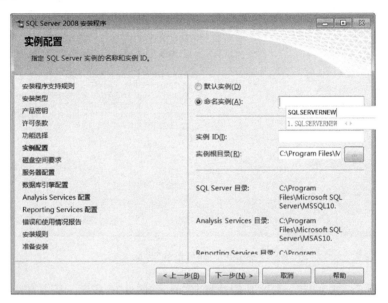

图 3-11　"实例配置"界面

（12）单击【下一步】按钮，弹出"磁盘空间要求"界面，如图 3-12 所示。从中可计算前面选择的功能所需的磁盘空间，然后将所需空间与可用磁盘空间进行比较。

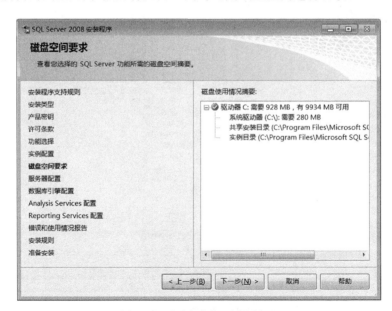

图 3-12　"磁盘空间要求"界面

　　(13) 单击【下一步】按钮，弹出"服务器配置"界面，如图 3-13 所示。从中可指定 SQL Server 服务的登录账户名、密码和启动类型。在指定的过程中，可以对所有服务使用一个账户，也可以根据需要为每个服务指定单独账户。

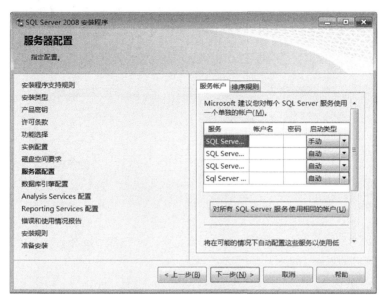

图 3-13　"服务器配置"界面

　　要为每个服务指定单独账户，可单击"账户名"组合框，从下拉列表中选择账户名称，然后为该服务提供登录凭据。

　　要为所有服务使用相同的账户，可单击"对所有 SQL Server 服务使用相同的账户"按钮，弹出如图 3-14 所示的对话框，在"账户名"组合框中输入账户名，或单击【浏览】按钮弹出"选择用户或组"对话框，如图 3-15 所示。

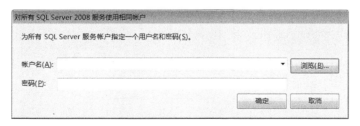

图 3-14　"对所有 SQL Server 2008 服务使用相同账户"对话框

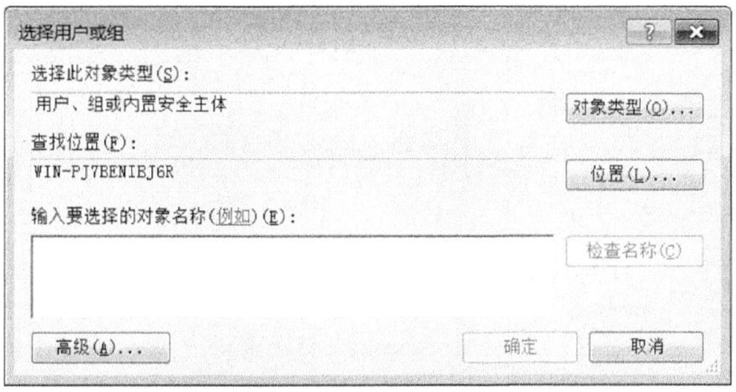

图 3-15　"选择用户或组"对话框

在图 3-15 中单击【高级】按钮，展开"选择用户或组"对话框，如图 3-16 所示。从中单击【立即查找】按钮，查找并显示搜索结果，然后在搜索结果中选中用户，如图 3-17 所示。单击【确定】按钮，即可选中指定的用户，并返回到未展开时的"选择用户或组"对话框，如图 3-18 所示。从中单击【确定】按钮，完成账户名选择，如图 3-19 所示。单击【确定】按钮，返回"服务器配置"界面。

图 3-16   展开"选择用户或组"对话框

图 3-17   查找搜索结果并选中用户

图 3-18 选中指定的用户

图 3-19 完成账户名选择的对话框

(14) 单击【下一步】按钮，弹出"数据库引擎配置"界面，如图 3-20 所示。从中可指定数据库引擎身份验证安全模式、管理员和数据目录，并可添加当前用户。

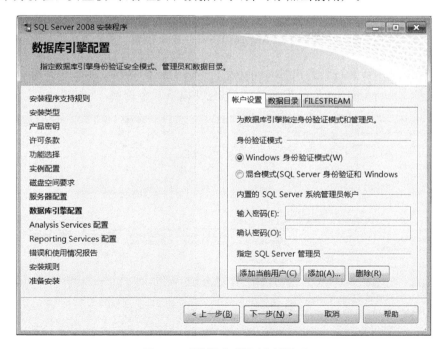

图 3-20 "数据库引擎配置"界面

选择"Windows 身份验证模式"单选按钮,用户一旦登录到 Windows,SQL Server 就将使用信任连接;选择"混合模式"单选按钮,则既可以使用 Windows 身份验证(如前面所述),也可以使用 SQL Server 身份验证,并且必须为内置 SQL Server 系统管理员账户提供一个强密码。

sa(System Administrator)是默认的 SQL Server 超级管理员账户,对 SQL Server 具有完全的管理权限。如果选择了"混合模式"身份验证,则必须为 sa 账户设置密码。

(15) 单击【下一步】按钮,弹出"Analysis Services 配置"界面,如图 3-21 所示。从中可指定将拥有 Analysis Services 的管理员权限的用户或账户。

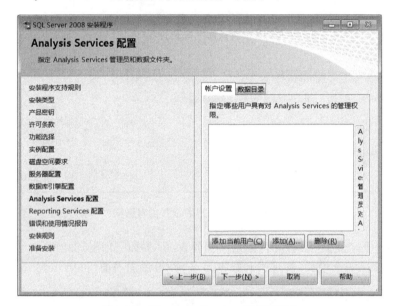

图 3-21　"Analysis Services 配置"界面

(16) 单击【下一步】按钮,弹出"Reporting Services 配置"界面,如图 3-22 所示。从中可指定要创建的 Reporting Services 安装的类型,包括以下 3 个选项:

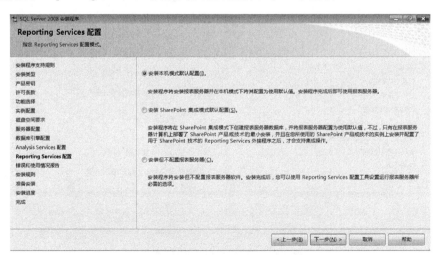

图 3-22　"Reporting Services 配置"界面

- 安装本机模式默认配置。
- 安装 SharePoint 集成模式默认配置。
- 安装但不配置报表服务器。

在此选择"安装本机模式默认配置"单选按钮。

（17）单击【下一步】按钮，弹出"错误和使用情况报告"界面，如图 3-23 所示。从中可指定要发送到 Microsoft 以帮助改善 SQL Server 的信息。默认情况下，用于错误报告和功能使用情况的选项处于启用状态。

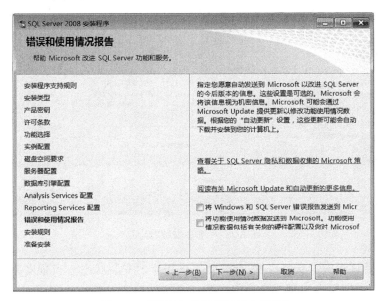

图 3-23 "错误和使用情况报告"界面

（18）单击【下一步】按钮，弹出"安装规则"界面，如图 3-24 所示。在该界面中，系统配置检查器，并再运行一组规则来针对用户指定的 SQL Server 功能验证计算机配置。

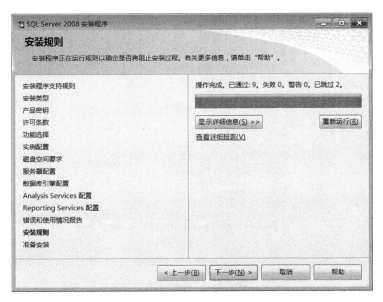

图 3-24 "安装规则"界面

（19）单击【下一步】按钮，弹出"准备安装"界面，如图 3-25 所示。从中显示安装过程中指定的安装选项的树视图。若要继续，单击"安装"按钮。

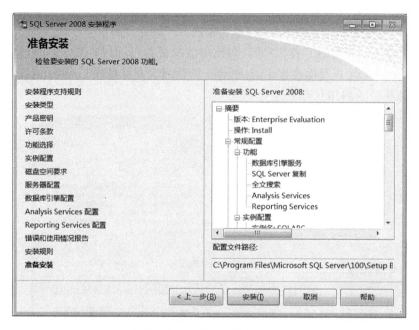

图 3-25 "准备安装"界面

（20）在安装过程中，"安装进度"会随时提供相应的安装状态。当进度条进行到 100％时，单击【下一步】按钮，会出现一个指向安装日志文件摘要及其他重要说明的链接，单击这些链接可查看安装摘要日志，"完成"界面如图 3-26 所示。

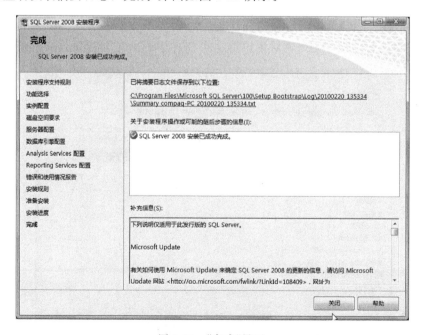

图 3-26 "完成"界面

若要完成 SQL Server 安装过程,则可单击【关闭】按钮,至此,SQL Server 安装结束。

3.2.2　SQL Server 2008 服务器服务的启动、停止

SQL Server 2008 安装结束后,便已经实现了它的所有默认配置,并提供了最安全、最可靠的使用环境。但在使用 SQL Server 2008 前,必须先启动 SQL Server 2008 服务器服务。

SQL Server 2008 服务器服务是整个 SQL Server 最核心的服务。这项服务可管理所有组成数据库的文件、处理 T-SQL 语句与执行存储过程等功能。如何启动服务器服务呢? 有以下 3 种方式。

1. 利用 Windows Services 启动服务

在 Windows 7 中选择"控制面板→系统和安全→管理工具"选项,双击"服务"选项,可打开 Windows 7 的"服务"窗口,如图 3-27 所示。在此窗口中可看到系统中各项服务的状态,双击"SQL Server(SQLSERVER1)"选项,弹出"SQL Server(SQLERVER1)的属性(本地计算机)"对话框,通过属性窗口的"常规"选项卡设置服务的状态,如图 3-28 所示。

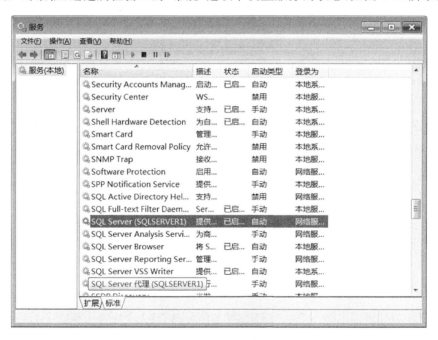

图 3-27　"服务"窗口

2. 利用 SQL Server 配置管理器启动服务

(1) 选择"开始→程序→Microsoft SQL Server 2008→配置工具→SQL Server 配置管理器"命令,进入 SQL Server 配置管理器窗口。在 SQL Server 配置管理器窗口中选中"SQL Server 服务"选项,在右窗格中可以看到本地所有的 SQL Server 服务,包括不同实例的服务。

(2) 根据需要右击服务名称,在弹出的快捷菜单中选择"启动"、"停止"、"暂停"、"重新启动"等命令即可,如图 3-29 所示。

图 3-28 "常规"选项卡

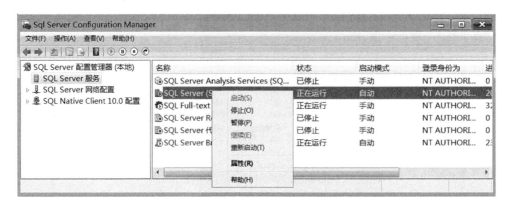

图 3-29 SQL Server 配置管理器窗口中的快捷菜单

3. 利用命令启动服务

在命令提示符窗口中输入 NET 命令,命令格式为 NET START 服务名称。

例如,SQL Server 服务名称为 MSSQLSERVER,则操作如下:

选择"开始→程序→附件→命令提示符"命令,进入 Windows 命令提示符窗口。在闪烁的光标处输入"NET START MSSQLSERVER",然后按 Enter 键即可。

下面介绍 SQL Server 2008 服务器服务的停止。SQL Server 2008 服务器服务的停止,同样也可以通过 Windows Services(与启动服务操作方法相似)、SQL Server 配置管理器(与启动服务操作方法相似)和命令方式进行。

利用命令行,在命令提示符窗口中使用 NET 命令,格式为 NET STOP 服务名称。

例如,停止 MSSQLSERVER 的服务的命令为 NET STOP MSSQLSERVER,然后按 Enter 键即可。

任务②对照练习　① 对 SQL Server 2008 压缩文件包进行解压并进行安装,熟悉安装过程。② 用 3 种不同的方法启动 SQL Server2008 服务器服务。

3.3　SQL Server 2008 的管理工具

课堂任务③　熟悉 SQL Server 2008 主要管理工具及使用方法。

SQL Server 2008 提供了一组完整的组件工具来管理 SQL Server,下面分别介绍。

3.3.1　SQL Server Management Studio

SQL Server Management Studio(SSMS)是 Microsoft SQL Server(2005/2008)以后提供的一种新集成环境,用于访问、配置、控制、管理和开发 SQL Server 的所有组件。SSMS 将早期版本的 SQL Server 中所包含的企业管理器、查询分析器和 Analysis Manager 功能整合到单一的环境中,组合了多样化的图形工具与多种功能齐全的脚本编辑器,还可以和 SQL Server 的 Reporting Services、Integration Services 等所有组件协同工作,是一种易于使用的图形工具,是一个集成的可视化管理环境。

1. **启动 SSMS**

(1) 选择"开始→所有程序→Microsoft SQL Server 2008→SQL Server Management Studio"命令,即可启动。首次启动 SSMS 的时间会稍微有点长,并弹出如图 3-30 所示的"连接到服务器"窗口。

图 3-30　"连接到服务器"窗口

- 服务器类型。可供选择的选项有"数据库引擎"、Analysis Services、Reporting Services、SQL Server Compact Edition(是微软推出的一款适用于嵌入到移动应用的精简数据库产品,和编程有关)及 Integration Services。
- 服务器名称。在服务器的下拉列表中选择"浏览更多"选项,将能够搜索到更多的本地服务器和网络服务器。
- 身份验证。可供选择的选项有"Windows 身份验证"和"SQL Server 身份验证"两种。若选择"SQL Server 身份验证"选项,则需要输入登录名和密码。

（2）在如图 3-30 所示的窗口中指定"服务器类型"为"数据库引擎"，从下拉列表中选择一个服务器名称，设置"身份验证"为"Windows 身份验证"，然后单击【连接】按钮，即可启动 SSMS。SSMS 界面如图 3-31 所示。

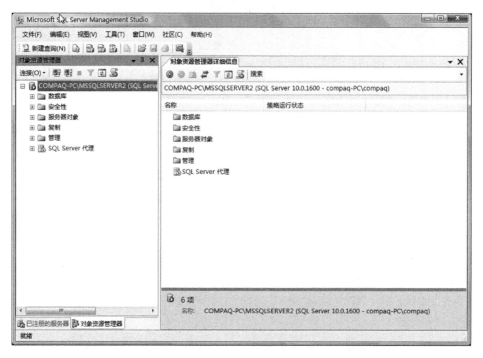

图 3-31　SSMS 界面

2．SSMS 界面的组成

SSMS 界面中包含已注册的服务器、对象资源管理器、查询编辑器、属性、工具箱等多个对象。

1）已注册的服务器

通过在 SSMS 界面中选择"视图→已注册的服务器"命令，或使用 Ctrl＋Alt＋G 组合键，均可打开"已注册的服务器"窗口，如图 3-32 所示。

"已注册的服务器"窗口显示了所有已注册的服务器，工具栏中提供了 5 个切换按钮，分别是"数据库引擎"、Analysis Services、Reporting Services、SQL Server Compact Edition 和 Integration Services。用户可以通过这些按钮注册不同类型的服务、新建服务器注册和新建服务器组等。

（1）新建服务器注册。

* 在"已注册的服务器"窗口中，右击数据库引擎的本地服务器节点，在弹出的快捷菜单中选择"新建服务器注册"命令，如图 3-33 所示。打开"新建服务器注册"对话框，如图 3-34 所示。
* 在"常规"选项卡中，输入或选择要注册的服务器名称（实例名称），选择身份验证方式，在下面的文本框中可以为已注册服务器输入一个简洁的新名称来替换原有的名称，并添加描述信息。

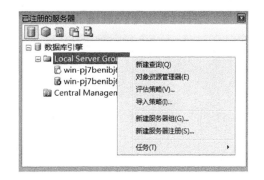

图 3-32 "已注册的服务器"窗口　　　　　　图 3-33 选择"新建服务器注册"命令

- 切换到"连接属性"选项卡,如图 3-35 所示,在此界面"连接到数据库"下拉列表中选择"浏览服务器"选项,搜索需要连接的数据库,并进行网络联接的各种属性的设置。
- 设置完毕后,单击【测试】按钮进行连接验证测试,测试通过后,单击【保存】按钮保存服务器注册对象。

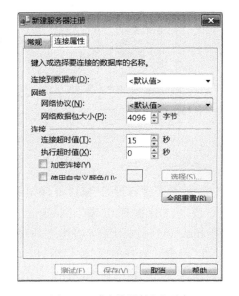

图 3-34 "新建服务器注册"对话框　　　　　图 3-35 "连接属性"选项卡

（2）新建服务器组。

对网络系统中的多个 SQL Server 服务器进行分组管理。

在"已注册的服务器"窗口中,右击数据库引擎的本地服务器节点,在弹出的快捷菜单中选择"新建服务器组"命令,打开"新建服务器组属性"对话框,如图 3-36 所示。在此对话框中输入组名和组说明信息后,单击【确定】按钮即可。

2）对象资源管理器

默认情况下,SSMS 中的对象资源管理器是可见的。如果看不到对象资源管理器,则可通过在 SSMS 界面中选择"视图→对象资源管理器"命令,打开"对象资源管理器"窗口,如图 3-37 所示。

图 3-36   "新建服务器组属性"对话框

图 3-37   "对象资源管理器"窗口

（1）在"对象资源管理器"窗口中，单击【连接】按钮，从弹出的下拉列表中可以选择连接的服务器类型，有"数据库引擎"、Analysis Services、Reporting Services、SQL Server Compact Edition 及 Integration Services 5 种类型的服务器。

（2）在"对象资源管理器"窗口中，以树形结构显示和管理服务器中的所有对象节点。

- 数据库节点：包含连接到的 SQL Server 服务器的系统数据库和用户数据库，是 SQL Server 2008 数据库管理系统的主要对象，也是数据库管理系统的核心组件。在数据库节点上，可以创建数据库、数据库对象并能完成有关数据库的各种操作。
- 安全性节点：主要提供了能连接 SQL Server 服务器的 SQL Server 登录名列表及各种服务器角色的功能。用户可以在安全性节点中管理系统登录账户，查看固定的服务器角色等。
- 服务器对象节点：包含备份设备、端点、链接服务器及触发器等子节点，并提供链接服务器列表。用户可通过链接服务器将服务器与另一个远程服务器相连。
- 复制节点：显示有关数据复制的细节，可以把当前服务器上的数据复制到另一个数据库或另一台服务器中，也可进行反向复制。复制过程中创建的订阅物可以存放在该节点中。
- 管理节点：包含策略管理、数据收集、资源调控器、维护计划、SQL Server 日志、数据库邮件及分布式事务协调处理器等子节点。该节点控制是否启用策略管理,并提供信息消息和错误消息日志,这些日志对于 SQL Server 的故障排除将非常有用。

- SQL Server 代理节点:在特定的时间建立和运行 SQL Server 中的任务,并把成功和失败的详细情况发送给 SQL Server 中定义的操作员、寻呼机或电子邮件。

3) 查询编辑器

通过在 SSMS 界面中选择"文件→新建→数据库引擎查询"命令或单击 SSMS 工具栏中的【新建查询】按钮可打开查询编辑器。与查询编辑器相关的工具栏也出现在 SSMS 界面中,包含分析、调试、执行等 20 个功能按钮和下拉列表框,如图 3-38 所示。

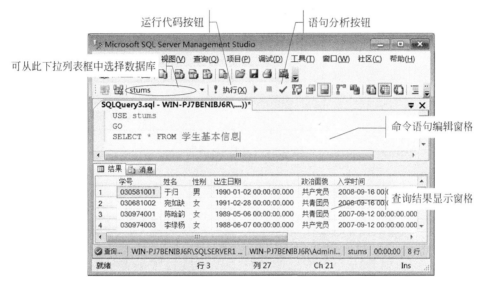

图 3-38　查询编辑器窗口

SSMS 提供的是一个选项卡式的查询编辑器,它的基本功能是编辑 T-SQL 语句,然后发送到服务器,并显示从服务器返回的结果和消息,从而实现使用 T-SQL 命令完成对数据库的操作和管理。

SQL Server 2008 的查询编辑器支持代码调试,提供断点设置,能逐语句、逐过程执行,具有跟踪到存储过程或用户自定义函数内部执行等一系列强大的调试功能。还能够进行语法的拼写检查,即时显示拼写错误的警告信息,具有智能感知的特性。

4)"选项"对话框

通过在 SSMS 界面中选择"工具→选项"命令打开"选项"对话框,如图 3-39 所示。在"选项"对话框中,可以设置 SSMS 的环境和外观,可对文本编辑器、源代码管理、T-SQL 查询代码执行环境等选项进行配置。

5)"视图"菜单

通过 SSMS 的"视图"菜单可以控制组件的打开与关闭,从而改变屏幕空间。

在实际操作的过程中,有时为了获得更大的屏幕空间,不得不关闭某些组件窗口。当再次需要这些组件窗口时,就可以通过"视图"菜单重新打开,"视图"菜单如图 3-40 所示。

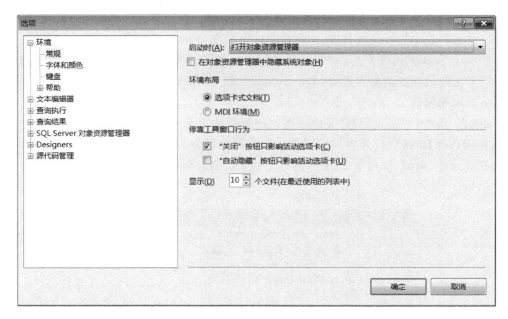

图 3-39 "选项"对话框

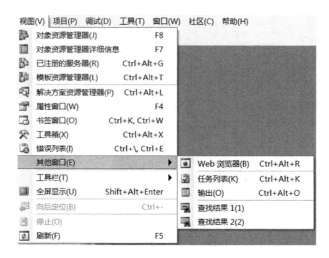

图 3-40 "视图"菜单

3.3.2 SQL Server Business Intelligence Development Studio

Business Intelligence Development Studio(BIDS) 是包含了专用于 SQL Server 商业智能的其他项目类型的 Microsoft Visual Studio 2008。BIDS 是用于开发商业解决方案的主要环境,其中包括 Analysis Services、Integration Services 和 Reporting Services 项目。每个项目类型都提供了用于创建商业智能解决方案所需对象的模板,并提供了用于处理这些对象的各种设计器、工具和向导。

1. 启动 BIDS

(1) 选择"开始→所有程序→Microsoft SQL Server 2008→SQL Server Business

Intelligence Development Studio"命令,弹出如图3-41所示的起始窗口。

(2) 在此窗口中,选择"文件→新建→项目"命令,弹出"新建项目"对话框。在该对话框中选择"商业智能项目"类型,进入BIDS界面,如图3-42所示。

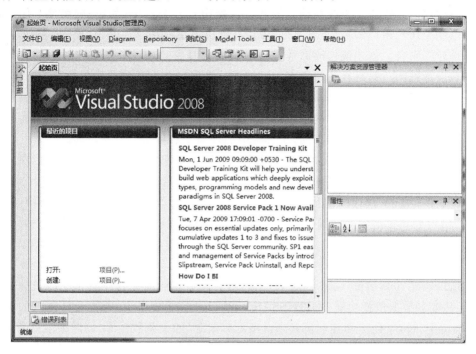

图 3-41　Visual Studio 2008 起始窗口

图 3-42　BIDS 界面

2. BIDS 界面的组成

Business Intelligence Development Studio 包括以下 4 个主要窗口：

- 解决方案资源管理器窗口。管理某个解决方案中所有不同的项目。
- 属性窗口。查看和更改在编辑器和设计器中打开的对象（如包）的属性。用户还可以使用属性窗口编辑、查看文件、项目和解决方案属性。
- 设计器窗口。创建或修改商业智能对象的工具窗口。设计器提供对象的代码视图和设计视图。只有在解决方案中添加了某个项目并打开该项目中的某个对象后，设计器窗口才可用。
- 工具箱。显示在商业智能项目中使用的各种项，是一个动态的工具箱。随着当前所使用的设计器或编辑器不同，工具箱中的选项卡和项也会有所不同。

基于 Visual Studio 2008 的 BIDS 支持用户开发商业智能应用程序，用户可以在该平台中进行代码编写、调试及版本控制等工作。

这是一个丰富的、现代的编程环境，通过与 Microsoft Visual Studio 的紧密协同工作，使开发人员可以轻松地建立和维护强大的、安全的、可扩展的商业智能解决方案。

3.3.3　SQL Server Analysis Services

SQL Server 2008 Analysis Services(SSAS)为商业智能应用程序提供了联机分析处理(OLAP)功能和数据挖掘功能。通过 SSAS 可以使用多维数据，在内置计算支持的单个统一逻辑模型中，设计、创建和管理包含来自多个数据源（如关系数据库）的详细信息和聚合数据的多维结构，并通过这种方式来支持 OLAP。对于数据挖掘应用程序，SSAS 允许使用多种行业标准的数据挖掘算法来设计、创建和可视化基于其他数据源的数据挖掘模型。也可以创建自己的数据挖掘算法，然后将这些算法加入到 SQL Server 中，并提供给开发人员和客户使用。

在 SQL Server 2008 中，Analysis Services(分析服务)第一次提供了一个统一和集成的商业数据视图，可被用做所有传统报表、OLAP 分析、关键绩效指标(KPI)记分卡和数据挖掘的基础。

Analysis Services 的启动：选择"开始→所有程序→Microsoft SQL Server 2008→SQL Server Analysis Services→Deployment Wizard"命令，弹出如图 3-43 所示的 Analysis Services 部署向导。

在 Business Intelligence Development Studio 中完成了 Microsoft SQL Server 2008 Analysis Services(SSAS)项目的开发，并在开发环境中部署和测试了项目之后，就可以将 Analysis Services 数据库部署到测试服务器和生产服务了。

3.3.4　SQL Server 配置管理器

SQL Server 配置管理器是一种工具，用于管理与 SQL Server 相关联的服务、配置 SQL Server 使用的网络协议及从 SQL Server 客户端计算机管理网络联接配置。

SQL Server 配置管理器的启动：选择"开始→所有程序→Microsoft SQL Server 2008→配置工具→SQL Server 配置管理器"命令，弹出如图 3-44 所示的窗口。

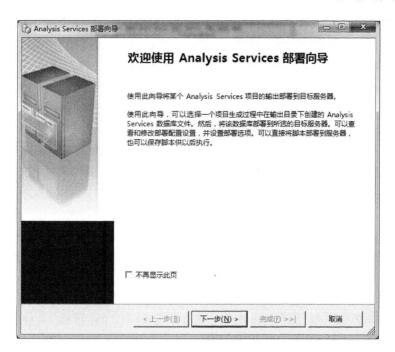

图 3-43　Analysis Services 部署向导

图 3-44　SQL Server 配置管理器窗口

1. SQL Server 服务

SQL Server 服务包括分析服务、数据库服务器服务、全文检索、报表服务、服务器代理及浏览服务等。通过 SQL Server 配置管理器可以启动、暂停、恢复或停止这些服务,还可以查看或更改这些服务的属性。

2. SQL Server 网络配置

使用 SQL Server 配置管理器可以配置服务器、客户端网络协议及连接选项。

　　启用正确的协议后,通常不需要更改服务器网络联接。但是,当需要重新配置服务器连接,以使 SQL Server 侦听特定的网络协议、端口或管道时,则可以使用 SQL Server 网络配置。有关启用协议的详细信息,请参阅启用或禁用服务器网络协议。

　　3. SQL Server Native Client 10.0 配置

　　SQL Server Native Client 10.0 配置是配置客户端计算机用于连接到 SQL Server 的网络库,与 Microsoft SQL Server 一起启动。

　　SQL Server Native Client 配置中的设置,将在运行客户端程序的计算机上使用。在运行 SQL Server 的计算机上配置这些设置时,仅影响那些运行在服务器上的客户端程序。

3.3.5　SQL Server 文档和教程

　　SQL Server 2008 提供了大量的联机帮助文档和教程,可方便用户了解和学习 SQL Server 技术。SQL Server 文档和教程中支持索引和全文搜索,用户可根据关键词快速查找到所需的信息。

　　SQL Server 文档和教程的使用:选择"开始→所有程序→Microsoft SQL Server 2008→文档和教程"命令,然后单击"SQL Server 教程",或在 SSMS 的"帮助"菜单中选择"教程"即可。

　　任务③对照练习　　① 启动 SSMS,熟悉 SSMS 窗口的构成。
　　② 启动 SQL Server 配置管理器,学会有关的配置。

课后作业

　　1. SQL Server 2008 有哪些版本?
　　2. 安装 SQL Server 2008 对硬件有什么要求?
　　3. SQL Server 2008 支持哪两种身份验证模式?
　　4. SQL Server 2008 提供了哪些主要组件? 其功能是什么?
　　5. 启动 SQL Server 服务器服务有哪几种方法?
　　6. SSMS、BIDS、SSAS 各代表什么? 如何启动?
　　7. 可以使用 SQL Server 提供的哪种工具来执行 T-SQL 语句?

实训 2　SQL Server 2008 的安装和管理工具的使用

　　1. 实训目的
　　(1) 掌握 SQL Server 2008 服务器的安装方法。
　　(2) 了解 SQL Server 2008 的环境。
　　(3) 学会启动数据库服务器。
　　(4) 学会使用 SSMS。
　　(5) 学会使用 SQL Server 2008 的帮助。
　　2. 实训准备
　　(1) 了解 SQL Server 2008 的版本。

（2）了解 SQL Server 2008 各种版本对硬件和软件的要求。

（3）了解 SSMS 的用法。

（4）了解 SQL Server 2008 文档和教程的用法。

3．实训要求

（1）记录 SQL Server 2008 的安装过程及启动的操作。

（2）写出 SQL Server 2008 主要管理工具的使用方法及应用状况。

4．实训内容

（1）安装 SQL Server 2008。

（2）启动 SQL Server 2008 服务器服务。

- 利用 Windows Services 启动服务。

- 利用 SQL Server 配置管理器启动服务。

- 利用命令启动服务。

（3）熟悉 SSMS。

启动 SSMS，创建服务器组，完成服务器注册。

（4）熟悉查询编辑器。

在查询编辑器的命令输入窗格中，输入以下的语句并查看运行结果。

```
USE STUMS
GO
SELECT * FROM 学生基本信息 WHERE 性别 = '女'
```

（5）启动 BIDS，熟悉 BIDS 的界面组成。

（6）启动 SQL Server 配置管理器，熟悉与 SQL Server 相关联的服务及网络的管理与配置。

（7）打开 SQL Server 的文档和教程，熟悉索引和全文搜索的操作。

第4章

数据库的基本操作

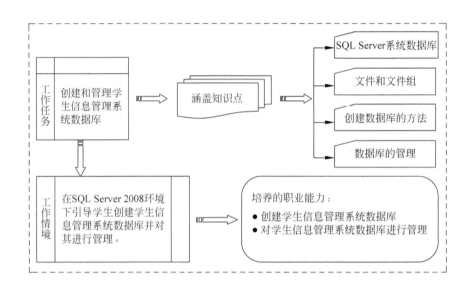

第 4 课　创建和管理学生信息管理系统数据库

4.1　系统数据库和示例数据库

课堂任务①　学习 SQL Server 2008 的系统数据库、系统表与系统存储过程等知识。

4.1.1　SQL Server 系统数据库

在 SQL Server 2008 的安装过程中,创建了 4 个系统数据库,这 4 个系统数据库分别是 master、tempdb、model 和 msdb 数据库。系统数据库存储 SQL Server 的信息,SQL Server 使用系统数据库来操作和管理系统。

1. master 数据库

master 数据库是 SQL Server 的主数据库,记录了 SQL Server 2008 所有的服务器级系统信息、所有的注册账户和密码、所有的系统设置信息。master 数据库还记录了所有用户定义数据库的存储位置和初始化信息。

由于 master 数据库的关键性,所以一旦它受到损坏,如无意中删除了该数据库中的某个表格,或是存储介质出现了问题,都有可能导致用户 SQL Server 应用系统的瘫痪,所以应该经常对 master 数据库进行备份。

鉴于以上情况,建议不允许任何人对 master 数据库进行直接的修改。如果实在需要修改其中的内容,则可以通过系统存储过程来执行。

2. tempdb 数据库

tempdb 数据库记录了所有的临时表格、临时数据和临时创建的存储过程。tempdb 数据库是一个全局资源,没有专门的权限限制,允许所有可以连接上 SQL Server 服务器的用户使用。

在 tempdb 数据库中存放的所有数据信息都是临时的。每当连接断开时,所有的临时表格和临时的存储过程都将被自动丢弃。所以每次启动 SQL Server 时,tempdb 数据库里面总是空的。当临时存储的数据量急剧增加时,tempdb 数据库的大小可以自动增加。

每次启动系统时,SQL Server 都将根据 model 数据库重新创建 tempdb 数据库。tempdb 数据库默认的大小是 8MB,而其日志文件大小为 1MB。

3. model 数据库

model 数据库是创建所有用户数据库和 tempdb 数据库的模板。它包含将要复制到每个用户数据库中的系统表。每当执行创建数据库的语句 CREATE DATABASE 时,服务器总是通过复制 model 数据库来建立新数据库的前面部分,而新数据库的后面部分则被初始化成空白的数据页,以供用户存放数据。

严禁删除 model 数据库,这是由于每次重新启动 SQL Server 时都将以 model 数据库为模板重新创建 tempdb 数据库。一旦 model 数据库被删除,则 SQL Server 系统将无法使用。

4. msdb 数据库

msdb 数据库供 SQL Server 代理程序调度警报和作业及记录操作员时使用。例如,操作员备份了一个数据库,会在表 backupfile 中插入一条记录,以记录相关的备份信息。

msdb 数据库常被用来通过调度任务排除故障。

4.1.2　SQL Server 示例数据库

在 SQL Server 2008 中,对应于 OLTP、数据仓库和分析服务解决方案,附带了 Adventure Works Cycles 公司的 AdventureWorks_OLTP、AdventureWorks_DW 和 AdventureWorks_LT 这 3 个示例数据库。示例数据库也是用户数据库,包含了 Adventure Works Cycles 公司的业务方案、雇员和产品等信息,是 SQL Server 自带的作为例子、演示和说明用的数据库,可以作为学习 SQL Server 2008 的工具。

默认情况下,SQL Server 2008 不安装示例数据库。如果需要,可以从微软网站上下载并安装。

4.1.3　系统表和系统存储过程

1. 系统表

系统表也是一种数据库中的表,是由系统自动创建维护的,记录了 SQL Server 组件所需的数据。用户通常在系统表中得到很多有用的信息。例如 master 数据库中的系统表,用来存储所有 SQL Server 的服务器级系统信息;又如 msdb 数据库中的系统表,用来存储数据库备份和还原操作使用的信息等。每个数据库中的系统表,可为每个数据库存储数据库级系统信息。SQL Server 的操作能否成功,取决于系统表信息的完整性。因此,Microsoft 不支持用户直接更新系统表中的信息。

2. 系统存储过程

系统存储过程是 SQL Server 内置的具有强大功能的一组预先编译好的 SQL 语句的集合。所有系统存储过程的名称都以 sp_ 为前缀,下画线后的部分是这个系统存储过程的功能简介。在 SQL Server 2008 中,许多管理和信息活动可以通过系统存储过程执行,用户应尽可能利用已有的系统存储过程来实现操作目标。例如,人们可以使用系统存储过程 sp_tables 查看学生信息管理系统数据库 STUMS 中所定义的表格等信息。

SQL Server 2008 提供了大量的系统存储过程,都存储在 master 数据库中。

任务①对照练习　要求启动 SQL Server 2008 的 SSMS,查看系统数据库、系统表与系统存储过程等信息。

提示　运行 SSMS,依次展开数据库文件夹、系统数据库文件夹,就能看到 SQL Server 的系统数据库;依次展开 master 数据库、表、系统表,就能看到 masret 数据库所拥有的系统表;依次展开 master 数据库中的可编程性、存储过程、系统存储过程,可显示 SQL Server 2008 的系统存储过程。

4.2　创建数据库的方法

> **课堂任务②**　通过创建学生信息管理系统数据库 STUMS,学习 SQL Server 创建数据库的方法和相关的知识。

4.2.1　创建数据库前的准备

在创建数据库之前,首先要确定数据库的名称、所有者(创建数据库的用户)、数据库的大小(初始值、最大值、是否允许增长及增长方式),以及用于存储该数据库的文件和文件组等内容。

1. SQL Server 标识符的格式规范

在 SQL Server 环境中,为数据库、表或视图等对象,或变量、自定义函数命名,需符合以下的格式规范:

- 标识符可以使用长标识符,但包含的字符数应在 1~128 之间。
- 标识符的第一个字符必须是字母或下画线(_)、at 符号(@)或井字符号(♯),后续字符可以是字母、十进制数字、基本拉丁字符、下画线(_)、at 符号(@)、井字符号(♯)及美元符号($)。
- 标识符中不允许嵌入空格或其他特殊字符。
- 标识符不能是 T-SQL 保留字(无论是大写和小写形式)。如果标识符是保留字或包含空格,则需要使用分隔标识符进行处理。SQL Server 分隔标识符为双引号(" ")或者方括号([ ])。如[Table]或"My Table"都是正确的标识符。

在对各类对象命名标识符时,尽可能使标识符反映出对象本身所蕴涵的意义和类型,即见名知义。虽然支持长标识符,但建议尽可能使用简短的标识符,尽量遵守清晰、自然的命名习惯。

2. 所有者(创建数据库的用户)

在安装 SQL Server 后,默认数据库(如 master、tempdb、msdb 等)包含 dbo 和 guest 两个用户,dbo 为默认用户。

3. 数据库的存储结构

SQL Server 数据库的存储结构分为逻辑存储结构和物理存储结构两种。

数据库的逻辑存储结构指的是数据库由哪些性质的信息所组成。实际上,SQL Server 的数据库由表、视图、存储过程、触发器、规则、默认值、用户定义数据类型、索引、权限等各种不同的数据库对象所组成,如图 4-1 所示。

数据库的物理存储结构讨论的是数据库文件是如何在磁盘上存储的。数据库在磁盘上是以文件为单位存储的,由数据文件和事务日志文件组成,一个数据库至少应该包含一个数据文件和一个事务日志文件,如图 4-2 所示。

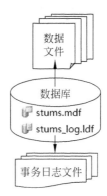

图 4-1　数据库的逻辑存储结构　　　　图 4-2　数据库的物理存储结构

4. SQL Server 数据库文件及文件组

1) SQL Server 数据库文件

- 主要数据文件(Primary File):用来存储数据库的数据和数据库的启动信息,其默认扩展名为.mdf。主要数据文件是 SQL Server 数据库的主体,它是每个数据库不可缺少的部分。而且,每个数据库只能有一个主要数据文件。
- 次要数据文件(Secondary File):用来存储主要数据文件没存储的其他数据,其默认扩展名为.ndf。使用次要数据文件可以扩展存储空间。
- 事务日志文件(Transaction Log):是用来记录数据库更新情况的文件,其默认扩展名为.ldf。每个数据库至少要有一个事务日志文件。

2) SQL Server 的数据库文件组

文件组(File Group)是将多个数据库文件集合起来形成的一个整体。在 SQL Server 中允许对文件进行分组,以便于管理数据的分配或放置。与数据库文件一样,文件组也分为主文件组(Primary File Group)和次文件组(Secondary File Group)。在创建数据库时,默认设置是将数据文件存放在主文件组中。

3) 文件和文件组的设计规则

- 文件或文件组不能由一个以上的数据库使用。例如,文件 stums.mdf 和 stums.ndf 包含的 stums 数据库中的数据和对象,任何其他数据库都不能使用这两个文件。

- 一个文件只能存在于一个文件组中。
- 数据和事务日志信息不能属于同一文件或文件组。
- 事务日志文件不能属于任何文件组。

下面以建立学生信息管理系统数据库 STUMS 为例,分别介绍使用 SSMS 和使用 T-SQL 语句创建数据库的方法。

4.2.2　使用 SSMS 创建数据库

【例 4.1】　创建用于学生信息管理的数据库,数据库名为 STUMS,初始大小为 30MB,最大为 60MB,数据自动增长,增长方式是按 10% 的比例增长;日志文件初始为 6MB,最大可增长到 20MB,按 5MB 增长。数据库的逻辑文件名和物理文件名均采用默认值。

使用 SSMS 创建学生信息管理系统数据库 STUMS,其操作步骤如下:

(1) 在 SSMS 界面的"对象资源管理器"窗口中选择"数据库"文件夹并右击,在弹出快捷菜单中选择"新建数据库"命令,打开"新建数据库"窗口,如图 4-3 所示。

(2) 在"选项页"选项组中选择"常规"选项,输入"数据库名称"为"STUMS"。

图 4-3　"新建数据库"窗口

(3) 在"数据库文件"列表框中,对数据文件的默认属性进行修改。

逻辑名称:指定数据文件的名称,即逻辑文件名。本例取默认名,即 STUMS。

文件组:指定数据文件属于哪个文件组,默认为 PRIMARY。

初始大小:指定数据文件的初始大小,本例设置为 30MB。

自动增长:单击【 ... 】按钮可打开"更改 STUMS 的自动增长设置"对话框,如图 4-4 所示。

图 4-4　"更改 STUMS 的自动增长设置"对话框

SQL Server 提供了以下两种增长方式。

- 按 MB：指定当文件容量不足且小于最大容量上限时，数据库一次增长多少 MB。
- 按百分比：指定当文件容量不足且小于最大容量上限时，数据库一次增长百分之
  多少。

对话框中的最大文件大小用于指定数据文件的最大值。SQL Server 也提供了两种
方式。

- 限制文件增长。
- 不限制文件增长。

本例设置文件按 10% 的比例增长，受限在 60MB 内。

路径设置：在"路径"列单击【....】按钮，可以指定文件所存储的位置。本例采用默认路
径 C:\Program Files\Microsoft SQL Server\MSSQL10. SQLSERVER1\MSSQL\DATA 。

（4）在"数据库文件"列表框中对事务日志文件的默认属性进行修改。将初始大小设置
为 6MB，将自动增长设置为按为 5MB 增长，受限在 20MB 内，其他均取默认值。

（5）参数设置完毕后，单击【确定】按钮，系统就会自动按设置的要求创建数据库。

刷新并展开数据库文件夹，用户就会看到新创建的数据库 STUMS，如图 4-5 所示。

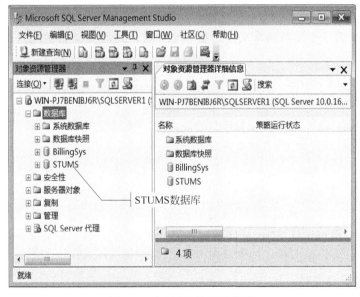

图 4-5 查看 STUMS 数据库

4.2.3 使用 CREATE DATABASE 语句创建数据库

用户可以在查询编辑器中使用 CREATE DATABASE 语句来创建数据库。CREATE
DATABASE 语句的基本语法如下：

```
CREATE DATABASE <数据库名>
[ON
{[PRIMARY]
( NAME =<数据文件的逻辑名称>,
```

```
FILENAME =<数据文件的物理名称>
[ , SIZE = <数据文件的初始大小>]
[ , MAXSIZE = {<数据文件的最大大小> | UNLIMITED}]
[ , FILEGROWTH = <数据文件的增长幅度>])
} [ , …n]
LOG ON
{ ( NAME = <日志文件的逻辑名称>,
FILENAME =<日志文件物理名称>
[ , SIZE =<日志文件的初始大小>]
[ , MAXSIZE = {<日志文件的最大大小> | UNLIMITED }]
[ , FILEGROWTH =<日志文件的文件增长幅度> ])}[ , …n]]
[ COLLATE <数据库的排序规则名> ]
```

各参数说明如下。

- 数据库名：表示要创建的数据库名称。
- ON：定义数据文件和文件组属性。
- PRIMARY：定义数据库的主数据文件。
- NAME：定义数据库文件的逻辑文件名。逻辑文件名只在 T-SQL 语句中使用，是实际磁盘文件名的代号。
- FILENAME：指定数据库文件的物理文件名。物理文件名中应包括文件所在的盘符路径及文件名的全称。
- LOG ON：定义日志文件的属性。
- SIZE：指定文件的初始大小，可以以 KB、MB、GB 和 TB 为单位。
- MAXSIZE：定义文件能够增长到的最大值。可以设置 UNLIMITED 关键字，使文件可以无限制地增长，直到驱动器被填满。
- FILEGROWTH：指定文件的自动增长率，可以使用 MB 或百分比来表示。默认情况下，最少增长 1MB。
- COLLATE：指定数据库的默认排序规则。排序规则名称既可以是 Windows 排序规则名称，也可以是 SQL 排序规则名称。省略此子句，新建数据库的排序规则将取 SQL Server 实例的默认排序规则。

语法中符号的约定如下：

- [ ] 表示可选项，输入命令时不要输入方括号。
- { } 表示必选项。
- [,…n] 表示前面的项可以重复 n 次，各项之间以逗号分隔。

使用时的注意点如下：

- T-SQL 语句在书写时不区分大小写，为清晰起见，一般都用大写表示系统保留字，用小写表示用户自定义的名称。
- 一行只能写一条语句，当语句很长时可以分多行写，但不能将多条语句写在同一行上。
- 创建数据库最简化的语法是 CREATE DATABASE<数据库名>，此时所创建的数据库的数据文件和事务日志文件的属性均采用系统默认值。

【例 4.2】 使用 T-SQL 语句创建一个名为 stunew 的数据库,数据文件的逻辑文件名为 stunew_data,物理文件名为 d:\stunew_data. mdf,初始容量为 3MB,最大容量为 20MB,按 10% 比例增长;事务日志文件的逻辑文件名为 stunew_log,物理文件名为 d:\stunew_log. ldf,初始容量为 1MB,最大容量为 10MB,按 1MB 增长。

使用 T-SQL 语句完成该任务的操作步骤如下:

(1) 启动 SSMS,单击标准工具栏中的【新建查询】按钮,打开查询编辑器。

(2) 在查询编辑器窗口中输入如下的语句代码:

```
CREATE DATABASE stunew
ON
(NAME = 'stunew_data',
 FILENAME = 'd:\stunew_data.mdf',
 SIZE = 3MB,
 MAXSIZE = 20MB,
 FILEGROWTH = 10%)
 LOG ON
(NAME = 'stunew_log',
 FILENAME = 'd:\stunew_log.ldf',
 SIZE = 1MB,
 MAXSIZE = 10MB,
 FILEGROWTH = 1MB)
```

(3) 单击工具栏上的分析按钮【√】,进行语法分析检查。

(4) 检查通过后,单击执行命令按钮【!】,创建数据库。

如果执行顺利,则会在查询编辑器的结果栏中显示"命令已成功完成。"的消息。此时,刷新并展开"对象资源管理器"窗口中的数据库节点,就可看到新建的数据库 stunew,如图 4-6 所示。

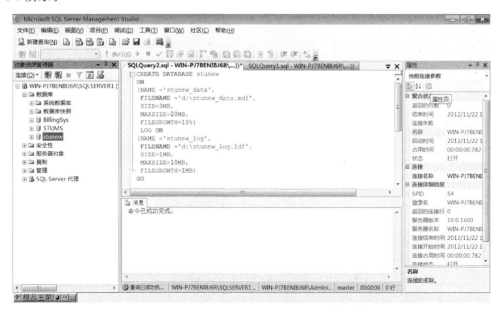

图 4-6 用 T-SQL 语句创建的 stunew 数据库

说明：语句中的标点符号只能使用半角的。文件名要用单引号引起来。

任务②对照练习　分组练习。要求用两种不同的方法创建与 stums 和 stunew 类似的数据库 pup、pupnew，所建的数据库文件存放在 d:\SQL 文件夹中。

提示　做此练习，首先要在 D 盘的根目录下创建名称为 SQL 的文件夹。

4.3　管理数据库

> **课堂任务③**　学习 SQL Server 管理数据库的方法，如查看数据库信息、修改数据库属性、更改数据库名称及删除数据库等。

数据库创建成功后，接下来要做的工作就是管理和维护数据库。例如，查看数据库属性信息；更改数据库在创建时无法指定的某些属性选项；随着数据量的增长或变化，需要以自动或手动方式增加或收缩数据库容量，等等。通过管理和维护数据库，使数据库性能得到更好地发挥。

4.3.1　查看和修改数据库信息

对于已创建好的数据库，用户可以使用 SSMS、系统存储过程、T-SQL 语句查看或修改数据库信息。

1. 使用 SSMS 查看和修改数据库信息

例如，使用 SSMS 查看 STUMS 数据库的信息，其操作过程如下：

启动 SSMS，在"对象资源管理器"窗口展开数据库节点，右击 STUMS 数据库，在弹出的快捷菜单中选择"属性"命令，打开"数据库属性-STUMS"窗口，如图 4-7 所示。

图 4-7　"数据库属性-STUMS"窗口

在"数据库属性-STUMS"窗口中,包括常规、文件、文件组、选项、更改跟踪、权限、扩展属性、镜像、事务日志传送 9 个选择页。通过这些选择页可以查看和修改数据库的信息,还可以重新配置数据库的选项和高级属性的设置。

- 常规:查看所选数据库的常规属性信息,如数据库的备份情况、数据库的基本属性及排序规则等信息。
- 文件:查看或修改所选数据库的数据文件和日志文件的属性,如初始大小、自动增长、存储路径等,还可以添加或删除文件。
- 文件组:查看文件组,或为所选数据库添加新的文件组。
- 选项:查看或修改所选数据库的选项,可以为每个数据库设置若干个决定数据库特征的数据库级选项。例如设置数据库的只读性、单用户模式,可以在右窗格的"状态"选项组中进行,如图 4-8 所示。

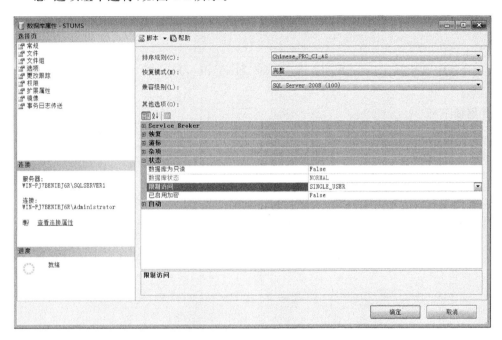

图 4-8　在"选项"选择页中设置数据库为单用户模式

- 更改跟踪:查看或修改所选数据库的更改跟踪设置。只有在数据库级别启用更改跟踪,才能使用数据库的更改跟踪。
- 权限:查看或设置安全对象的权限,包括用户、角色及权限等信息,还可通过此选择页查看服务器权限。
- 扩展属性:查看或修改所选对象的扩展属性,也可以向数据库对象添加自定义属性。
- 镜像:查看或设置镜像的主体服务器、镜像服务器和见证服务器。开始镜像前,必须先配置安全性。
- 事务日志传送:配置和修改数据库的日志传送属性。

如果需要对这些属性进行设置,则可参考 SQL Server 2008 的联机帮助文档。

2. 使用系统存储过程查看数据库信息

数据库的属性信息都保存在系统数据库和系统表中,用户可以通过系统存储过程来获取有关数据库的属性信息。

- sp_helpdb:查看有关数据库和数据库参数信息。
- sp_spaceused:查看数据库空间信息。
- sp_dboption:查看数据库选项信息。

用 sp_helpdb、sp_dboption 查看数据库信息的语法如下:

```
EXEC sp_helpdb | sp_dboption [ [ @dbname = ]'name' ]
```

其中,参数[@dbname=]'name'指定要查看信息的数据库名称。如果没有指定 name,则报告 master.dbo.sysdatabases 中的所有数据库。

用 sp_spaceused 查看数据库信息的语法如下:

```
EXEC sp_spaceused
```

【例 4.3】 使用 sp_helpdb、sp_spaceused 和 sp_dboption 语句查看 STUMS 数据库的属性信息。

代码如下:

```
EXEC sp_helpdb 'STUMS'
EXEC sp_spaceused
EXEC sp_dboption 'STUMS'
```

在查询编辑器中输入上述命令,运行后得到的结果如图 4-9 所示。

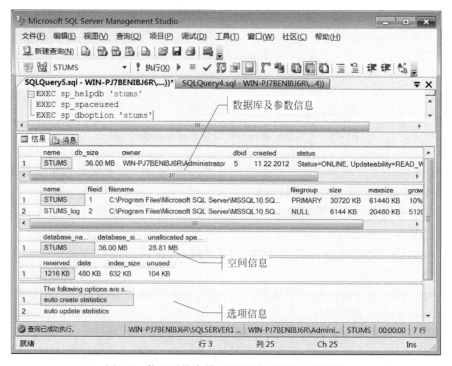

图 4-9　使用系统存储过程查看 STUMS 的信息

3. 使用 ALTER DATABASE 语句修改数据库

在 SQL Server 2008 中，除了通过 SSMS 的图形化界面来修改数据库的属性信息外，还可以通过 ALTER DATABASE 语句来修改数据库的各项属性信息。ALTER DATABASE 语句的语法格式如下：

```
ALTER DATABASE <数据库名>
{ ADD FILE <数据文件名> [,…n] [ TO FILEGROUP <文件组名> ]
| ADD LOG FILE <日志文件名> [,…n ]
| REMOVE FILE <逻辑文件名>
| MODIFY FILE <数据文件>
| ADD FILEGROUP <文件组名>
| REMOVE FILEGROUP <文件组名>
| MODIFY FILEGROUP <文件组名> { 文件组属性 | NAME = <新文件组名>}
}
```

各参数说明如下。

- 数据库名：指定要修改的数据库名称，此名称应该是已存在的数据库名称。
- ADD FILE 子句：用来向数据库添加新的数据文件。
- TO FILEGROUP 可选项：用来指定新增数据文件所属的文件组。省略时，默认为主文件组。
- ADD LOG FILE 子句：用来向数据库添加事务日志文件。
- REMOVE FILE 子句：用来从数据库中删除指定的数据文件或日志文件。注意，只有文件为空时才能被删除。
- MODIFY FILE 子句：用来修改数据文件或日志文件的属性。
- ADD FILEGROUP 子句：用来向数据库中添加文件组。
- REMOVE FILEGROUP 子句：用来删除指定的文件组。
- MODIFY FILEGROUP：用来修改文件组的属性。
- 符号"|"：分隔括号或大括号中的语法项，表示只能使用其中的一项。

【例 4.4】　在 STUMS 数据库中添加一个初始大小为 5MB、最大容量为 50MB、按 10% 的比例增长的次要数据文件 STUMS_data1，并保存在 D:\SQL 文件夹中。

代码如下：

```
ALTER DATABASE STUMS
ADD FILE
(NAME = STUMS_data1,
FILENAME = 'D:\SQL\STUMS_data1.ndf',
SIZE = 5MB,
MAXSIZE = 50MB,
FILEGROWTH = 10% )
GO
```

在查询编辑器中输入上述代码，执行后便会在 STUMS 数据库中添加 STUMS_data1 文件，可通过查看 STUMS 数据库属性信息得到验证。

【例 4.5】　修改数据库 STUMS 中主数据文件 STUMS 的属性，设置其初始大小为 35MB，最大容量为 100MB，增长幅度为 5MB。

代码如下：

```
ALTER DATABASE STUMS
MODIFY FILE
(NAME = STUMS,
 SIZE = 35MB,
 MAXSIZE = 100MB,
 FILEGROWTH = 5MB)
GO
```

在查询编辑器中输入上述代码,执行后将修改 STUMS 数据库文件的属性信息。需要注意的是,修改后的初始大小的值必须大于原来初始大小的值,否则修改失败。

【例 4.6】 删除数据库 STUMS 中的辅助数据文件 STUMS_data1,同时在 D:\SQL 文件夹中添加一个初始大小为 3MB 的日志文件 STUMS_log2.ldf。

代码如下:

```
ALTER DATABASE STUMS
REMOVE FILE STUMS_data1
GO
ALTER DATABASE STUMS
ADD LOG FILE
(NAME = STUMS_log2,
FILENAME = 'D:\SQL\STUMS_log2.ldf',
SIZE = 3MB)
GO
```

在查询编辑器中输入上述代码,执行后将在消息窗口中显示"文件'STUMS_data1'已删除"的信息。同时,也在 STUMS 数据库中添加了 STUMS_log2 日志文件。

4.3.2　打开数据库

在 SQL Server 服务器上,可能存在多个用户数据库。要对某个数据库进行操作,就必须打开该数据库。这是因为,如果用户没有预先指定连接哪个数据库,SQL Server 会自动替用户连上 master 数据库。

1. 在 SSMS 中打开数据库

启动 SSMS,在"对象资源管理器"窗口中展开数据库节点,单击要打开的数据库即可。

2. 使用 USE 语句打开数据库

在查询编辑器中,可以使用 USE 语句打开指定的数据库。

USE 语句的基本语法如下:

USE <数据库名>

其中,数据库名为要打开的数据库名称。

例如,要在查询编辑器中打开 STUMS 数据库。在查询编辑器的窗口中输入 USE STUMS,然后单击【执行】按钮即可。

【操作技巧】 在查询编辑器中也可以直接通过数据库下拉列表框打开或切换数据库。

4.3.3　增加或收缩数据库容量

SQL Server 2008 采取预先分配空间的方法来创建数据库的数据文件和日志文件。在数据库的使用过程中,常会由于某些原因需要修改数据库容量。例如,当数据库中的数据文件和日志文件的空间被占满时,需要为数据库增加容量。如果在创建数据库时分配的空间过大,或使用一段时间后进行了数据的删除,就会出现数据库空间空闲的情况,此时就需要收缩数据库容量,以释放多余的磁盘空间。

1. 使用 SSMS 增加或收缩数据库容量

1）增加数据库容量

SQL Server 可以根据在新建数据库时定义的增长参数自动增加数据库容量,也可以通过在现有的数据库文件上分配更多的空间或添加新文件来手动增加数据库容量。下面介绍手动增加数据库容量的方法。

下面介绍通过修改数据库文件的属性参数来增加数据库容量的方法。

【例 4.7】　在现有的数据库文件上增加 STUMS 数据库的容量。设置数据库 STUMS 的数据文件的初始大小为 50MB、最大容量为 200MB、按 15％的比例增长;设置日志文件初始大小为 10MB、最大可增长到 50MB,按 10MB 增长。

具体步骤如下:

（1）启动 SSMS,在“对象资源管理器”窗口中展开数据库节点,选中数据库 STUMS 并右击,在弹出的快捷菜单中选择“属性”命令,打开“数据库属性-STUMS”窗口。

（2）在左窗格中选择“文件”选择页,如图 4-10 所示。

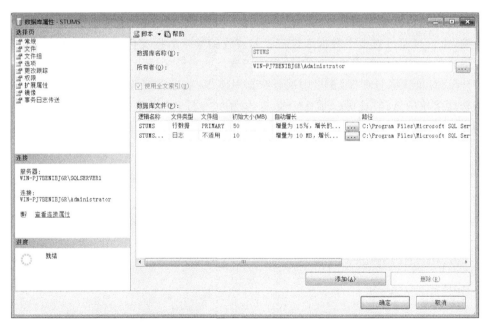

图 4-10　在“数据库属性-STUMS”窗口中选择“文件”选择页

（3）在“数据库文件”列表框中分别选择数据文件和日志文件,对初始大小、增长方式及文件最大值等属性进行修改。

（4）修改完毕,单击【确定】按钮,完成数据库 STUMS 容量的增加。

注意:

• 增加数据库容量时至少要增加 1MB。

- 若修改分配空间,则重新设定的分配空间必须大于现有空间,否则会报错。

下面介绍通过添加数据库文件增加数据库容量的方法。

【例 4.8】 通过添加新文件增加 STUMS 数据库容量。将数据库 STUMS 的数据文件的初始大小设置为 100MB,并设置为不自动增长。然后添加新的数据文件 NEW_data,设置初始大小为 50MB、最大可增长到 500MB、按 10MB 增长。

具体步骤如下:

(1) 进入如图 4-10 所示的"数据库属性-STUMS"窗口的"文件"选项页。

(2) 在"数据库文件"列表框中选择数据文件,将初始大小设置为 100MB,将自动增长设置为不自动增长。

(3) 单击【添加】按钮,添加一个数据文件,输入文件的如下有关属性。

- 逻辑名称:NEW_data。
- 文件类型:行数据。
- 文件组:默认为 PRIMARY。
- 初始大小:50MB。
- 自动增长:设置增量为 10MB,增长的最大值限制为 500MB。
- 路径:默认路径。

(4) 输入完毕,单击【确定】按钮,完成数据库 STUMS 容量的增加。

2) 缩减数据库容量

可以通过设置数据库属性窗口"选项"选择页中的"自动收缩"选项参数为 True 来实现自动收缩,也可以通过对整个数据库进行收缩或收缩某个数据文件来手动收缩数据库容量。

下面介绍对整个数据库进行收缩的操作步骤:

(1) 在"对象资源管理器"窗口中展开数据库节点,右击需要收缩的 STUMS 数据库,在弹出的快捷菜单中选择"任务→收缩→数据库"命令,打开"收缩数据库-STUMS"窗口,如图 4-11 所示。

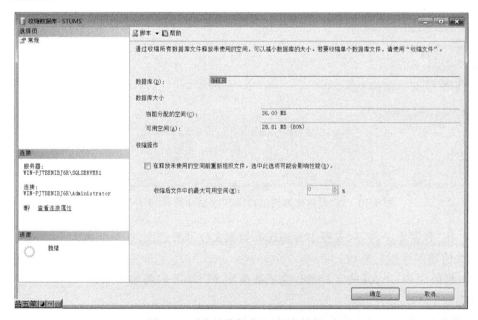

图 4-11 "收缩数据库-STUMS"窗口

（2）在"收缩数据库-STUMS"窗口中选择"收缩操作"选项区中的复选框，再调整"收缩后文件中的最大可用空间"至合适的值（本例为 50%）。

（3）完成设置后，单击【确定】按钮，即可收缩数据库。

下面介绍通过收缩文件收缩数据的操作步骤：

（1）在"对象资源管理器"窗口中展开数据库节点，右击需要收缩的 STUMS 数据库，在弹出的快捷菜单中选择任务→收缩→文件命令，打开"收缩文件-STUMS"窗口，如图 4-12所示。

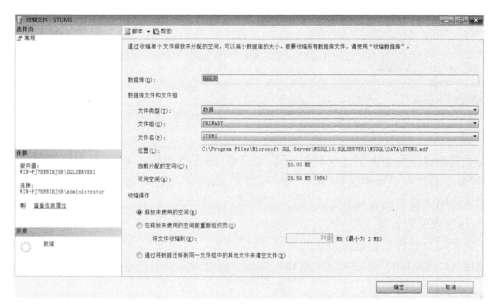

图 4-12 "收缩文件-STUMS"窗口

（2）在"收缩文件-STUMS"窗口中设置收缩的文件类型是"数据"还是"日志"。本例收缩日志文件。

（3）在"收缩操作"选项组中选择收缩操作的类型。

- 释放未使用的空间：将文件中未使用的空间释放给操作系统，并将文件收缩到上次分配的大小，这种收缩操作不需要移动任何数据。
- 在释放未使用的空间前重新组织页：重新组织页后，再释放文件中所有未使用的空间。选择此单选按钮，用户必须在"将文件收缩到"数值框中指定目标文件的大小。
- 通过将数据迁移到同一文件组中的其他文件来清空文件：将指定文件中的所有数据移至同一文件组中的其他文件中，然后删除这些空文件来释放空间。

（4）完成设置后，单击【确定】按钮，即可收缩文件。

2．使用 T-SQL 语句增加或收缩数据库容量

1）增加数据库容量

在查询编辑器中，可以使用 ALTER DATABASE 语句修改数据库的文件参数来增加数据库容量。

【例 4.9】 对【例 4.2】中建立的数据库 STUNEW 进行容量的修改，将初始分配空间3MB 扩充到 10MB，将最大容量设置为不限制，将增长方式设置为每次按 5MB 增长。

代码如下：

```
ALTER DATABASE STUNEW
MODIFY FILE
(NAME = 'stunew',
SIZE = 10MB
)
GO
ALTER DATABASE STUNEW
MODIFY FILE
(NAME = 'stunew',
MAXSIZE = UNLIMITED
)
GO
ALTER DATABASE STUNEW
MODIFY FILE
(NAME = 'stunew',
FILEGROWTH = 5MB)
GO
```

在查询编辑器中输入上述代码并运行,然后在"对象资源管理器"窗口中右击 stunew 数据库,在弹出的快捷菜单中选择"属性"命令,打开 stunew 属性对话框,选择"文件"选择页,就可以查看刚才设置的各项参数。

2) 收缩数据库容量

下面介绍自动收缩数据库容量的方法。

使用 ALTER DATABASE 语句可以实现用户数据库容量的自动收缩。其语法格式如下:

```
ALTER DATABASE <数据库名>
SET AUTO_SHRINK ON/OFF
```

各参数说明如下。

• ON:将数据库设置为自动收缩。

• OFF:将数据库设置为不自动收缩。

下面介绍手动收缩数据库容量的方法。

使用 DBCC SHRINKDATABASE 语句可以实现用户数据库容量的手动收缩。其语法格式如下:

```
DBCC SHRINKDATABASE(database_name[,new_size[,'MASTEROVERRIDE']])
```

各参数说明如下。

• database_name:指定要缩减容量的数据库名称。

• new_size:指明要缩减数据库容量至多少,如果不指定,将缩到最小容量。

• MASTEROVERRIDE:是指缩减 master 数据库。

【例 4.10】 将 stunew 数据库的容量缩减至最小容量。

代码如下:

```
USE stunew
GO
DBCC SHRINKDATABASE('stunew')
```

```
GO
```

4.3.4　重命名数据库

有时需要更改数据库的名称,更改数据库的名称可以在 SSMS 中完成,也可以使用 sp_renamedb 系统存储过程来实现。

1. 在 SSMS 中重命名数据库

启动 SSMS,在"对象资源管理器"窗口中展开数据库节点,右击需要更名的数据库,在弹出的快捷菜单中选择"重命名"命令,输入新的名称即可。

2. 使用 sp_renamedb 重命名数据库

使用 sp_renamedb 重命名数据库的语法格式如下:

```
EXEC sp_renamedb oldname,newname
```

各参数说明如下。

- EXEC:执行存储过程的缩写命令关键字。
- sp_renamedb:更改数据库名称的系统存储过程。
- oldname:指定更改前的数据库名称。
- newname:指定更改后的数据库名称。

【例 4.11】　将数据库 STUNEW 更名为"STU_123"。

代码如下:

```
EXEC sp_renamedb 'STUNEW', 'STU_123'
GO
```

在查询编辑器的窗口中输入上述代码,运行后的结果窗口提示"数据库名称'STU_123'已设置。",表明更名成功。

4.3.5　删除数据库

删除数据库的操作比较简单,但应该注意的是,无法删除正在使用的数据库。删除数据库的方法有两种:在 SSMS 中删除,用 T-SQL 语句删除。

1. 使用 T-SQL 语句删除数据库

1) 使用 DROP 语句删除数据库

语法格式如下。

```
DROP DATABASE database_name[,database_name…]
```

各参数说明如下。

- DROP DATABASE:删除数据库的命令关键字,指定删除数据库。
- database_name:指定要删除的数据库名称。

【例 4.12】　删除 stums_1 数据库。

```
DROP DATABASE stums_1
GO
```

2）用 sp_dbremove 系统存储过程删除数据库

语法格式如下：

EXEC sp_dbremove database_name

其中，database_name 为要删除的数据库名称。

【例 4.13】 删除 STU_123 数据库。

```
EXEC sp_dbremove STU_123
GO
```

2. 使用 SSMS 删除数据库

在 SSMS 界面的"对象资源管理器"窗口中找到要删除的数据库并右击，在弹出的快捷菜单中选择"删除"命令，如图 4-13 所示。在弹出的"删除对象"窗口中选择"关闭现有连接"复选框，单击【确定】按钮即可，如图 4-14 所示。

图 4-13　选择"删除"命令

4.3.6　分离和附加数据库

用户若要在服务器之间或磁盘之间实现数据库或数据库文件的移动，就要将数据库文件从 SQL Sever 服务器中分离出去，脱离服务器的管理。然后通过复制和粘贴将数据库文件移到另一服务器或磁盘，最后通过附加的方法将其添加到服务器。下面介绍如何使用 SSMS 分离和附加数据库。

1. 分离数据库

分离数据库将从 SQL Server 移除数据库，但是应保持组成该数据库的数据文件和事务日志文件中的数据完好无损。

分离数据库的操作步骤如下：

图 4-14 确认删除数据库

（1）在"对象资源管理器"窗口中展开数据库节点，右击需要分离的 STUMS 数据库，在弹出的快捷菜单中选择"任务→分离"命令，打开"分离数据库"窗口，如图 4-15 所示。

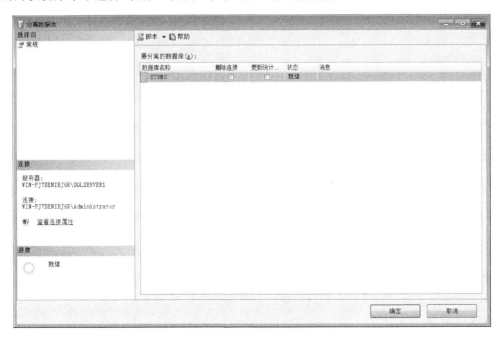

图 4-15 "分离数据库"窗口

下面对"要分离的数据库"列表框中的各参数进行如下说明。

• 数据库名称：显示要分离的数据库的名称。

- 删除连接：断开与指定数据库的连接。在分离数据库之前,需要通过选择"删除连接"复选框断开所有活动的连接,否则不能分离数据库。
- 更新统计信息：在分离数据库之前,需要更新过时的优化统计信息。
- 状态：显示当前数据库的状态("就绪"或"未就绪")。
- 消息：当对数据库进行了复制操作,则显示"已复制数据库";当数据库有活动连接时,则显示活动连接数。

（2）在该对话框中,选择"删除连接"复选框,然后单击【确定】按钮即可。

2. 附加数据库

附加数据库的操作是分离数据库的逆操作。通过附加数据库,可以将分离出去的数据库重新加入 SQL Sever 服务器,其操作步骤如下：

（1）在"对象资源管理器"窗口中选择数据库节点并右击,在弹出的快捷菜单中选择"附加"命令,打开"附加数据库"窗口,如图 4-16 所示。

图 4-16 "附加数据库"窗口

（2）在"附加数据库"窗口中单击【添加】按钮,打开定位数据库文件窗口,如图 4-17 所示。

（3）在定位数据库文件的窗口中选择数据库所在磁盘,并展开目录树,接着定位到数据库的数据文件(.mdf),然后单击【确定】按钮关闭对话框,返回到"附加数据库"窗口。

（4）设置完毕后,单击【确定】按钮,即可完成附加数据库的操作。

任务③对照练习

① 使用 SSMS 查看 pup 数据库的信息。

② 对 pupnew 数据库的属性进行修改,将最大容量设置为不限制,将增长方式设置为每次按 5MB 增长。并将其更名为 NEW。

③ 删除 pup_1 数据库。

图 4-17 定位数据库文件窗口

课后作业

1. SQL Server 中的系统数据库有哪些？它们各自的功能是什么？

2. SQL Server 系统表有何作用？

3. 什么是 SQL Server 系统存储过程？有何作用？

4. 创建、修改和删除数据库的 T-SQL 语句是什么？

5. 创建一个名为 RSGL 的数据库，设置数据文件的逻辑文件名为 rsgl_data、物理文件名为 D:\rsgl_data.mdf、初始容量为 3MB、最大容量为 20MB、按 2MB 增长；设置日志文件的逻辑文件名为 rsgl_log、物理文件名为 D:\rsgl_log.ldf、初始容量为 1MB、最大容量为 10MB、按 2% 的比例增长。写出 T-SQL 语句。

6. 使用 T-SQL 语句完成对 RSGL 数据库的如下操作。

① 将 RSGL 数据库的初始分配空间 3MB 扩充到 10MB。

② 修改 RSGL 数据文件的属性参数。将最大容量设置为不限制，将增长方式设置为每次按 10% 的比例增长。

③ 修改 RSGL 日志文件的属性参数。将最大容量设置为 20MB，将增长方式设置为每次按 5MB 增长。

④ 将 RSGL 数据库的空间压缩至最小容量。

⑤ 将 RSGL 数据库更名为 NEW_RSGL。

⑥ 删除 NEW_RSGL 数据库。

实训 3　创建和管理图书借阅管理系统数据库

1. 实训目的

(1) 了解 SQL Server 2008 数据库的逻辑存储结构和物理存储结构。

(2) 掌握使用 SSMS 与 SQL 语句两种方法创建和管理数据库。

2. 实训准备

(1) 明确能够创建数据库的用户必须是系统管理员,或是被授权使用 CREATE DATABASE 语句的用户。

(2) 掌握使用 SSMS 创建与管理数据库的操作步骤,以及用 SQL 语句创建与管理数据库的基本语法。

3. 实训要求

(1) 熟练使用 SSMS、查询编辑器进行数据库的创建和管理操作。

(2) 完成利用两种方法创建与管理数据库的实训报告。

4. 实训内容

(1) 数据库的创建。

① 利用 SSMS 在 D:\sqlsx 路径下创建数据库 tsjyms,数据文件与日志文件参数按默认值设置。

注意:应先在 D 盘的根目录下创建 SQLSX 文件夹。

② 利用 SQL 语句在 D:\SQLSX 路径下创建数据库 tsjyms2。

创建代码如下:

```
CREATE DATABASE tsjyms2
ON
(NAME = 'tsjyms2_data',              / * 数据文件的逻辑名称,注意不能与日志逻辑名称同名 * /
FILENAME = 'd:\sqlsx\tsjyms2_data.mdf', / * 物理名称,注意路径必须存在 * /
SIZE = 50,                           / * 数据文件初始大小为 50MB * /
MAXSIZE = 100,                       / * 最大容量为 100MB * /
FILEGROWTH = 5 % )                   / * 数据文件每次按 5 % 的比例增长 * /
LOG ON
(NAME = 'tsjyms2_log',               / * 日志文件的逻辑名称 * /
FILENAME = 'd:\sqlsx\tsjyms2_log.ldf ', / * 日志文件物理名称 * /
SIZE = 20 ,                          / * 日志文件初始大小为 20MB * /
MAXSIZE = 50 ,                       / * 最大容量为 50MB * /
FILEGROWTH = 1)                      / * 日志文件每次增长的容量为 1MB * /
GO
```

(2) 数据库的管理。

① 利用 sp_helpdb、sp_spaceused 和 sp_dboption 查看数据库 tsjyms 的信息。

② 使用 SSMS 修改 tsjyms 数据库文件的参数值来增加其容量。设置数据文件的初始大小为 10MB、最大容量为 100MB,增长幅度为 5%;设置日志文件的初始大小为 5MB、最大容量为 20MB,增长幅度为 5MB。

③ 使用 ALTER DATABASE 语句在 tsjyms 数据库中添加一个初始大小为 5MB、最大容量为 50MB，按 5MB 增长的次要数据文件 tsjyms_1，并保存在 D:\SQLSX 文件夹中。

④ 对整个 tsjyms2 数据库进行收缩，将其缩至最小，并通过查看 tsjyms2 数据库属性查看最小容量。

⑤ 将 tsjyms2 数据库更名为 new_tsjyms。

⑥ 利用 T-SQL 语句删除更名后的数据库 new_tsjyms。

⑦ 对 tsjyms 数据库进行分离和附加的操作。

数据表的基本操作

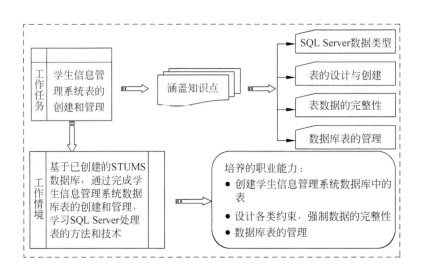

第 5 课 创建和管理学生信息管理系统数据表

创建了 STUMS 数据库之后,接下来要做的工作就是向 STUMS 数据库加载数据,即创建表。在 SQL Server 中,是以二维表的形式来存储数据的,能够存储用户输入的各种数据,包括以后使用数据库完成的各种应用也是以表为基础的。所以,表是数据库中最重要的对象,是组成数据库的基本元素。数据库中可包含一个或多个表。

SQL Server 中的表是由行和列组成的,通过表名和列名来识别数据。表中各列包含了列的名称(字段名)、数据类型和长度、是否为空值等。下面先介绍创建表时所用到的数据类型。

5.1 SQL Server 中的数据类型

课堂任务① 学习 SQL Server 所提供的各种数据类型,为设计和创建表结构奠定基础。

5.1.1 系统数据类型

创建表时,对表的每一列(字段)都要指定数据类型。字段的数据类型决定了数据的取值、范围和存储格式。字段的数据类型可以是 SQL Server 提供的系统数据类型,也可以是用户定义的数据类型。SQL Server 2008 提供了丰富的系统数据类型。

1. 整数数据类型

整数数据类型可用于存储精确的整数,包括 bigint,int,smallint 和 tinying 这 4 种类型。它们的区别在于存储的范围不同,如表 5-1 所示。

表 5-1　整数型数据

数据类型	数据范围	占用存储空间
bigint	$-2^{63} \sim 2^{63}-1$	精度为 19,长度为 8 字节
int	$-2^{31} \sim 2^{31}-1$	精度为 10,长度为 4 字节
smallint	$-2^{15} \sim 2^{15}-1$	精度为 5,长度为 2 字节
tinyint	$0 \sim 255$	精度为 3,长度为 1 字节

2. 浮点数据类型

浮点数据类型用于存储十进制小数,包括 real、float、numeric 和 decimal 这 4 种类型。decimal 和 numeric 可存储有一定精度和范围的数据。使用时需要指明精度与小数位数,其格式是 numeric(p,[s]) 或 decimal(p,[s]),p 为精度,s 为小数位数。real 和 float 用来存储精度不是很高,但数据的取值范围又非常大的数据,借助科学计数法,即尾数为 E 阶数的形式来表示,如表 5-2 所示。

表 5-2　浮点型数据

数 据 类 型	数 据 范 围	占用存储空间
float	$-1.79E+308 \sim 1.79E+308$	精确到第 15 位小数,占用 8 字节
real	$-3.40E+38 \sim 3.40E+38$	精确到第 7 位小数,占用 4 字节
numeric	$-10^{38}+1 \sim 10^{38}-1$	存储相同精度和范围的数据,占用 5~
decimal		17 字节

3. 字符数据类型

字符数据类型是使用最多的数据类型。它可以用来存储由字母、数字和其他特殊符号(如 $,♯,@)构成的字符串。在引用字符数据时需要用单引号或方括号括起来。字符数据类型分为 6 种,如表 5-3 所示,前 3 种存储 ANSI 编码的字符,后 3 种存储 Unicode 编码的字符。

表 5-3　字符型数据

数据类型	描　述
char	存放固定长度的字符数据,可用 n 来指定字符串的长度,n 的取值范围为 1~8000
varchar	存放可变长度的 n 个字符数据,n 表示字符串可达到的最大长度,最多可定义 8000 个字符。此种数据类型的长度为实际输入的字符串的长度,适用于数据长度不能固定的情形,如工作单位的描述
text	当存储的字符数目大于 8000 时使用 text 型,最大长度为 $2^{31}-1$ 个字符
nchar	与 char 类型相似,使用 Unicode(统一字符编码标准)字符集,每个 Unicode 字符占用两个字节,最多可定义 4000 个字符
nvarchar	与 varchar 相似,使用 Unicode 字符集,长度为实际存储字符数的两倍
ntext	与 text 数据类型一样,使用 Unicode 字符集

4. 货币数据类型

在 SQL Server 中用十进制数来表示货币值。使用货币型数据时必须在数据前冠以货币单位符号（如 $ 或其他货币单位符号），数据中间不能有逗号（,）；当货币值为负数时，在数据前加上符号（一）。以下写法是合法的：$3685.32，$200，$ -6759.6。货币型包括 money 和 smallmoney 两种类型，如表 5-4 所示。

表 5-4　货币型数据

数 据 类 型	数 据 范 围	占用存储空间
smallmoney	$-2^{31} \sim 2^{31} - 1$	精度为 10，小数位数为 4，长度 4 字节
money	$-2^{63} \sim 2^{63} - 1$	精度为 19，小数位数为 4，长度 8 字节

5. 日期和时间数据类型

在以前的 SQL Server 版本中，日期和时间数据类型只有 datetime 和 smalldatetime 两种类型，所存储的日期范围是从 1753 年 1 月 1 日开始，到 9999 年 12 月 31 日结束。在 SQL Server 2008 版中，在原有两种数据类型的基础上又引入了 4 种日期和时间数据类型，如表 5-5 所示。

表 5-5　日期和时间型数据

数 据 类 型	数 据 范 围	占用存储空间
smalldatetime	日期：1900-01-01～2079-06-06 时间：00:00:00～23:59:59	存储日期和时间。长度为 4 字节，前两个字节用来存储日期，后两个字节用来存储时间，精确度为 1 分钟
datetime	日期：1753-01-01～9999-12-31 时间：00:00:00～23:59:59.997	存储日期和时间。长度为 8 字节，前 4 个字节用来存储日期，后 4 个字节用来存储时间，精确度为 3.33ms
date	日期：0001-01-01～9999-12-31	仅用来存储日期，长度为 3 字节
time	时间：24 小时制	只存储时间，长度为 3～5 字节，精度为 100ns
datetime2	日期：0001-01-01～9999-12-31 时间：00:00:00～23:59:59.9999999	长度为 6～8 字节，精确度为 100ns。默认精度为 7 位数
datetimeoffset	日期：0001-01-01～9999-12-31 时间：00:00:00～23:59:59.9999999 时区偏移量：-14:00～+14:00	与 datetime2 相同，外加时区偏移。长度为 8～10 字节，时间部分能够支持如 datetime2 和 time 数据类型那样的高达 100ns 的精度

SQL Server 中的日期和时间型数据都是以字符串的形式表示的，使用时需要用单引号括起来。

6. bit 数据类型

bit 数据类型相当于其他程序设计语言中的逻辑数据类型，可取值为 1、0 或 NULL 的整数数据类型，用于表示真、假或空值，占用 1 字节存储空间。当为 bit 型数据赋值时，赋 0，则其值为 0；赋非 0 时，则其值为 1。

7. 二进制数据类型

二进制数据类型用于存储非字符的二进制格式数据，如图形文件和媒体文件等。SQL Server 2008 提供了 4 种二进制数据类型，分别为 binary(n)、varbinary(n)、varbinary(max)

和 image,如表 5-6 所示。

表 5-6 二进制数据类型

数 据 类 型	描　　　述
binary(n)	存储长度为 n 字节的固定长度的二进制数据,其中 n 是从 1～8000 的值存储大小为 n 字节
varbinary(n)	存储可变长度二进制数据,n 可以是 1～8000 之间的值。存储大小为所输入数据的实际长度 + 2 个字节。所输入数据的长度可以是 0 字节
varbinary(max)	存储可变长度的二进制数据,max 指示最大存储大小为 2^31－1 字节,存储大小为所输入数据的实际长度 + 2 个字节
image	存储长度可变的二进制数据(组成图像数据值的位流),最多 2GB 字节

后续版本的 Microsoft SQL Server 将删除 image 数据类型,首选替代 image 数据类型的是大值数据类型 varbinary(max),其性能通常比 image 数据类型好。

8. 其他数据类型

SQL Server 2008 除了提供了一些基本的数据类型外,还提供了一些之前未见过的数据类型如表 5-7 所示。

表 5-7 其他数据类型

数 据 类 型	描　　　述
cursor	游标数据类型。包含一个对光标的引用和可以只用做变量或存储过程参数
geography	地理空间数据类型。用于存储诸如 GPS 纬度和经度坐标之类的椭球体(圆形地球)数据
geometry	平面空间数据类型。表示欧几里得(平面)坐标系中的数据
sql_variant	用于存储 SQL Server 支持的各种数据类型(不包括 text、ntext、image、timestamp 和 sql_variant)的值,最大长度可以是 8016 个字节
table	一种特殊的数据类型,用于存储结果集以进行后续处理。主要用于返回表值函数的结果集
timestamp	时间戳数据类型。对于每个表来说都是唯一的,用于在数据表中自动记录其数据修改的时间,该值在插入和每次更新时自动改变
uniqueidentifier	唯一标识符数据类型,存储全局标识符(GUID)
XML	存储 XML 格式的数据,最多 2GB

5.1.2 用户自定义数据类型与空值的含义

1. 用户自定义数据类型

用户自定义数据类型是在 SQL Server 提供的系统数据类型基础上建立的数据类型。当多个表列中要存储同样类型的数据,且要确保这些列具有完全相同的数据类型、长度和是否为空值时,用户可创建自定义数据类型。

在 SQL Server 2008 中,可使用 SSMS 和 T-SQL 语句两种方法创建用户自定义数据类型。

1) 使用 SSMS 创建用户自定义数据类型

【例 5.1】 在 STUMS 数据库中,创建一个名为 xuehao、基于 char 类型、该列不允许为空值的用户自定义数据类型。

操作步骤如下:

(1) 在 SSMS 界面的"对象资源管理器"窗口中依次展开"STUMS→可编程性→类型"选项,右击"用户定义数据类型"选项,在弹出的快捷菜单中选择"新建用户定义数据类型"命令,打开"新建用户定义数据类型"窗口,如图 5-1 所示。

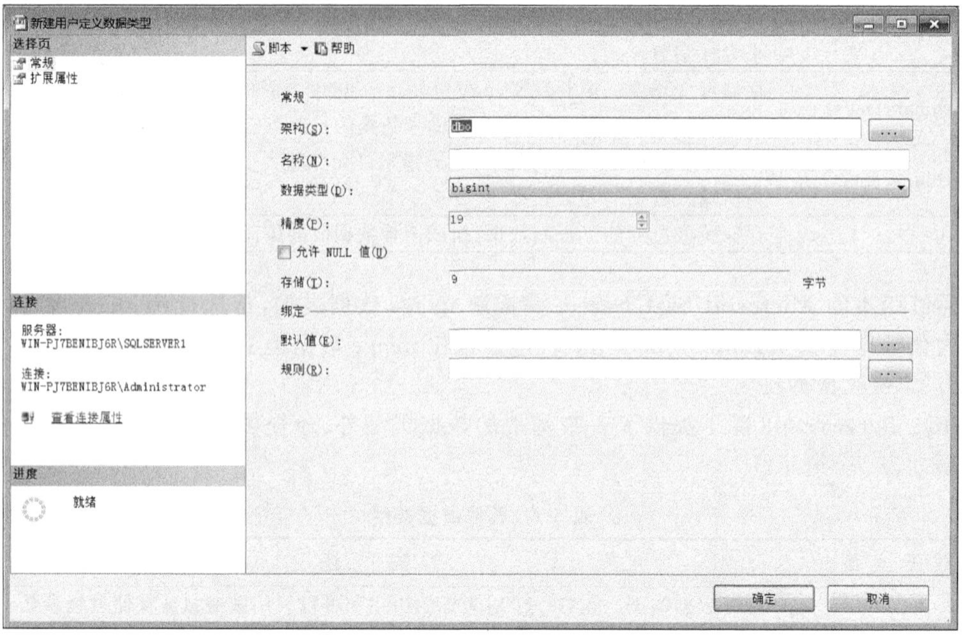

图 5-1　"新建用户定义数据类型"窗口

(2) 在"新建用户定义数据类型"窗口中,输入新建数据类型的名称为"xuehao",在"数据类型"下拉列表框中选择 char 类型,在"长度"文本框中输入"9",然后单击"确定"按钮,创建完毕。

此时,在"对象资源管理器"窗口中就可看到刚刚创建的 xuehao 数据类型。

2) 使用 sp_addtype 创建用户定义数据类型

使用 sp_addtype 创建用户定义数据类型语法如下:

```
sp_addtype [ @typename = ] type,
[ @phystype = ] 'system_data_type'
[ , [ @nulltype = ] 'null_type'] ;
```

各参数说明如下。

- @typename：指定要创建的数据类型名称。
- @phystype：指定 SQL Server 提供的系统数据类型。
- @nulltype：指定是否允许为空值。

【例 5.2】　在 STUMS 数据库中创建一个名为 RX_GZ_SJ、基于 smalldatetime 类型、该列允许为空值的用户自定义数据类型。

代码如下:

```
USE stums
GO
```

```
sp_addtype RX_GZ_SJ, smalldatetime , 'null'
GO
```

在查询编辑器中,输入上述代码并执行后,即可在 STUMS 中创建了 RX_GZ_SJ 用户自定义数据类型。

2. 空值的含义

创建表时,需要确定该列的取值能否为空值(NULL)。空值(NULL)通常是未知、不可用或在以后添加的数据。例如,STUMS 数据库的"选课"表中的"补考成绩"字段可以取空值,因为多数学生可能没有补考,哪些学生需要补考要在考试后才知道,即补考成绩为空。

若一个列允许为空值,则向表中输入数据值时可以不输入。而若一个列不允许为空值,则向表中输入数据值时必须输入具体的值。空值意味着没有值,并不是空格字符或数值 0,空格实际上是一个有效的字符,0 则表示一个有效的数字,而空值只不过表示一个概念,允许空值表示该列的取值是不确定的。

注意:允许空值的列需要更多的存储空间,并且可能会有其他的性能问题或存储问题。

5.2 表结构的设计与修改

课堂任务② 学习 SQL Server 创建和修改表结构的方法。

5.2.1 表结构的设计

表是用来存储数据和操作数据的逻辑结构,关系数据库中的所有数据都表现为表的形式。在 SQL Server 中,创建表一般要经过定义表结构、设置约束和添加数据 3 步。而创建表之前的重要工作就是设计表结构,即确定表的名称、表所包含的各个列的列名、数据类型和长度、是否为空值等。

根据学生信息管理系统的关系模式(见 2.4.3 节),考虑到储存数据的实际情况,设计学生信息管理系统数据库的表结构如下。"学生基本信息"表结构如表 5-8 所示;"课程"表结构如表 5-9 所示;"教师"表结构如表 5-10 所示;"班级"表结构如表 5-11 所示;"系部"表结构如表 5-12 所示;"专业"表结构如表 5-13 所示;"选课"表结构如表 5-14 所示;"教师任课"表结构如表 5-15 所示;"教学计划"表结构如表 5-16 所示。

表 5-8 "学生基本信息"表结构

列　　名	数据类型	长度	是否为空
学号	char	9	否
姓名	char	8	是
性别	char	2	是
出生日期	date		是
政治面貌	char	8	是
入学时间	date		是
系部代码	char	2	是
班号	char	6	是
籍贯	char	10	是
家庭住址	varchar	30	是

表 5-9 "课程"表结构

列　　名	数据类型	长度	是否为空
课程号	char	4	否
课程名	varchar	20	是
课程性质	char	1	是
学分	tinyint		是

表 5-10 "教师"表结构

列　　名	数据类型	长度	是否为空
教师编号	char	7	否
姓名	char	8	是
性别	char	2	是
出生日期	date		是
政治面貌	char	8	是
参加工作时间	date		是
学历	char	8	是
职务	char	10	是
职称	char	10	是
系部代码	char	2	是
专业代码	char	4	是
备注	varchar	20	是

表 5-11 "班级"表结构

列　　名	数据类型	长度	是否为空
班号	char	6	否
班级名称	varchar	20	是
学生数	int		是
系部代码	char	2	是
专业代码	char	4	是
班主任	char	8	是
班长	char	8	是
教室	varchar	15	是

表 5-12 "系部"表结构

列　　名	数据类型	长度	是否为空
系部代码	char	2	否
系部名称	varchar	20	是
系主任	char	8	是
联系电话	char	11	是
备注	varchar	20	是

表 5-13 "专业"表结构

列 名	数据类型	长度	是否为空
专业代码	char	4	否
专业名称	varchar	20	是
系部代码	char	2	是

表 5-14 "选课"表结构

列 名	数据类型	长度	是否为空
学号	char	9	否
课程号	char	4	否
成绩	smallint		是
补考成绩	smallint		是

表 5-15 "教师任课"表结构

列 名	数据类型	长度	是否为空
教师编号	char	7	否
课程号	char	4	否
系部代码	char	2	是
专业代码	char	2	是
班号	char	6	是
学生数	int		
开课学期	tinyint		
备注	varchar	20	是

表 5-16 "教学计划"表结构

列 名	数据类型	长度	是否为空
课程号	char	4	否
专业代码	char	2	是
课程类型	char	1	是
开课学期	tinyint		是
学时数	int		
班号	char	6	是

5.2.2 表的创建

在 SQL Server 中,可以使用 SSMS 创建表,也可以通过 T-SQL 的 CREATE TABLE 命令在查询编辑器中创建表。

1. 使用 SSMS 创建表

下面以创建"学生基本信息"表为例说明使用 SSMS 创建表的过程。

(1) 启动 SSMS,在"对象资源管理器"窗口中展开已经创建的 STUMS 数据库,右击"表"图标,在弹出的快捷菜单中选择"新建表"命令,如图 5-2 所示,启动表设计器。

(2) 在表设计窗口中,根据"学生基本信息"表结构,依次输入每一列的列名、数据类型、长度、是否为空等属性,如图 5-3 所示。

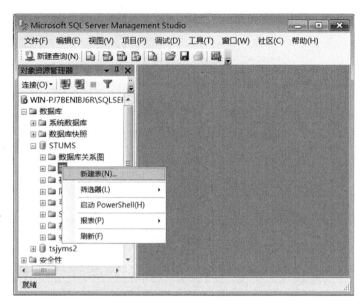

图 5-2　选择"新建表"命令

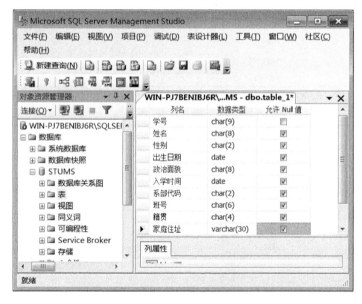

图 5-3　定义"学生基本信息"表结构

(3) 输入完各列后,单击工具栏上的【保存】按钮,在弹出的"选择名称"对话框中输入表名"学生基本信息",如图 5-4 所示。

(4) 单击【确定】按钮,完成学生基本信息表结构的创建。

其余各表可用相同的方法创建。

2. 使用 CREATE TABLE 命令创建表

用户可以在查询编辑器中使用 CREATE TABLE 语句来创建表结构。

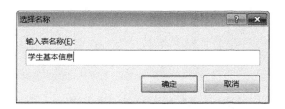

图 5-4　在"选择名称"对话框中输入表名

CREATE TABLE 语句的基本语法如下：

```
CREATE TABLE [database_name.][owner.]table_name
(column_name data_type {[NULL|NOT NULL]}
[,...n]
)
[ON{filegroup|"default"}]
```

各参数说明如下。

- CREATE TABLE：创建表命令，关键字用大写字母来表示。
- database_name.：指定新建表所属的数据库名称，若不指定，则在当前数据库中创建新表。
- owner：指定数据库所有者的名称，它必须是 database_name 所指定的数据库中现有的用户 ID。
- table_name：是新建表的名称。
- column_name：是表中的列名，其在表内必须是唯一的。
- data_type：指定列的数据类型。
- NULL | NOT NULL：允许列的取值为空或不为空，默认情况为 NULL。
- [,...n]：表明重复以上内容，即允许定义多个列。
- ON { filegroup|"default" }：指定存储表的文件组。如果指定了 filegroup，则该表将存储在命名的文件组中，数据库中必须存在该文件组。如果指定了 default，或省略 ON 子句，则表存储在默认文件组中。

【例 5.3】　利用 CREATE TABLE 命令创建"教师"表。

操作步骤如下：

（1）在 SSMS 界面中打开查询编辑器。

（2）在查询编辑器的文本输入窗口中输入如下的代码：

```
USE STUMS                        /* 打开 STUMS 数据库 */
GO
CREATE TABLE 教师                 /* 创建"教师"表 */
(教师编号 char(7) not null ,
 姓名 char(8) ,
 性别 char(2),
 出生日期 date,
 政治面貌 char(8),
 参加工作时间 date,
 学历 char(8) ,
```

```
职务 char(10) ,
职称 char(10) ,
系部代码 char(2),
专业代码 char(4),
备注 varchar(20))
```

（3）单击工具栏上的分析按钮【√】，进行语法分析检查。

（4）检查通过后，单击执行按钮【!】，创建"教师"表结构，结果如图 5-5 所示。

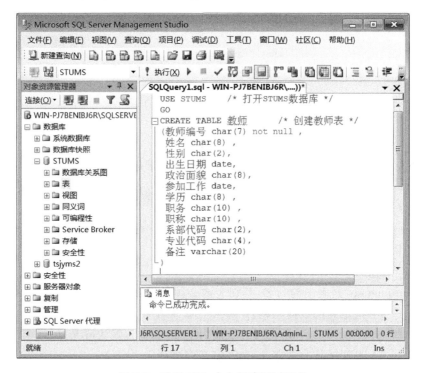

图 5-5　用 T-SQL 命令创建"教师"表

说明：

- "教师编号"字段不能为空，用 NOT NULL 设置。
- 中文版 SQL Server 2008 支持中文标识符，为了方便学生的阅读和理解，本书中的表名和列名均采用了中文标识符。
- 为了提高系统的处理速度，表名和列名尽量使用西文或拼音简码标识符。
- 在同一数据库中，不能有相同的表名。

5.2.3　表结构的修改

在表的使用过程中，往往需要对表的结构进行调整与修改，下面分别介绍使用 SSMS 或 T-SQL 语句修改表结构的方法。

1. 使用 SSMS 修改表结构

下面以修改"学生基本信息"表结构为例，说明使用 SSMS 修改表结构的操作步骤。

（1）在 SSMS 界面的"对象资源管理器"窗口中依次展开"STUMS→表"节点，右击要修改的"dbo.学生基本信息"表,在弹出的快捷菜单中选择"设计"命令,如图5-6所示。

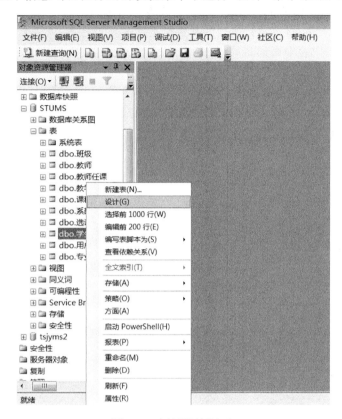

图 5-6　选择"设计"命令

(2) 在出现的表设计编辑器中,可根据需要修改"学生基本信息"表结构。

* 新增列:选择当前列,将在当前列之前新增列,输入列名、数据类型和长度、是否为空值等内容即可。
* 修改列:移动光标至修改处,直接修改。可修改列名、数据类型、长度或是否空值等内容。
* 删除列:选中要删除的列,右击,在弹出的快捷菜单中选择"删除列"命令即可。

(3) 修改完毕后,单击【关闭】按钮,保存修改信息。

2. 使用 ALTER TABLE 语句修改表结构

在 T-SQL 中,对表结构进行修改的语句是 ALTER TABLE,该语句的基本语法格式如下:

```
ALTER TABLE table_name
{[ALTER COLUMN column_name new_data_type [ NULL | NOT NULL ]]
  |ADD[< column_definition >] [,...n]
  |DROP COLUMN column_name [, ...n]
  }
```

各参数说明如下。

* ALTER TABLE:修改表命令。

- table_name：要修改的表名称。
- ALTER COLUMN 子句：用于说明修改表中指定列的属性。
- new_data_type：指定被修改列的新数据类型。
- ADD 子句：向表中添加新的列。新列的定义方法与 CREATE TABLE 语句中定义列的方法相同。
- DROP 子句：从表中删除指定的列。

当表中存在数据时，修改表结构应特别注意，应防止因结构的变动而影响数据的变化。

【例 5.4】 修改"学生基本信息"表结构，添加"E_mail"字段，其数据类型为 char(20)，可以为空。

代码如下：

```
USE STUMS
GO
ALTER TABLE 学生基本信息
ADD E_mail char(20) null
GO
```

在查询编辑器中输入上述代码后并执行，将在"学生基本信息"表中增加 E_mail 列，打开表设计器可查看到，如图 5-7 所示。

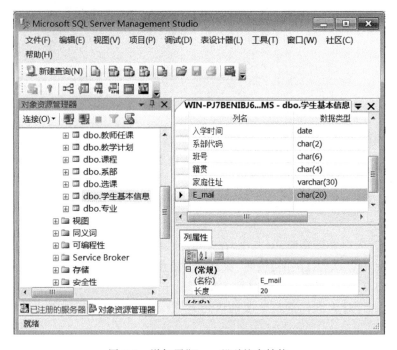

图 5-7   增加了"E_mail"列的表结构

【例 5.5】 将上例中 E_mail 列的数据类型改为 varchar(30)。

代码如下：

```
ALTER TABLE 学生基本信息
ALTER COLUMN E_mail varchar(30)
GO
```

【例5.6】 删除"学生基本信息"表中的 E_mail"列。

代码如下：

```
ALTER TABLE 学生基本信息
DROP COLUMN E_mail
GO
```

说明：修改表结构只能在当前库中进行，进行修改时，应事先打开表所在的数据库，否则系统会报错。

任务②对照练习

① 设计并创建"教室表"的结构。教室表用于教室的管理，包含教室编号、教室名称、教室容量和教室地址等列。

② 修改"教室"表结构，在其最后增加"备注"列，数据类型为 varchar(30)，允许为空。

5.3 表数据的输入、修改与删除

> **课堂任务③** 学习 SQL Server 表数据的输入、修改与删除等操作方法以及使用 T-SQL 语句进行操作。

5.3.1 表数据的输入

表结构创建好后，接下来要做的工作就是向表中输入数据，即输入表数据。在 SQL Server 中，输入表数据的方法有两种：使用 SSMS 向表中输入数据和使用 T-SQL 语句的 INSERT 命令向表中插入数据。

1. 使用 SSMS 输入表数据

下面以向"学生基本信息"表中输入数据为例，说明使用 SSMS 输入表数据的操作步骤。

（1）启动 SSMS，在"对象资源管理器"窗口中依次展开"SQL Server 实例→数据库→STUMS→表"节点，右击"dbo.学生基本信息"表，在弹出的快捷菜单中选择"编辑前 200 行"命令，如图 5-8 所示。

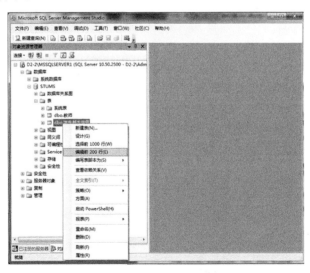

图 5-8 选择"编辑前 200 行"命令

（2）打开输入数据的窗口，在此窗口中可以输入新的表数据，也可以修改或删除已存在的表数据，如图 5-9 所示。

输入新的表数据时，应该逐个输入每一行的各个列的值，输入的数据类型要和表结构定义的一致，数据的长度应小于或等于表结构定义的长度。

（3）输入完毕后，单击窗口上的"关闭"按钮，保存数据。

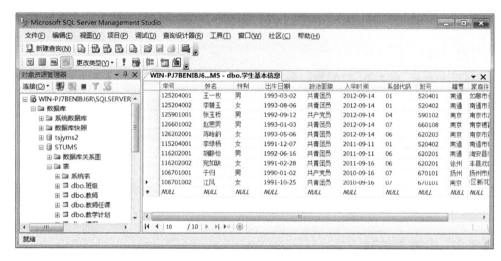

图 5-9　输入表数据

2. 使用 INSERT 语句插入表数据

在 T-SQL 中，向表中插入数据的语句是 INSERT。其语法格式如下：

```
INSERT [ INTO ] table_name [ (column1, column2… ) ]
VALUES (value1 ,value2… )
```

各参数说明如下。

- INSERT［INTO］：插入数据关键字，其中，[INTO]为可选项。
- table_name：要添加数据的表名称。
- column1, column2…：表示要插入数据值的列名，此部分参数可以省略，省略时表明所有的列都要插入数据。
- value1,value2…：与列名一一对应的数据值，字符型数据和日期型数据要用单引号括起来，值与值之间用逗号分隔。

说明：使用 INSERT 语句一次只能插入一行数据。

【例 5.7】　向"学生基本信息"表中插入一行新数据。数据内容为 126202006、蒋成功、男、1993-07-08、共青团员、2012-9-12、06、620203、无锡、无锡堰桥村。

代码如下：

```
INSERT 学生基本信息
VALUES ('126202006','蒋成功','男','1993-07-08',
'共青团员','2012-9-12','06','620203','无锡','无锡堰桥村')
GO
```

由于此例向表中的所有列插入数据，故省略了列名。该代码的执行结果如图 5-10 所示。

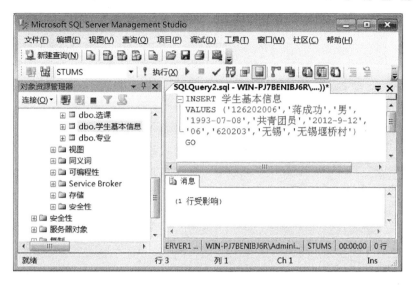

图 5-10　【例 5.7】的执行结果

【例 5.8】　向"学生基本信息"表中插入部分数据。只插入某个学生的学号、姓名、性别和籍贯（126601001、功勋、男、南京）。

代码如下：

```
INSERT 学生基本信息(学号,姓名,性别,籍贯)
VALUES ('126601001','功勋','男','南京')
GO
```

由于此例只向表中部分列插入数据，故列名不能省略。该代码的执行结果如图 5-11 所示。

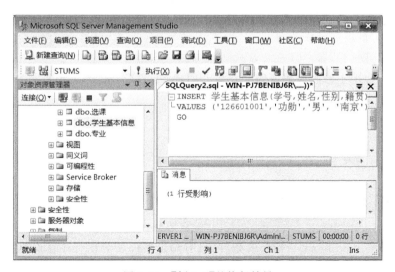

图 5-11　【例 5.8】的执行结果

从 SSMS 的"对象资源管理器"窗口中打开"学生基本信息"表，就能看到用 INSERT 命令插入的记录数据已添加到表尾，这是一条只有部分数据的记录，其他列被填入了空值，如

图 5-12 所示。

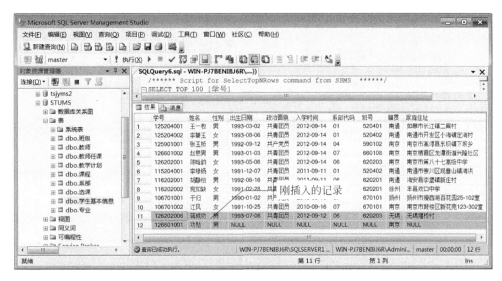

图 5-12　插入记录后的"学生基本信息"表

利用 INSERT 命令插入数据时，一定要注意 VALUES 提供的数据必须与字段一一对应。

5.3.2　表数据的修改

表数据的修改同样有两种实现方法。

1. 使用 SSMS 修改表数据

通过 SSMS 修改表数据与添加表数据的操作步骤基本类似。按照通过 SSMS 来输入表数据的步骤操作，在弹出如图 5-9 所示的窗口时，选中要修改的列值，当其处于编辑状态（即反底显示）时直接进行修改即可。

2. 使用 UPDATE 语句修改表数据

在 T-SQL 中用于修改表数据的语句是 UPDATE。其语法格式如下：

```
UPDATE table_name
SET column_name = column_value[, …n]
[WHERE condition]
```

各参数说明如下。

- UPDATE：修改表数据的关键字。
- table_name：指定要修改数据的表名。
- SET column_name=column_value：指定要修改的列及该列修改后的值。
- WHERE condition：指定修改条件，只有满足条件的数据行才被修改。当省略该子句时，所有的数据行都执行 SET 指定的修改。

【例 5.9】　将"学生基本信息"表中姓名为"于归"的籍贯改为"南京"。

代码如下：

```
UPDATE 学生基本信息
```

```
SET 籍贯 = '南京'
WHERE 姓名 = '于归'
GO
```

在查询编辑器中输入并执行上述代码后,在结果窗口中显示提示信息"(1 行受影响)",表明修改记录成功。打开"学生基本信息"表,就能看到"于归"的籍贯已改成了"南京"。

【例 5.10】 将"选课"表中的"成绩"列置 0。

代码如下:

```
UPDATE 选课
SET 成绩 = 0
GO
```

在查询编辑器中输入并执行上述代码后,在结果窗口中显示提示信息"(14 行受影响)","选课"表中共有 14 条记录,都进行了同样的修改。打开"选课"表,修改后的结果如图 5-13 所示。

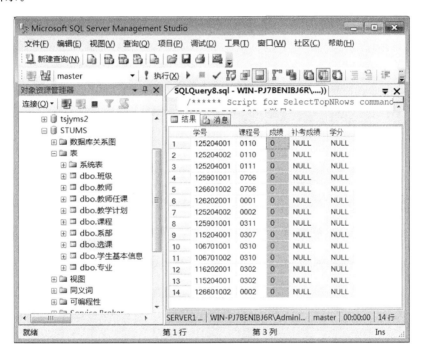

图 5-13 将"成绩"字段值清零

与使用 SSMS 的"对象资源管理器"窗口修改表中的数据相比,采用 UPDATE 语句可以成批地修改数据,这显然要方便、快捷。

5.3.3 表数据的删除

在 SQL Server 中,用户可以使用 SSMS 删除表中的数据行,也可以通过 T-SQL 语句命令来删除表中的数据行。

1. 使用 SSMS 删除表数据

通过 SSMS 删除表数据与输入表数据的操作步骤基本类似。按照使用 SSMS 输入表数据的步骤操作,在弹出输入数据窗口时,选中要删除的数据行并右击,在弹出的快捷菜单中选择"删除"命令,如图 5-14 所示。此时会弹出一个警告信息对话框,如图 5-15 所示。询问用户是否确定要删除该行记录,若单击【是】按钮,则数据会永久删除,无法恢复。

图 5-14　选择"删除"命令

图 5-15　警告信息对话框

如果用户要同时删除多行数据,则可以用鼠标单击某行数据并按住左键不放拖动鼠标选中多行数据,或者借助 Shift 键选中多行数据,在选中多行数据后按上述方法操作,即可删除多行数据。

2. 使用 DELETE 语句删除表数据

在 T-SQL 中用于删除数据行的语句是 DELETE。其语法格式如下:

```
DELETE [FROM] table_name
[WHERE condition]
```

各参数说明如下。
- DELETE:删除数据行关键字。
- table_name:指定要删除数据行的表名。

- WHERE condition：指定所删除的数据行应满足的条件。若省略该子句，则删除表中的所有数据行，仅剩下表结构，此时就成了空表。

【例 5.11】　删除 STUMS 数据库的"教师"表中"姓名"为空的记录。

代码如下：

```
USE STUMS
GO
DELETE 教师
WHERE 姓名 IS NULL
GO
```

【例 5.12】　删除"学生基本信息"表中 2010 年入学的学生信息。

代码如下：

```
DELETE 学生基本信息
WHERE YEAR(入学时间) = '2010'
GO
```

图 5-16　删除 2010 年入学的数据行

其中，YEAR()函数用来取入学时间数据值的年份。

执行上述代码，得到的结果如图 5-16 所示。"(2 行受影响)"的提示信息表明删除了"学生基本信息"表中的两行数据。

WHERE 子句的用法较为重要，将影响满足条件的所有数据行。

3. 使用 TRUNCATE TABLE 语句清空表数据

用户可使用 TRUNCATE TABLE 语句快速清空数据表中的数据。其语法格式如下：

```
TRUNCATE TABLE table_name
```

说明：TRUNCATE TABLE 语句用以删除表中的所有数据，但并不会改变表的结构，也不会改变约束与索引定义。

【例 5.13】　清空"学生基本信息"表中的所有数据信息。

代码如下：

```
TRUNCATE TABLE 学生基本信息
```

在查询编辑器中输入并执行代码后，刷新"学生基本信息"表，然后打开该表，便可以看到表中已无任何数据内容，但仍保留着表的结构。

TRUNCATE TABLE 语句与 DELETE 语句都能清空表中的全部数据，但两者又有所区别。用 DELETE 语句清除的数据存储在日志文件中，但用 TRUNCATE TABLE 语句删除的数据不在日志文件中保存。

任务③对照练习

① 在"教室"表中插入数据"0001,财会 3111,50,教学楼 101"。

② 用 UPDATE 命令修改上述数据，将"教学楼 101"改为"教辅楼 201"。

③ 使用 DELETE 命令删除教室名称为"财会 3111"的信息。

5.4 表的管理

课堂任务④ 学习 SQL Server 表的管理操作,包括查看和修改表的属性、删除表等。

表的管理操作包括查看和修改表的属性,修改表的定义,以及删除表等。灵活掌握对表的管理操作,是一个数据库管理员(DBA)最基本的职责之一。

5.4.1 查看表的属性

完成表的创建以后,服务器就会在系统表 sysobjects 中记录下表的名称、对象 ID、表类型、表的创建时间,拥有者 ID 等若干信息,同时在表 syscolumns 留下列名、列 ID、列的数据类型及列长度等与列相关的信息。这些系统信息都统一存储在系统数据库 master 中。

1. 使用 SSMS 查看表的信息

启动 SSMS,在"对象资源管理器"窗口中依次展开"SQL Server 实例→数据库→STUMS→表"节点,右击"dbo.学生基本信息"表,在弹出的快捷菜单中选择"属性"命令,打开"表属性-学生基本信息"窗口,如图 5-17 所示。

图 5-17 "表属性—学生基本信息"窗口

在表属性窗口中,包括常规、权限、更改跟踪、存储、扩展属性 5 个选择页。

- 常规页:显示所选表的常规属性信息,如表所属的数据库、当前服务器、表的创建日期和时间及名称等。此页上的信息为只读信息。
- 权限页:查看或设置安全对象的权限,包括用户和角色、权限信息。
- 更改跟踪页:查看或修改所选表的更改跟踪设置。注意,只有对数据库启用了更改跟踪,此选项才可用。

- 存储页：显示所选表中与存储相关的属性，包括索引空间、数据空间、文件组和分区设置及压缩等信息。
- 扩展属性页：查看或修改所选对象的扩展属性。通过此页可以向数据库对象添加自定义属性。

2. 使用系统存储过程 sp_help 查看表的信息

使用系统存储过程 sp_help 查看表的信息的语法格式如下：

```
[EXECUTE] sp_help table_name
```

参数说明如下。

- EXECUTE：调用系统存储过程的关键字。
- sp_help：系统存储过程，可用来查看系统表、用户表或视图的有关列对象的其他属性信息。
- table_name：指定要查看信息的表名。

【例 5.14】　用 sp_help 查看"学生基本信息"表的信息。

代码如下：

```
EXEC sp_help 学生基本信息
GO
```

执行上述代码后，返回如图 5-18 所示的结果。

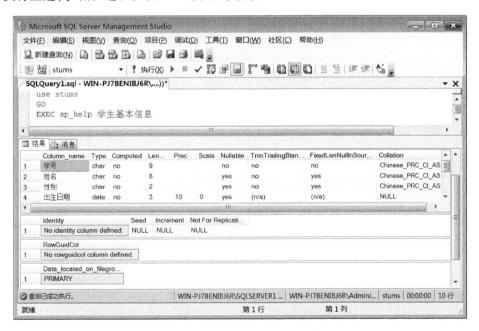

图 5-18　"学生基本信息"表的属性信息

5.4.2　表的删除

对于不需要的表，可以将其删除。删除表的操作可以通过 SSMS 完成，也可以通过 DROP TABLE 命令完成。

1. 使用 SSMS 删除表

操作步骤如下：

（1）启动 SSMS，在"对象资源管理器"窗口中依次展开"SQL Server 实例→数据库→STUMS→表"节点，右击"dbo.学生基本信息"表，在弹出的快捷菜单中选择"删除"命令，打开"删除对象"窗口，如图 5-19 所示。

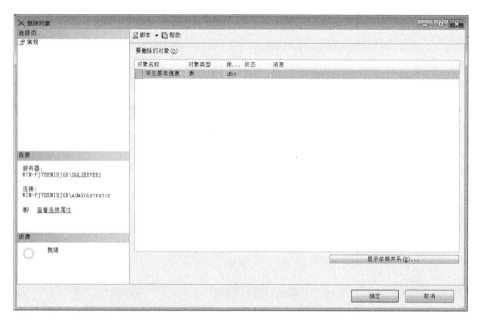

图 5-19 "删除对象"窗口

（2）单击【确定】按钮即可删除学生基本信息表。

说明：删除表时必须谨慎，因为表一旦被删除便无法恢复，而表原来包含的数据也将随着表的删除而丢失。

2. 使用 DROP TABLE 命令删除表

DROP TABLE 语法格式如下。

```
DROP TABLE table_name
```

各参数说明如下。

• DROP TABLE：删除表命令的关键字。

• table_name：指定要删除的表名。

【例 5.15】 删除"教师"表。

```
DROP TABLE 教师
GO
```

在查询编辑器中输入上述命令并执行后，"教师"表就被删除了。

任务④对照练习

① 用 sp_help 查看"教室"表的信息。

② 用 DROP TABLE 命令删除"教室"表。

课后作业

1. 什么是表？什么是列？SQL Server 为列提供了哪些数据类型？

2. 简要说明空值的概念。

3. 如果创建表时没有指定 NULL 或 NOT NULL，则默认是什么？

4. INSERT 语句的作用是什么？如果在 INSERT 语句中列出了 5 个列名，则需提供几个列值？

5. UPDATE 语句的作用是什么？在使用 UPDATE 语句时，带上 WHERE 子句意味着什么？

6. DELETE 语句的作用是什么？用 DELETE 语句能删除表吗？

7. ALTER TABLE 语句的作用是什么？在表中增加列的子句是什么？删除列的子句是什么？

8. 使用 SSMS 或 T-SQL 语句创建 STUMS 数据库中的各表，各表数据如图 5-20～图 5-28 所示。

学号	姓名	性别	出生日期	政治面貌	入学时间	系部代码	班号	籍贯	家庭住址
125204001	王一枚	男	1993-03-02	共青团员	2012-09-14	01	520401	南通	如皋市长江镇二案村
125204002	李碧玉	女	1993-08-06	共青团员	2012-09-14	01	520402	南通	南通市开发区小海镇定海村
125901001	张王桥	男	1992-09-12	共产党员	2012-09-14	04	590102	南京	南京市高淳县东坝镇下坝乡
126601002	赵思男	男	1993-01-03	共青团员	2012-09-14	07	660108	南京	南京栖霞区龙潭街道兴隆社区
126202001	陈晗韵	女	1993-05-06	共青团员	2012-09-14	06	620203	南京	南京市第八十七高级中学
115204001	李绿杨	男	1991-12-07	共青团员	2011-09-11	01	520402	南通	南通县观音山镇海洪
116202001	胡静怡	男	1992-06-16	共青团员	2011-09-11	06	620201	南通	海安县李堡镇新庄村
116202002	宛如缺	女	1991-02-28	共青团员	2011-09-16	06	620201	徐州	丰县欢口中学
106701001	于归	男	1990-01-02	共产党员	2010-09-16	07	670101	扬州	扬州市瘦西湖百花园25-102室
106701002	江风	女	1991-10-25	共青团员	2010-09-16	07	670101	南京	南京市鼓楼区新花苑123-302室

图 5-20 "学生基本信息"表

教师编号	姓名	性别	出生日期	政治面貌	参加工作	学历	职务	职称	系部代码	专业代码	备注
0108001	乔红军	男	1971-08-02	NULL	1995-08-01	大学本科	教师	副教授	01	5204	NULL
0108002	王坚垒	男	1973-08-06	共产党员	1997-08-02	大学本科	教师	讲师	01	5204	NULL
0305001	赵安	女	1962-09-12	共产党员	1986-08-03	大普	教师	教授	03	5503	NULL
0306001	王果然	男	1964-01-03	共产党员	1988-08-04	大学本科	教师	教授	03	5703	NULL
0407002	赵庆	女	1983-05-06	共青团员	2006-08-01	大学本科	教师	助讲	04	5901	NULL
0612005	旭升阳	女	1985-06-07	共产党员	2006-08-02	研究生	教师	助讲	06	6202	NULL
0613003	哈笑之子	女	1980-06-16	NULL	1998-08-01	大学本科	教师	讲师	06	6202	NULL
0710004	烛影	女	1982-03-08	共产党员	2006-08-02	研究生	教师	讲师	07	6601	NULL
0710005	方草	男	1975-01-02	共产党员	1992-08-01	大学本科	教师	副教授	07	6601	NULL
0711001	宋竹梅	女	1960-06-08	共产党员	1982-08-01	研究生	教师	副教授	07	6701	NULL

图 5-21 "教师"表

班号	班级名称	学生数	专业代码	系部代码	班主任	班长	教室
520401	航海技术	40	5204	01	乔成喜	胡琛	J501
520402	水运管理	42	5204	01	王坚	周刊	J302
520405	轮机工程技术	40	5204	01	张圣	李琳琳	J401
520601	港口业务管理	50	5206	02	白玉华	陈宛	T302
550307	电网监控技术	45	5503	03	赵悦	张锁烟	T403
570302	机电设备运…	50	5703	03	吟霜	胡萍萍	T404
590101	计算机应用	40	5901	04	雨荷	陈响儿	K201
590102	网络技术	35	5901	04	千笑怡子	梁亮	K202
590103	多媒体技术	40	5901	04	陈竹韵	萧哥	K203
620201	财务管理	45	6202	06	顾小明	王聪	R204
620203	会计	40	6202	06	晶银银	朱小红	R205
670101	艺术设计	35	6701	07	陈设	申美	Y201
660108	商务英语	40	6601	07	攻关	周旋	Y101

图 5-22 "班级"表

课程号	课程名	课程性质	学分
0001	高等数学	A	6
0002	大学英语	A	6
0003	大学物理	A	5
0110	值班与避碰	A	5
0111	GMDSS通信...	A	6
0301	办公室应用...	A	4
0302	关系数据库...	A	5
0306	会计基础	A	5
0307	西方经济学	B	3
0310	操作系统基础	A	3
0311	电子商务	B	4
0706	材料力学	A	4

图 5-23　"课程"表

学号	课程号	成绩	补考成绩	学分
125204001	0110	75	NULL	NULL
125204002	0110	80	NULL	NULL
125204001	0111	65	NULL	NULL
125901001	0706	45	NULL	NULL
126601002	0706	70	NULL	NULL
126202001	0001	80	NULL	NULL
125204002	0002	76	NULL	NULL
125901001	0311	85	NULL	NULL
115204001	0307	90	NULL	NULL
106701001	0310	45	NULL	NULL
106701002	0310	82	NULL	NULL
116202001	0302	70	NULL	NULL
115204001	0302	50	NULL	NULL
126601002	0002	78	NULL	NULL

图 5-24　"选课"表

系部代码	系部名称	系主任	联系电话	备注
01	航海系	王寅虎	15698023	NULL
02	交通工程系	陈国君	82459871	NULL
03	机电系	成功	85124789	NULL
04	计算机系	丁灿	15666666	NULL
05	通信系	飞越	39547888	NULL
06	管理系	龙海生	32489702	NULL
07	人文艺术	赵炯	65888888	NULL

图 5-25　"系部"表

专业代码	专业名称	系部代码
5204	航海技术	01
5206	港口运输	02
5503	电力技术	03
5703	水利水电设备	03
5901	计算机	04
5903	通信	05
6202	财务会计	06
6601	语言文化	07
6701	艺术设计	07

图 5-26　"专业"表

课程号	专业代码	课程类型	开课学期	学时
0110	5204	A	4	60
0111	5204	A	4	75
0306	6202	A	1	80
0706	5206	A	2	72
0001	5901	A	1	90
0002	5901	A	1	90
0311	5901	B	3	50
0307	6202	B	3	50
0310	6701	A	2	45
0301	6202	A	2	60

图 5-27　"教学计划"表

教师编号	课程号	系部代码	专业代码	班号	开课学期	学生数	备注
0108001	0110	01	5204	520401	4	40	NULL
0108001	0706	02	5206	520402	2	42	NULL
0108002	0111	01	5204	520401	4	40	NULL
0305001	0311	04	5901	590102	3	35	NULL
0306001	0301	06	6202	620201	2	45	NULL
0407002	0310	07	6701	620201	2	45	NULL
0612005	0001	04	5901	590102	1	35	NULL
0612005	0002	04	5901	590102	1	35	NULL
0711001	0307	06	6202	660108	2	40	NULL

图 5-28　"教师任课"表

9. 按照题目要求写出下列 T-SQL 命令,并在机器上进行测试。

① 创建 STUMS 数据库的"专业"表。

② 在"专业"表中增加一列"培养方向",char(20)。

③ 在"专业"表中插入一条记录,其数据为 0210、轮机工程、02、船舶制造。

④ 修改"专业"表中的记录,将轮机工程的专业代码改为"0201",将培养方向改为"船舶修理"。

⑤ 删除"专业"表中的全部记录。

⑥ 查看"专业"表的属性。

⑦ 删除"专业"表。

实训 4 图书借阅管理系统数据表的创建和管理

1．实训目的

（1）了解表的结构特点。

（2）了解 SQL Server 的基本数据类型。

（3）学会在 SSMS 器中创建表。

（4）学会使用 T-SQL 语句创建表。

2．实训准备

（1）熟练使用 SSMS 创建和管理表。

（2）使用查询编辑器，完成用 T-SQL 语句创建和管理表。

（3）完成用 SSMS 和 T-SQL 语句创建和管理表的实训报告。

3．实训要求

（1）确定数据库包含的各表的结构，还要了解 SQL Server 的常用数据类型，以创建数据库的表。

（2）已完成实训 3，并成功创建了数据库 TSJYMS。

（3）了解常用的创建表的方法。

4．实训内容

1）表的创建

使用 SSMS 或使用 T-SQL 语句在数据库 TSJYMS 中创建以下 6 个表。表结构按照表中的数据由读者自行设定，并按表 5-17～表 5-21 显示的数据输入至相关表中。

表 5-17 "借还管理"表

读者证号	图书编号	借/还	借书日期	应还日期	超期 罚金	馆藏地	工号
2930714211	07741320	借	2012-03-28	2012-08-28		第二借阅室科技	002016
2930714211	07410810	借	2012-03-28	2012-08-28		第二借阅室科技	002016
3640521656	07410810	借	2012-03-15	2012-08-15		第二借阅室科技	002018
2930714211	07410298	借	2012-03-28	2012-08-28		第二借阅室科技	002017
3640521656	07829702	还	2012-05-09	2012-10-09		第一借阅室社科	002019
2830820801	07108667	借	2012-06-25	2012-11-25		第二借阅室科技	002019
1640624732	07741320	借	2012-07-25	2012-12-25		第二借阅室科技	002018
0403121033	07111717	借	2012-07-25	2012-12-25		第二借阅室科技	002019
1640623612	07111717	借	2012-07-25	2012-12-25		第二借阅室科技	002019
0205111908	07410139	借	2012-05-11	2012-11-25		第一借阅室社科	002017

表 5-18　"读者信息"表

读者证号	姓名	性别	读者类型	工作单位	系别	电话	E_mail	备注
2930714211	张晓露	女	教师	管理信息系	06	85860126	zxl@163.com	
3640521656	李阳	女	教师	航海系	01	85860729	ly@sina.com.cn	
2830820801	王新全	男	学生	人文艺术系	07	85860618	wxq@yahoo.cn	
1640623612	张继刚	男	学生	船体3121	01	85860913	zjg@163.com	
1640624732	顾一帆	男	教师	轮机工程系	01	85860916	gyf@yahoo.cn	
0403121033	张芸	女	学生	软件3111班	04	83456789	456789@qq.com	
0205111908	梁子	女	学生	集运3121班	02	81234567	123458@qq.com	

表 5-19　"图书信息"表

图书编号	书名	作者	出版社	出版日期	ISBN	馆藏地	定价
07741320	ASP.NET软件开发技术项目	王德勇	清华大学出版社	2011-10-01	978-7-302-25213-9	第二借阅室科技	￥38.00
07111717	汽车车身构造与修复图解	谭本忠	机械工业出版社	2009-03-03	976-7-111-23541-5	第二借阅室科技	￥23.00
07829702	谁伤了婚姻的心	童馨儿	大众文艺出版社	2012-05-10	978-7-80240-454-9	第一借阅室社科	￥24.00
07410139	[遇见,转身之间]	茗丝子	中国妇女出版社	2012-08-10	978-7-80203-735-9	第一借阅室社科	￥23.80
07410298	C++程序设计	成颖	东南大学出版社	2007-05-01	978-7121-07901-6	第二借阅室科技	￥38.00
01052276	起重运输机金属结构	王金诺	中国铁道出版社	2010-03-15	7-113-04478-6	第二借阅室科技	￥36.50
07108667	新概念英语同步词汇练习	姜丽蓉	北京大学出版社	2011-03-01	978-7-5015-5916-9	第二借阅室科技	￥10.50
07410810	网络工程实用教程	汪新民	北京大学出版社	2012-05-10	978-7-1234-8	第二借阅室科技	￥34.80

表 5-20　"图书入库"表

图书编号	ISBN	入库时间	入库数	复本数	库存数
07741320	978-7-302-25213-9	2011-12-01	25	25	23
07111717	976-7-111-23541-5	2009-05-01	30	30	28
07829702	978-7-80240-454-9	2012-06-25	15	15	13
07410139	978-7-80203-735-9	2012-11-10	30	30	29
07410298	978-7121-07901-6	2007-06-01	25	25	25
01052276	7-113-04478-6	2010-07-15	20	20	18
07108667	978-7-5015-5916-9	2011-05-01	30	30	29
07410810	978-7-1234-8	2012-06-10	20	20	5

表 5-21 "员工信息"表

工号	姓名	性别	出 生 日 期	联系电话	E-mail
002016	周学飞	男	1971/5/3	85860715	zxf@163.com
002017	李晓静	女	1979/9/15	85860716	lj@163.com
002018	顾 彬	男	1972/4/25	85860717	gb@yahoo.cn
002019	陈 欣	女	1968/11/3	85860718	cx@sina.com.cn

2）表的管理

（1）使用 SSMS 在数据库 TSJYMS 的"读者信息"表中添加数据行，并对照其表结构，将自己的有关数据输入"读者信息"表中。

（2）使用 T-SQL 语句将数据库 TSJYMS 的"借还管理"表中借书证号为 2930714211 的应还日期改为 2013-6-30。

（3）使用 T-SQL 语句将"员工信息"表中姓名为"陈欣"的记录删除。

（4）使用 SSMS 或 T-SQL 语句将数据库 TSJYMS 各表中的图书编号长度增加一位。

第6课 学生信息管理系统数据完整性的实现

6.1 数据完整性概述

> **课堂任务①** 学习数据完整性方面的知识，包括数据完整性的分类和强制数据完整性的约束机制等。

数据库中的数据来自外界的输入，可能会由于种种原因造成输入数据的无效或错误。另外，随着数据的插入、修改、删除等操作，也可能会造成数据库中的数据不一致。如何确保数据的正确性和一致性也就成为数据库设计方面的一个非常重要的问题，数据完整性概念也就应运而生了。

数据完整性是要求数据库中的数据具有正确性和一致性。在 SQL Server 中是通过设计表与表之间、表的行和表的列上的约束来实现数据完整性的。数据完整性是保证数据质量的一种重要方法，是现代数据库系统的一个重要特征。

6.1.1 约束机制

为了保证数据库中数据的完整性，SQL Server 设计了约束。约束是一种强制数据完整性的标准机制。使用约束可以确保在列中输入有效数据并维护各表之间的关系。SQL Server 支持下列 6 种类型的约束。

1．主键约束

主键约束（PRIMARY KEY）确保在特定的列中不会输入重复的值，并且在这些列中也不允许输入空值。用户可以使用主键约束强制实体完整性。

2．唯一性约束

唯一性约束（UNIQUE）不允许数据库表在指定列上具有相同的值，但允许有空值，以确保在非主键列中不输入重复值。

3. 检查约束

检查约束(CHECK)通过条件表达式的判断,限制插入到列中的值,以强制执行域的完整性。

4. 默认约束

对于默认约束,(DEFAULT)当向数据库表中插入数据时,如果没有明确地提供输入值,SQL Server 自动为该列输入默认值。

5. 外键约束

外键约束(FOREIGN KEY)定义数据库表中指定列上插入或更新的数值必须在另一个被参照表中的特定列上存在,约束表与表之间的关系,强制参照完整性。

6. 非空约束

非空约束(NOT NULL)指定特定列的值不允许为空,即让该列拒绝接收空值。非空约束用来实现域的完整性。

创建表时,如果未对列指定默认值,则 SQL Server 系统为该列提供 NULL 默认值,主键列和标识列将自动具有非空约束。

任务①对照练习　启动 SSMS,打开 STUMS 数据库,对"课程"表进行数据输入的操作,此表已设置了各类约束,观察约束的效用。

6.1.2　数据完整性的分类

SQL Server 2008 支持 4 种类型的完整性,即实体完整性、域完整性、参照完整性和用户定义完整性。

1. 实体完整性

实体完整性要求表的每一行在表中是唯一的实体,表的关键字值不能为空且取值唯一。例如,"学生基本信息"表的关键字是"学号",这个关键字的值在表中是唯一的和确定的,这样才能有效地标识每一个学生。

实体完整性用以强制表的主键的完整性,可以通过索引、UNIQUE 约束、PRIMARY KEY 约束或 IDENTITY 属性来实现。

2. 域完整性

域完整性要求表中的列必须满足某种特定的数据类型或约束(包括取值范围、精度等规定)。例如,"学生基本信息"表中的性别只能输入"男"或"女",出生日期和入学时间只能输入日期型数据。

域完整性用于强制输入的有效性,可以通过限制数据类型、格式或可能值的范围,通过 FOREIGN KEY 约束、CHECK 约束、DEFAULT 定义、NOT NULL 定义和规则等来实现。

3. 参照完整性

参照完整性要求有关联的两个表的主关键字和外关键字的值保持一致。例如,在"选课"表中输入的学号,应参照"学生基本信息"表中的学号。

参照完整性确保主表的键值在所有表中一致。这样的一致性要求不能引用主表不存在的键值,如果主表的键值更改了,那么在整个数据库中,对该键值的所有引用都要进行一致的更改。参照完整性可以通过 FOREIGN KEY 约束、CHECK 约束及多表级联更改触发器来实现。

4. 用户定义完整性

用户定义完整性是指用户定义不属于其他任何完整性分类的特定业务规则,由应用环境决定。例如,用户可以根据实际需要定义"学生基本信息"表中的入学时间大于出生日期,定义选课表中的成绩大于等于 0 而小于等于 100。

用户定义完整性可防止无效的输入或错误信息的输入,以保证输入的数据符合规定。所有的完整性类型都支持用户定义完整性(CREATE TABLE 中的所有列级和表级约束、存储过程和触发器等)。

6.2　创建约束

> **课堂任务②**　学会使用 3 种不同的方法为 STUMS 数据库系统创建各类约束,强制数据的完整性。

约束可以在创建表的同时创建,也可在已有的表上创建。可以使用 SSMS 创建,也可在查询编辑器中用 T-SQL 语句创建。

6.2.1　在创建表的同时创建各类约束

可以通过使用 CREATE TABLE 命令在创建表的同时创建约束,其基本语法如下:

```
CREATE TABLE table_name
(column_name data_type (NULL | NOT NULL)
[[CONSTRAINT constraint_name]
{
PRIMARY KEY[CLUSTERED|NONCLUSTERED]
|UNIQUE[CLUSTERED|NONCLUSTERED]
|[FOREIGN KEY]{(column_name[,…n])}REFERENCES ref_table[( ref_column)]
|DEFAULT constraint_ expression
|CHECK( logical_expression )}
][,…])
```

各参数说明如下。

- table_name:创建约束的表的名称。
- CONSTRAINT:定义约束子句,表示 PRIMARY KEY、NOT NULL、UNIQUE、FOREIGN KEY 或 CHECK 约束定义的开始。
- constraint_name:新建约束的名称,可以省略,由系统自动命名。
- column_name:表中列的名称。
- data_type:指定列的数据类型。
- ref_table:表示 FOREIGN KEY 约束所引用的表。
- ref_column:表示引用表中的一列或多列的名称。
- Contraint_expression:用做列的默认值的表达式,可以是 NULL,也可以是系统函数。
- logical_expression:表示用于 CHECK 约束的返回 TRUE 或 FALSE 的逻辑表达式。

【**例 6.1**】　在 STUMS 数据库中创建一个用于管理学生借书信息的表(STU_BOOK)，表中包含借书证号、姓名、性别、班号、出生日期、借书数等字段。要求在创建表的同时创建各类约束。

① 为借书证号创建主键约束，约束名为 pk_jszh。

② 为姓名创建唯一性约束，约束名为 uk_xm。

③ 为性别创建默认约束，默认值为"男"。

④ 为班号创建外键约束，约束名为 fk_bh，参照"班级"表，保证班号输入的有效性。

⑤ 为借书数创建检查约束，约束名为 ck_jss，检查条件为借书数≤5。

代码如下：

```
USE STUMS
GO
CREATE TABLE STU_BOOK
(借书证号 char(12) CONSTRAINT pk_jszh primary key,
姓名 char(8) not null CONSTRAINT uk_xm unique,
性别 char(2) default '男',
班号 char(6) CONSTRAINT fk_bh foreign key (班号) references 班级(班号),
出生日期 datetime,
借书数 tinyint CONSTRAINT ck_jss CHECK (借书数<=5))
GO
```

在查询编辑器中执行上述代码后，在结果窗口将中显示"命令已成功完成。"的信息，这表明带有各种约束的 STU_BOOK 表已创建好。

说明：创建外键约束时，被参照的表(班级)的主键要事先设置好，否则会在结果窗口中显示错误提示信息。

6.2.2　使用 SSMS 创建约束

1. 创建主键约束

在 STUMS 数据库中为"教师"表的教师编号创建主键约束，操作过程如下：

(1) 启动 SSMS，在"对象资源管理器"窗口中依次展开"SQL Server 实例→数据库→STUMS→表"节点，右击"dbo.教师"表，在弹出的快捷菜单中选择"设计"命令，打开"教师"表的表设计器，界面如图 5-29 所示。

(2) 在表设计器中，选择需要设为主键的列"教师编号"。如果需要选择多个列时，须按住 Ctrl 键选择其他列。选择好后，右击，从弹出的快捷菜单中选择"设置主键"命令，如图 5-30 所示。

(3) 执行完命令后，在该列前面会出现钥匙图标，标明主键设置成功，关闭表设计器即可。

2. 创建唯一约束

在 STUMS 数据库中为"教师"表的"姓名"列创建唯一性约束 uk_jsxm，操作过程如下：

(1) 在如图 5-29 所示的"教师"表的表设计器界面中右击，在弹出的快捷菜单中选择"索引/键"命令，如图 5-31 所示，打开"索引/键"对话框。

(2) 在"索引/键"对话框中，单击【添加】按钮添加新的主/唯一键或索引。

图 5-29 "教师"表的表设计器界面

图 5-30 选择"设置主键"命令

- 在"(常规)"选项组的"类型"右侧的下拉列表中选择"唯一键"选项。
- 在"(常规)"选项组的"列"右侧单击浏览按钮,在弹出的"索引列"对话框中选择"姓名"列名并进行 ASC(升序)排序。
- 在"标识"选项组的"(名称)"中输入唯一约束的名称"uk_jsxm"。若不输入,则取系统的默认名称。设置结果如图 5-32 所示。

图 5-31　选择"索引/键"命令

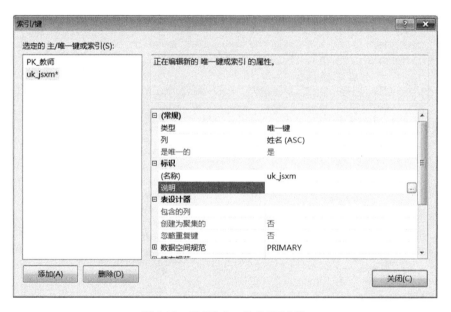

图 5-32　设置"唯一性索引"参数

（3）设置完毕，单击【关闭】按钮，关闭对话框，完成唯一约束的创建。

说明：此时，不只是该表的主键取值必须唯一，被设置成唯一约束的字段的取值同样必须唯一。

3. 创建检查约束

在 STUMS 数据库中为"教师"表的"参加工作时间"创建检查约束 ck_jscjgz，检查条件是参加工作时间大于出生日期，操作过程如下：

（1）在如图 5-29 所示的"教师"表的表设计器界面中右击，在弹出的快捷菜单中选择"CHECK 约束"命令，如图 5-33 所示，打开"CHECK 约束"对话框。

图 5-33 选择"CHECK 约束"命令

（2）在"CHECK 约束"对话框中，单击【添加】按钮添加新的 CHECK 约束。

- 在"（常规）"选项组的"表达式"右侧单击浏览按钮，在弹出的"CHECK 约束表达式"对话框中输入约束条件（参加工作时间＞出生日期）。
- 在"标识"选项组的"（名称）"中输入检查约束名称"ck_jscjgz"。若不输入，则取系统的默认名称。设置结果如图 5-34 所示。

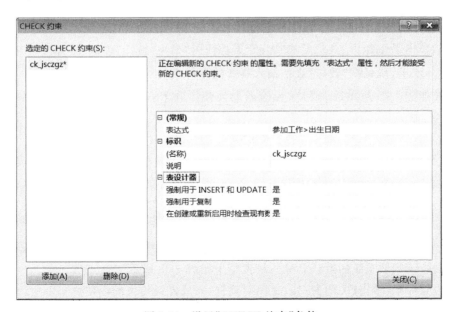

图 5-34 设置"CHECK 约束"条件

（3）设置完毕后，单击【关闭】按钮，关闭对话框，完成检查约束的创建。

4. 创建默认约束

在 STUMS 数据库中为"教师"表的"性别"创建默认约束，默认值为"男"，操作过程如下：

在如图 5-29 所示的"教师"表的表设计器界面中选择需要创建默认约束的"性别"字段，然后在下方的"（常规）"选项组的"默认值或绑定"的右侧输入默认值" ′男′ "，如图 5-35 所示。然后关闭表设计器即可。

图 5-35　设置默认约束

5. 创建外键约束

在 STUMS 数据库中参照"系部"表的"系部代码"列为"教师"表的"系部代码"列创建外键约束 fk_jsxbdb，确保在"教师"表中输入有效的系部代码，操作步骤如下：

（1）在如图 5-29 所示的"教师"表的表设计器界面中右击，在弹出的快捷菜单中选择"关系"命令，如图 5-36 所示，打开"外键关系"对话框。

（2）在"外键关系"对话框中单击【添加】按钮添加新的关系。

- 在"（常规）"选项组的"表和列规范"右侧单击浏览按钮，弹出"表和列"对话框，在"主键表"下拉列表框中选择主键表，本例选"系部"表，在"外键表"下拉列表框中选择外键表，这里选"教师"表，分别在"主键表"和"外键表"的下面选择"系部代码"字段，如图 5-37 所示。
- 在"外键关系"对话框的"标识"选项组的"（名称）"中输入外键约束"fk_jsxbdb"。若不输入，则取系统的默认名称。设置结果如图 5-38 所示。

（3）设置完毕，单击【关闭】按钮，关闭对话框，完成外键约束的创建。

提醒：操作前，应将"系部"表中的"系部代码"设为主键。

图 5-36 选择"关系"命令

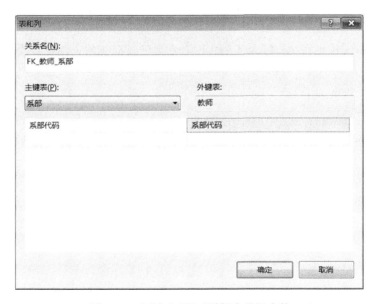

图 5-37 在"表和列"对话框中设置参数

任务②对照练习一

① 在 STUMS 数据库中,为"系部"表的"系部代码"列创建主键约束 pk_xibu_xbdm;为"系部名称"列创建唯一约束 uk_xibu_xbmc。

② 为"学生基本信息"表的"政治面貌"列创建默认约束 df_xs_zzmm,默认值为"共青团员"。

③ 为"课程"表"学分"列创建检查约束 ck_kc_xf,使学分取值在 1~6 之间;为"课程号"列创建外键约束 fk_kc_kch,参照"教学计划"表。

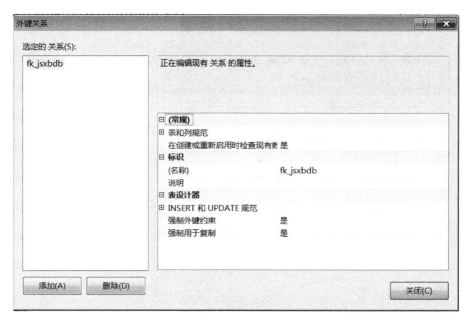

图 5-38   在"外键关系"对话框中设置参数

6.2.3   使用 T-SQL 命令在已有的表上创建约束

在 SQL Server 中可用 ALTER TABLE 命令为已经存在的表创建各类约束,其基本语法如下:

1. 创建主键约束

```
ALTER TABLE table_name
ADD CONSTRAINT constraint_name
PRIMARY KEY [CLUSTERED|NONCLUSTERED] {(column[, … n])}
```

其中,各参数的意义与创建表的同时创建约束中的参数意义相同。

【例 6.2】   在 STUMS 数据库中为"学生基本信息"表的"学号"列创建主键约束 pk_xuehao。

代码如下:

```
USE STUMS
GO
ALTER TABLE 学生基本信息
ADD CONSTRAINT pk_xuehao
PRIMARY KEY (学号)
GO
```

2. 创建唯一约束

```
ALTER TABLE table_name
ADD CONSTRAINT constraint_name
UNIQUE[ CLUSTERED | NONCLUSTERED ] {(column[, … n])}
```

【例 6.3】 在 STUMS 数据库中为"学生基本信息"表的"姓名"列创建唯一约束 uk_name。

代码如下：

```
USE STUMS
GO
ALTER TABLE 学生基本信息
ADD CONSTRAINT uk_name
UNIQUE(姓名)
GO
```

3. 创建检查约束

```
ALTER TABLE table_name
ADD CONSTRAINT constraint_name
CHECK(logical_expression)
```

【例 6.4】 在 STUMS 数据库中为"学生基本信息"表的"入学时间"列创建检查约束 ck_rxsj，检查条件为入学时间＞出生日期。

代码如下：

```
USE STUMS
GO
ALTER TABLE 学生基本信息
ADD CONSTRAINT ck_rxsj
CHECK (入学时间>出生日期)
GO
```

4. 创建默认约束

```
ALTER TABLE table_name
ADD CONSTRAINT constraint_name
DEFAULT constraint_expression [FOR column_name]
```

【例 6.5】 在 STUMS 数据库中为"学生基本信息"表的"入学时间"列创建默认约束 df_rxsj，默认值取计算机系统的日期。

代码如下：

```
USE STUMS
GO
ALTER TABLE 学生基本信息
ADD CONSTRAINT df_rxsj
DEFAULT GETDATE() FOR 入学时间
```

5. 创建外键约束

```
ALTER TABLE table_name
ADD CONSTRAINT constraint_name
FOREIGNKEY {(column_name[,…n])}REFERENCES
ref_table[(ref_column_name[,…n])]
```

【例 6.6】 在 STUMS 数据库中参照"班级"表的"班号"列为"学生基本信息"表的"班号"列创建外键约束 fk_xsbh。

代码如下：

```
USE STUMS
GO
ALTER TABLE 学生基本信息
ADD CONSTRAINT fk_xsbh
FOREIGN KEY (班号) REFERENCES 班级 (班号)
```

任务②对照练习二

① 在 STUMS 数据库中为"教师"表的"教师编号"列创建主键约束 pk_js_jsbh；为"姓名"列创建唯一约束 uk_js_name；为"学历"列创建默认约束 df_js_xl,默认值为"本科"。

② 在 STUMS 数据库中为"选课"表的"成绩"列创建检查约束 ck_xk_cj,使成绩的取值在 0~100 分之间。为"学号"列创建外键约束 fk_xk_xh,参照"学生基本信息"表。

6.2.4 查看和删除约束

对于创建好的约束,根据实际需要可以查看其定义信息。SQL Server 2008 提供了多种查看约束信息的方法,经常使用的是 SSMS 和系统存储过程。

1. 使用 SSMS 查看和删除约束

下面以查看和删除"教师"表的约束为例,介绍使用 SSMS 查看和删除约束的操作步骤：

(1) 启动 SSMS,在"对象资源管理器"窗口中依次展开"SQL Server 实例→数据库→STUMS→表→教师→键"节点,可查看所创建的主键约束、外键约束和唯一约束。

(2) 展开"教师→约束"节点,可查看所创建的检查约束和默认约束,如图 5-39 所示。

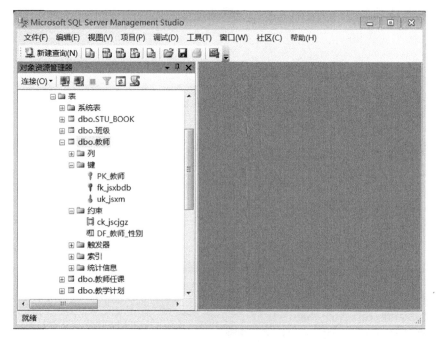

图 5-39 使用 SSMS 查看"教师"表约束

（3）选中某种约束如"主键约束"，右击，在弹出的快捷菜单中可选择"修改"、"重命名"或"删除"命令，对所选的约束完成相应的修改、重命名或删除等操作，如图 5-40 所示。

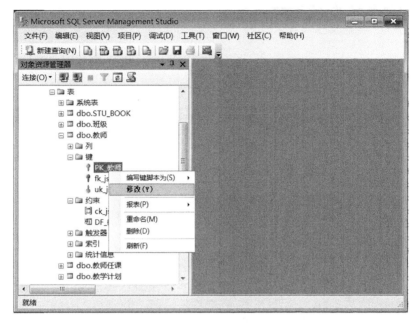

图 5-40 选择修改"教师"表约束

另外，在 SSMS 界面中，也可以通过打开某表的表设计器，完成某表各类约束的查看、修改及删除等操作。

这与创建约束时的操作步骤相类似，在此不再赘述。

2. 使用系统存储过程查看约束信息

用户可以使用系统存储过程 sp_helpconstraint 来查看指定表上的所有约束的类型、名称、创建者和创建时间等信息，语法如下：

```
sp_helpconstraint [ @objname = ] 'table'
```

其中，参数[@objname ＝] 'table'用于指定返回其约束信息的表名。

【例 6.7】 使用系统存储过程查看 STUMS 数据库中"教师"表上的约束信息。

代码如下：

```
EXEC sp_helpconstraint 教师
```

运行结果如图 5-41 所示。

用户也可以使用 sp_help 和 sp_helptext 系统存储过程来查看指定的约束信息。

【例 6.8】 使用系统存储过程 sp_help 和 sp_helptext 查看 STUMS 数据库中定义的 ck_jsczgz 约束。

代码如下：

```
EXEC sp_help ck_jsczgz
EXEC sp_helptext ck_jsczgz
GO
```

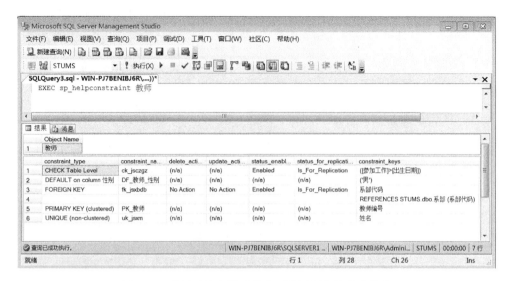

图 5-41　使用系统存储过程查看"教师"表的约束信息

运行结果如图 5-42 所示。

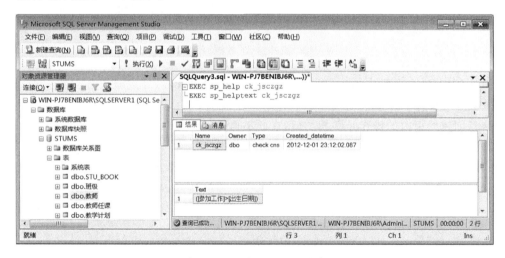

图 5-42　查看 ck_jsczgz 约束

3. 使用 DROP 命令删除表约束

利用 T-SQL 语句可以方便地删除一个或多个约束,其语法格式如下:

```
ALTER TABLE table_name
DROP CONSTRAINT constraint_name[, … n]
```

其中,table_name 为需要删除约束的表的名称,constraint_name 为要删除的约束的名称。

【例 6.9】　删除 STUMS 数据库中的"教师"表上的检查约束 ck_jsczgz。

代码如下:

```
ALTER TABLE 教师
```

```
DROP CONSTRAINT ck_jsczgz
GO
```

任务②对照练习三

① 使用系统存储过程 sp_helpconstraint 查看 STUMS 数据库中"学生基本信息"表上的约束信息。

② 使用系统存储过程 sp_help 和 sp_helptext 查看 STUMS 数据库中"课程"表上的 ck_xk_cj 约束。

③ 使用 DROP CONSTRAINT 命令删除 STUMS 数据库中"教师"表上定义的 df_js_xl 约束。

6.3 默认和规则

> 课堂任务③ 学会为 STUMS 数据库创建绑定、解绑和删除默认值与规则的方法，确保 STUMS 数据库数据的正确性。

6.3.1 默认值的创建、绑定、解绑与删除

默认值与在约束中介绍的默认约束的作用一样，当用户在向数据库表中插入一行数据时，如果没有明确地给出某列的输入值，则由 SQL Server 自动为该列输入默认值。与默认约束不同的是，默认值是一种数据库对象，在数据库中定义一次后就可以被一次或多次应用于任意表中的一列或多列，还可以用于用户定义的数据类型。创建、使用和删除默认值，可以使用 T-SQL 语句来实现。

1. 创建默认值

使用 T-SQL 语句创建默认值的命令如下：

```
CREATE DEFAULT default_name
AS default_description
```

各参数说明如下。

- default_name：表示新创建的默认名称。
- default_description：是常量表达式，可以包含常量、内置函数或数学表达式，指定默认值。

2. 绑定默认值

将默认值绑定到表的某列上或用户自定义的数据类型上，是通过执行系统存储过程 sp_bindefault 来实现的，其语法如下：

```
[EXECUTE] sp_bindefault '默认名称 ', '表名.字段名 ' | '自定义数据类型名'
```

【例 6.10】 在 STUMS 数据库上创建默认值 jsxl_default，并将其绑定到"教师"表的"学历"列上，从而实现各教师的默认学历为"本科"。

代码如下：

```
CREATE DEFAULT jsxl_default
AS '本科'
GO
EXEC sp_bindefault 'jsxl_default', '教师.学历 '
GO
```

　　在查询编辑器的窗口中执行上述命令后,结果窗口中将显示"已将默认值绑定到列。"的提示信息,表明默认值创建和绑定成功。

　　此时,展开"STUMS→可编程性→默认值"节点,就能看到所创建的默认值 jsxl_default,如图 5-43 所示。若看不到结果,将"默认值"节点刷新一下即可。

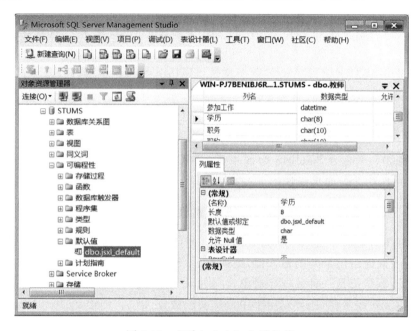

图 5-43　查看 jsxl_default 默认值

　　打开"教师"表的表设计器,选择"学历"列,在"(常规)"选项组中的"默认值或绑定"的右侧,可看到绑定的结果,如图 5-44 所示。

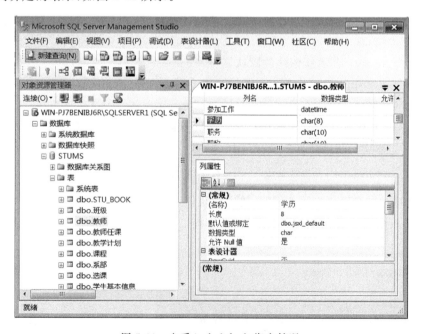

图 5-44　查看 jsxl_default 绑定情况

【例 6.11】 在 STUMS 数据库上创建默认值 xinbie_default,默认值为"男",并将其绑定到"学生基本信息"表的"性别"列和"教师"表的"性别"列上。

代码如下:

```
CREATE DEFAULT xinbie_default
AS '男'
GO
EXEC sp_bindefault 'xinbie_default', '学生基本信息.性别'
EXEC sp_bindefault 'xinbie_default', '教师.性别'
GO
```

在查询编辑器的窗口中执行上述命令后,结果窗口中将显示两行"已将默认值绑定到列。"的提示信息,表明默认值创建和绑定成功,已将创建的一个默认值绑定到两个表上。

3. 解绑默认值

用户可以通过 sp_unbindefault 系统存储过程将默认值从表中的某列或用户自定义的数据类型上解绑,其语法如下:

```
[EXECUTE] sp_unbindefault '表名.字段名' | '自定义数据类型名'
```

4. 删除默认值

解绑后的默认值就可以通过 DROP DEFAULT 命令删除,其语法如下:

```
DROP DEFAULT default_name[, … n]
```

一条 DROP DEFAULT 命令可同时删除多个默认值,各默认值名之间用逗号分隔。

【例 6.12】 将 STUMS 数据库上的 jsxl_default 默认值解绑并删除。

代码如下:

```
EXEC sp_unbindefault '教师.学历'
GO
DROP DEFAULT jsxl_default
GO
```

在查询编辑器的窗口中执行上述命令后,结果窗口中将显示"已解除了表列与其默认值之间的绑定。"的提示信息,表明解绑和删除默认值成功。用户可以通过 SSMS 查看,以得到验证。

说明:

- 如果某列已创建了默认约束,并要绑定默认值,则必须先删除默认约束后,才能绑定默认值。
- 如果某个 DEFAULT 定义已经存在,若要修改,则必须首先删除现有的 DEFAULT 定义,然后用新定义重新创建。
- 如果一个默认值绑定在多个表上,则必须从每一个表上都解绑后,才可以删除该默认值。

6.3.2 规则的创建、绑定、解绑与删除

规则用来定义表中的某列可以输入的有效值范围。当用户输入的数据不在规定的范围

内,就会提醒用户输入有误,从而确保输入数据的正确性。

规则与 CHECK 约束的作用是相同的。与 CHECK 约束不同的是,规则是一种数据库对象,在数据库中定义一次后就可以被一次或多次绑定到任意表中的某列,以限制列值。

规则的使用方法类似于默认值,同样包括创建、绑定、解绑和删除,可使用 T-SQL 命令实现。

1. 创建规则

使用 T-SQL 语句创建规则的命令如下:

```
CREATE RULE rule_name
AS condition_expression
```

各参数说明如下。

- rule_name:表示新创建的规则名称。
- condition_expression:表示定义规则的条件。在条件表达式中包含一个变量,变量的前面必须冠以@符号。

2. 绑定规则

执行系统存储过程 sp_bindrule 可以将规则绑定到表的某列上,其语法如下:

```
[EXECUTE] sp_bindrule '规则名称 ', '表名.字段名 ' | '自定义数据类型名'
```

【例 6.13】　在 STUMS 数据库上创建规则 csrq_rule,并将其绑定到"教师"表的"出生日期"字段上,要求是 1955 年之后出生的。

代码如下:

```
CREATE RULE csrq_rule
AS @csrq > = '1955/01/01' AND @csrq < = getdate( )
GO
EXEC sp_bindrule 'csrq_rule', '教师.出生日期'
GO
```

在查询编辑器的窗口中执行上述命令,结果窗口中将显示"已将规则绑定到表的列。"的提示信息,表明 csrq_rule 规则创建和绑定成功。

此时,展开"STUMS→可编程性→规则"节点,就能看到所创建的规则 csrq_rule,如图 5-45 所示。若看不到结果,将规则节点,刷新一下即可。

在"对象资源管理器"窗口的"规则"节点中,右击 csrq_rule 规则,选择"查看依赖关系"命令,打开"对象依赖关系- csrq_rule"对话框,便可看到绑定的结果,如图 5-46 所示。

3. 解绑规则

用户可以通过执行 sp_unbindrule 系统存储过程,将规则从表中的某列或用户自定义的数据类型上解绑,其语法如下:

```
[EXECUTE] sp_unbindrule '表名.字段名' | '自定义数据类型名'
```

4. 删除规则

解绑后的规则可以通过 DROP RULE 命令删除,其语法如下:

```
DROP RULE 规则名称[,...n]
```

图 5-45 查看 csrq_rule 规则

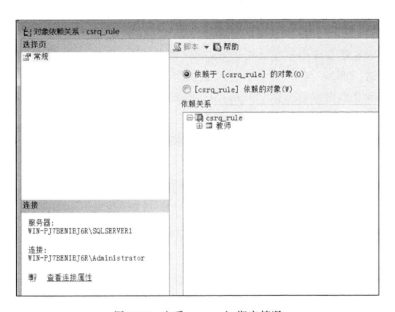

图 5-46 查看 csrq_rule 绑定情况

【例 6.14】 将 STUMS 数据库上的 csrq_rule 规则解绑并删除。

代码如下：

```
EXEC sp_unbindrule '教师.出生日期'
GO
DROP RULE csrq_rule
GO
```

在查询编辑器的窗口中执行上述命令后,结果窗口中将显示"已解除了表列与规则之间的绑定。"的提示信息,表明解绑和删除规则成功。

注意:后续版本的 Microsoft SQL Server 将删除该功能,将使用 CHECK 约束。

任务③对照练习 ① 在 STUMS 数据库上创建默认值 DeptCode_default,将其绑定到"系部"表的"联系电话"字段上,从而实现各系部默认电话为 85869000。

② 在 STUMS 数据库上创建规则 xingbie_rule,将其绑定到"学生基本信息"表的"性别"字段上,确保性别列的值只能是"男"或"女"。

③ 删除 DeptCode_default 默认值,删除 xingbie_rule 规则。

课后作业

1. 什么是数据的完整性?数据的完整性分为哪几类?

2. 什么是约束?请分别说明各种不同类型约束的含义。

3. 如何创建和删除各种类型的约束?请写出其 T-SQL 语句的格式。

4. 简述默认值和规则的概念与作用。

5. 写出 T-SQL 语句,对 STUMS 数据库进行如下操作。

① 在 STUMS 数据库中为"学生基本信息"表的"系部代码"列创建外键约束 fk_xs_xb_xbdm,参照"系部"的"系部代码"列;为"入学时间"列创建检查约束 ck_xs_rxsj,确保入学时间大于出生日期,但小于计算机系统的日期。

② 在 STUMS 数据库中创建 zzmm_default 默认,将其分别绑定到"学生基本信息"表和"教师"表的"政治面貌"列上,政治面貌的默认值为"共产党员"。

③ 在 STUMS 数据库中创建 xbdm_rule 规则,并将其绑定到"系部"表的"系部代码"列上,用来保证输入的系部代码只能是数字字符。

④ 查看 zzmm_default 默认和 xbdm_rule 规则的定义信息。

实训 5   图书借阅管理系统数据完整性的实现

1. 实训目的

(1) 掌握主键约束的特点和用法。

(2) 掌握唯一约束的用法。

(3) 掌握默认约束和默认值对象的用法。

(4) 掌握检查约束和规则对象的用法。

(5) 掌握利用主键约束与外键约束实现参照完整性的方法。

2. 实训知识准备

(1) 了解各类约束的定义方法。

(2) 理解默认约束与默认值对象的作用及它们之间的区别。

(3) 了解检查约束的用法。

(4) 了解规则对象的用法。

(5) 了解主键约束和唯一约束的定义方法。

3．实训要求

（1）了解各类约束的作用和特点。

（2）完成各类约束的创建和删除，并提交实训报告。

4．实训内容

1）使用 SSMS 创建约束

① 在 TSJYMS 数据库中为"读者信息"表的"读者证号"列创建主键约束 pk_dzzh。

② 在 TSJYMS 数据库中为"图书信息"表的"书名"列创建唯一约束 uk_tsmc。

③ 在 TSJYMS 数据库中为"读者信息"表的"性别"列创建默认约束 df_xb，默认为"男"。

④ 在 TSJYMS 数据库中为"读者信息"表的"借书量"列创建检查约束 ck_jsl_dzxx，使借书量的取值在 0～10 之间。

⑤ 在 TSJYMS 数据库中为"借还明细"表的"图书编号"列创建外键约束 fk_jhmx_tsbh，参照"图书明细"表。

2）使用 T-SQL 语句创建约束

① 创建表的同时创建约束。在 TSJYMS 数据库中新增一个"学生借书"表，表结构和表约束如表 5-22 所示。

② 在已有的表上创建约束。

• 在 TSJYMS 数据库中为"图书信息"表的"书名"列创建唯一约束 uk_sm。

• 在 TSJYMS 数据库中为"借还管理"表的"图书编号"列创建外键约束 fk_tsbh，参照"图书信息"表。

表 5-22 "学生借书"表结构和表约束

列名	数据类型	宽度	约束类型	约束名	说明
借书证号	char	9	主键约束	Pk_jszh	非空
姓名	char	8			非空
性别	char		默认约束		'男'
出生日期	datetime				
班级名称	varchar	20			
借书量	tinyint		检查约束	Ck_jsl	0＜借书量＜=6

3）查看和删除约束

① 使用系统存储过程 sp_helpconstraint 查看 TSJYMS 数据库中"图书信息"表上的约束信息。

② 使用系统存储过程 sp_help 和 sp_helptext 查看 TSJYMS 数据库中"借还管理"表上的 fk_tsbh 约束。

③ 使用 DROP CONSTRAINT 命令删除 TSJYMS 数据库中"图书信息"表上定义的各类约束。

4）创建默认值

在 TSJYMS 数据库上创建默认值 xinbie_default，并将其绑定到"读者信息"表的"性别"列上,从而实现性别默认值为"男"。

5) 创建规则

在 TSJYMS 数据库上创建规则 kcs_rule,并将其绑定到"图书入库"表的"库存数"列上,确保库存数的值大于 0。

6) 删除默认值和删除规则

① 解绑和删除 XB_default 默认值。

② 解绑和删除 KCS_rule 规则。

第6章

表数据的查询操作

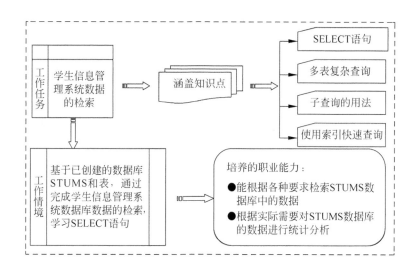

第7课 学生信息管理系统数据的简单查询

数据库存在的意义在于能将数据组织在一起,以方便用户查询。T-SQL 语言中最主要、最核心的部分是查询,对数据库的查询可以使用 SELECT 语句来完成。

SELECT 语句具有灵活的使用方式和强大的功能,可根据用户提供的限定条件对已经存在于数据库的数据进行查询、统计和输出,查询的结果将返回一个能满足用户要求的表。本课重点讨论使用 SELECT 语句对数据库数据进行查询的方法。

7.1 SELECT 语句

课堂任务① 主要学习 SELECT 语句的语法,使用 SELECT 语句进行简单的查询。

7.1.1 SELECT 语句的语法

SQL Server 通过 T-SQL 的 SELECT 语句,可以从表或视图中迅速、方便地查询数据。SELECT 语句的基本语法格式如下:

```
SELECT select_list
```

```
[INTO new_table_name]
FROM table_source
[WHERE search_conditions]
[GROUP BY group_by_expression]
[HAVING search_ conditions]
[ORDER BY order_ expression [ASC|DESC]]
```

各子句及参数说明如下。

- SELECT 子句：用于指定查询结果集中的列。
- select_list：表示结果集选择的列。 * 表示当前表或视图的所有列。
- INTO 子句：创建新表并将查询结果插入新表中。
- new_table_name：表示保存查询结果的新表名。
- FROM 子句：指定查询的数据源。
- table_source：指定查询的表或视图、派生表和联接表等。
- WHERE 子句：指定查询条件。
- search_conditions：条件表达式，可以是关系表达式，也可以是逻辑表达式。
- GROUP BY 子句：将查询结果按指定的表达式分组。
- group_by_expression：对其执行分组的表达式，group_by_expression 也称为分组列，group_by_expression 可以是列或引用列的非聚合表达式。
- HAVING 子句：指定满足条件的组才予以输出。HAVING 通常与 GROUP BY 子句一起使用。
- search_condition：表示输出组应满足的条件。
- ORDER BY 子句：指定结果集的排列顺序。
- order_ expression：指定要排序的列。可以将排序列指定为列名或列的别名，也可以指定一个表示该名称或别名在选择列表中所处位置的非负整数。列名和别名可由表名或视图名加以限定。也可指定多个排序列。排序时空值被视为最小的可能值。
- ASC：指定递增顺序。从最低值到最高值对指定列中的值进行排序。
- DESC：指定递减顺序。从最高值到最低值对指定列中的值进行排序。

SELECT 查询语句包含很多子句，用得较多的是 SELECT 和 FROM 子句，其他一些子句如 WHERE、GROUP BY、ORDER BY 等用于实现复杂的查询。

7.1.2　单表查询

单表查询是指查询的数据信息只涉及一个表。

1. 选择列的查询

在应用过程中，用户往往只需要提取表中部分字段数据，以组成结果表，这可通过 SELECT 语句的 SELECT 子句来完成。

【例 7.1】　查询"学生基本信息"表中学生的学号、姓名、性别及政治面貌。

代码如下：

```
USE STUMS
GO
SELECT 学号,姓名,性别,政治面貌 FROM 学生基本信息
GO
```

执行结果如图 6-1 所示。

在数据查询时,列数据的顺序由 SELECT 语句的 SELECT 子句指定,顺序可以和表结构定义的列的顺序不同,这不会影响数据在表中的存储顺序。

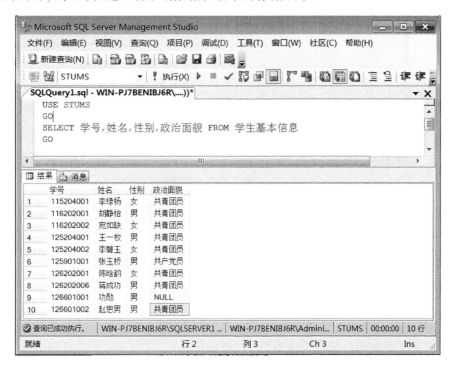

图 6-1 【例 7.1】的执行结果

2. 全部列的查询

【例 7.2】 显示"学生基本信息"表中所有的字段数据。

代码如下:

```
USE STUMS
GO
SELECT * FROM 学生基本信息
GO
```

执行结果如图 6-2 所示。

在 SELECT 子句中,可以使用 * 号代替输出表中所有的列。

3. 增加说明字段

有时,直接阅读 SELECT 语句的查询结果是模糊的,因为显示出来的数据只是一些不连贯的信息。为了增加查询结果的可读性,可以在 SELECT 子句中增加一些说明性的信息。用于说明的文字信息在 SELECT 语句中应使用单引号括起来。

图 6-2 【例 7.2】的执行结果

【例 7.3】 查询"学生基本信息"表中的姓名和学号,增加说明信息"学号为"。
代码如下:

```
USE STUMS
GO
SELECT 姓名,'学号为',学号 FROM 学生基本信息
GO
```

上述 SELECT 语句的执行结果如图 6-3 所示。

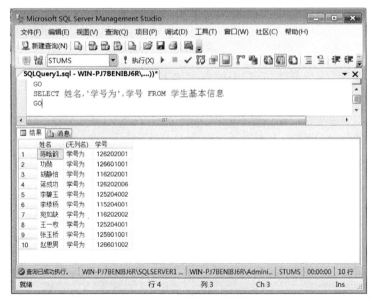

图 6-3 【例 7.3】的执行结果

若说明文字串中有单引号,则可以用两个单引号表示。

4. 使用别名

在默认情况下,数据查询结果中所显示的列名就是在创建表结构时定义的列名。对于新增列,或者要临时改变输出的列名,必须另外指定别名。特别是在表结构定义的列名是西文或拼音简码,而输出要用中文列名时,使用别名显得尤为重要。共有 3 种为列名或表达式指定别名的方法。

- 采用"字段名称 AS 别名"的格式。
- 采用"字段名称 别名"的格式。
- 采用"别名=字段名称"的格式。

别名在使用时可以用单引号括起来,也可以不用。

【例 7.4】 将"课程"表中的各课程学分均增加 2 分,并显示结果。

利用 3 种方法实现:

SELECT *,学分+2 AS 调整后学分 FROM 课程

SELECT *,学分+2 调整后学分 FROM 课程

SELECT *,调整后学分=学分+2 FROM 课程

执行以上任何一种方法,其执行结果都是一样的,如图 6-4 所示。

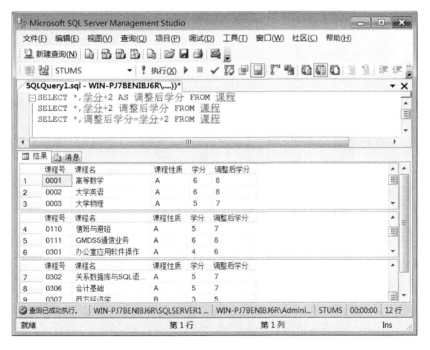

图 6-4 【例 7.4】的执行结果

5. 使用表达式

在 SELECT 语句子句中,可以使用表达式。表达式不仅可以是算术表达式,还可以是字符串常量和函数等。

【例 7.5】 查询"学生基本信息"表中所有学生的姓名和年龄。

在"学生基本信息"表的结构中,没有"年龄"列,只有"出生日期"列,但年龄可通过当前

的年份减去出生的年份得到。

代码如下：

```
USE STUMS
GO
SELECT 姓名,year(getdate()) - year(出生日期)AS 年龄 FROM 学生基本信息
GO
```

在 SELECT 子句中使用了系统函数 getdate()和 year(date)来计算年龄。

- getdate()：取系统的当前日期。
- year(date)：取指定日期中的年份。

上述 SELECT 语句的执行结果如图 6-5 所示。

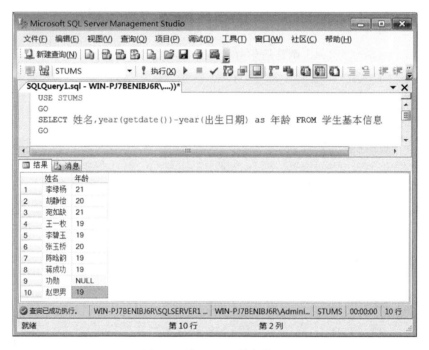

图 6-5　【例 7.5】的执行结果

6. 消除结果的重复数据行

在查询结果中往往有些数据行的值是重复的,在实际应用中需要去掉重复的内容,使用 DISTINCT 语句可以实现这一功能。

格式：

```
DISTINCT
```

DISTINCT 的作用就是消除查询结果集中的重复数据行。

【例 7.6】　查询"学生基本信息"表中所有学生所属的班号。

代码如下：

```
SELECT DISTINCT 班号 FROM 学生基本信息
```

上述 SELECT 语句的执行结果如图 6-6 所示。

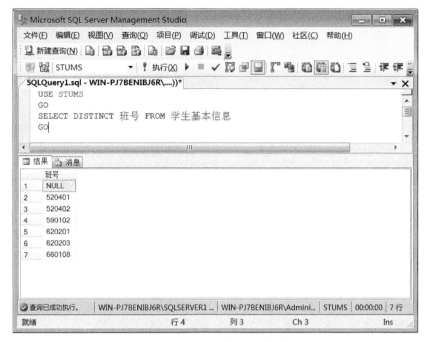

图 6-6 【例 7.6】的执行结果

任务①对照练习

① 查询教师的详细信息。

② 查询"教学计划"表中的课程号、开课学期和学时。

7.2 在 SELECT 中使用的子句

> **课堂任务②** 学习如何利用 SELECT 语句中的 WHERE、ORDER BY、GROUP BY 等子句来查询特定的数据信息。

7.2.1 使用 WHERE 子句

由于 T-SQL 是一种集合处理语言,因此数据修改或者数据查询都将会对表中的所有数据行起作用。若只想查询表中满足特定条件的数据行,则应使用 WHERE 子句限定查询的范围。

WHERE 子句的条件表达式可以是关系表达式、逻辑表达式或特殊表达式。

1. 关系表达式

用关系运算符将两个表达式连接在一起的式子即为关系表达式。关系表达式的返回值为逻辑值 TRUE 或 FALSE,关系表达式的格式如下:

<表达式 1><关系运算符><表达式 2>

说明:

- 在关系表达式字符型数据之间进行的比较是对字符的 ASCII 码值进行的比较。所有的字符都有一个 ASCII 码值与之对应。

- 字符串的比较是从左向右依次进行的。

在 WHERE 子句中,关系表达式常用的关系运算符如表 6-1 表示。

表 6-1　关系运算符

运算符号	意　义	运算符号	意　义
=	等于	>	大于
<	小于	>=	大于或等于
<=	小于或等于	!= 或 <>	不等于

【例 7.7】　查询"学生基本信息"表中性别为"男"的学生的学号、姓名和出生日期。
代码如下:

```
SELECT 学号,姓名,出生日期 FROM 学生基本信息
WHERE 性别 = '男'
```

上述 SELECT 语句的执行结果如图 6-7 所示。

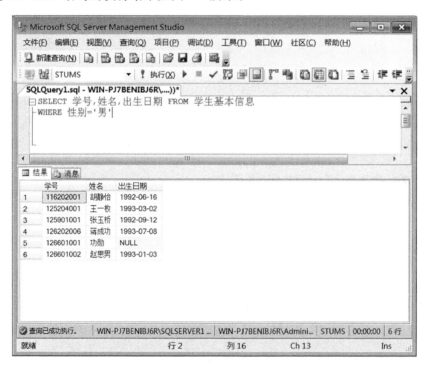

图 6-7　【例 7.7】的执行结果

【例 7.8】　查询"选课"表中所有成绩大于 80 分的学生的学号、课程号和成绩。
代码如下:

```
SELECT 学号,课程号,成绩,学分 FROM 选课
WHERE 成绩> 80
```

上述 SELECT 语句的执行结果如图 6-8 所示。

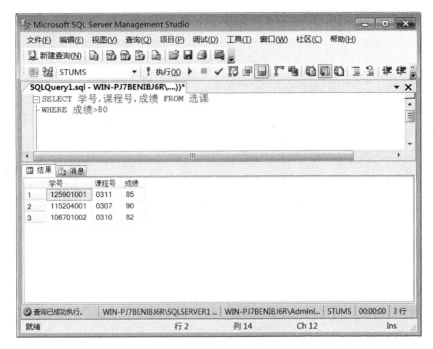

图 6-8 【例 7.8】的执行结果

2. 逻辑表达式

用逻辑运算符将两个关系表达式连接在一起的表达式为逻辑表达式。逻辑表达式的返回值为逻辑值 TRUE 或 FALSE,逻辑表达式的格式如下:

[<关系表达式 1>] <逻辑运算符><关系表达式 2>

在 WHERE 子句中,逻辑表达式常用的逻辑运算符如表 6-2 所示。

表 6-2 逻辑运算符

运算符号	意　义	运算符号	意　义
OR	或(或者)	NOT	非(否)
AND	与(并且)		

【例 7.9】 查询"学生基本信息"表中家住南京的男生的学号、姓名、性别、籍贯和家庭住址。

代码如下:

```
SELECT 学号,姓名,性别,籍贯,家庭住址 FROM 学生基本信息
WHERE 性别 = '男' AND 籍贯 = '南京'
```

上述 SELECT 语句的执行结果如图 6-9 所示。

3. 特殊表达式

特殊表达式在比较运算中有一些特殊的用途,其使用格式略有不同,常用的特殊运算符如表 6-3 所示。

图 6-9 【例 7.9】的执行结果

表 6-3 特殊运算符

运 算 符 号	意 义
%	通配符,包含 0 个或多个任意字符的字符串
—	通配符,表示任意单个字符
[ ]	指定范围([a-f])或集合([abcdef])中的任何单个字符
[^]	不属于指定范围([a-f])或集合([abcdef])中的任何单个字符
BETWEEN…AND	定义一个区间范围
IS NULL	测试列值是否为空值
LIKE	模式匹配,字符串匹配操作符
IN	检查一个列值是否属于一组值之中
EXISTS	检查某一个字段是否有值,可以说是 IS NULL 的反义词

【例 7.10】 查询"选课"表中成绩在 70～90 分之间的学生的学号、课程号和成绩。
代码如下:

```
SELECT 学号,课程号,成绩 FROM 选课
WHERE 成绩 BETWEEN 70 AND 90
```

上述 SELECT 语句的执行结果如图 6-10 所示。

【例 7.11】 查询"选课"表中选修了 0310 和 0311 课程的学生的学号、课程号和成绩。
代码如下:

```
SELECT 学号,课程号,成绩 FROM 选课
WHERE 课程号 IN ( '0310', '0311' )
```

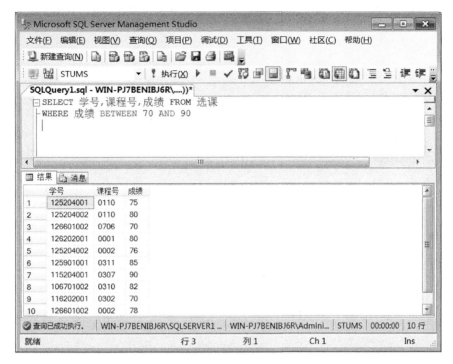

图 6-10 【例 7.10】的执行结果

上述 SELECT 语句的执行结果如图 6-11 所示。

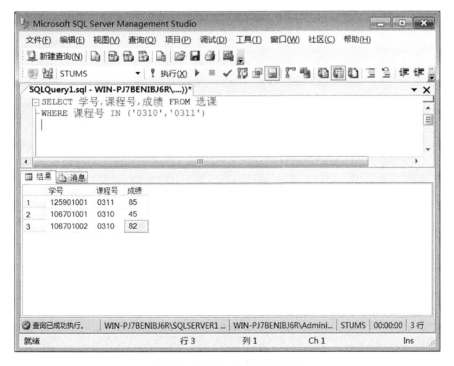

图 6-11 【例 7.11】的执行结果

【例 7.12】　查询"选课"表中课程号既不为 0310,也不为 0311 的所有记录的学号、课程号、成绩。

代码如下:

```
SELECT 学号,课程号,成绩 FROM 选课
WHERE 课程号 NOT IN ('0310','0311')
```

上述 SELECT 语句的执行结果如图 6-12 所示。

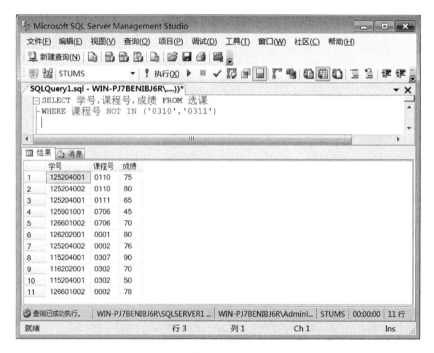

图 6-12　【例 7.12】的执行结果

【例 7.13】　查询"学生基本信息"表中"政治面貌"为空的所有学生的学号、姓名。

代码如下:

```
SELECT 学号,姓名 FROM 学生基本信息
WHERE 政治面貌 IS NULL
```

上述 SELECT 语句的执行结果如图 6-13 所示。

【例 7.14】　查询"学生基本信息"表中所有姓"李"的且名字为 3 个字的学生的学号、姓名、性别和班号。

本例介绍了 LIKE 与通配符"_"的使用及模式匹配表达式的用法。

LIKE 关键字用于指出一个字符串是否与指定的字符串相匹配。使用通配符时,一个汉字也算一个字符。

代码如下:

```
SELECT 学号,姓名,性别,班号 FROM 学生基本信息
WHERE 姓名 LIKE '李_ _'
GO
```

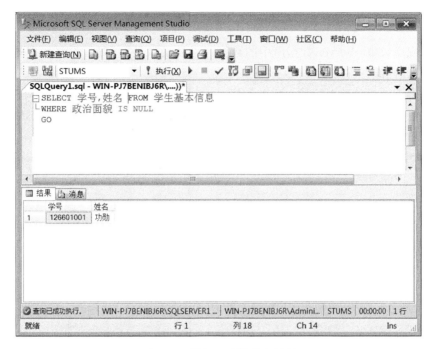

图 6-13 【例 7.13】的执行结果

上述 SELECT 语句的执行结果如图 6-14 所示。

图 6-14 【例 7.14】的执行结果

7.2.2 使用 ORDER BY 子句

通常情况下,SQL Server 数据库中的数据行在显示时是无序的,按照数据输入数据库时的顺序排列,因此查询的结果也是无序的。

若要求查询结果的数据行按一定的顺序显示,如升序或降序,则可以使用两种方法来解决这个问题:一种是建立索引(索引内容见本章第 9 课);另一种是使用 ORDER BY 子句,这是比较灵活、方便的方法。

【例 7.15】 查询"学生基本信息"表中的学号、姓名、性别、政治面貌,并按照姓名的降序排列。

代码如下:

```
SELECT 学号,姓名,性别,政治面貌
FROM 学生基本信息
ORDER BY 姓名 DESC
GO
```

上述 SELECT 语句的执行结果如图 6-15 所示。

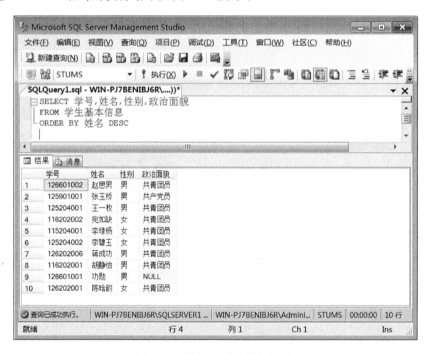

图 6-15 【例 7.15】的执行结果

当 ORDER BY 子句指定了多个列时,系统先按照 ORDER BY 子句中第一列的顺序排列,当该列出现相同值时,再按照第二列的顺序排列,以此类推。

【例 7.16】 查询"选课"表中的信息,在显示结果时首先按照课程号的升序排列,当课程号相同时,再按照成绩的降序排列。

代码如下:

```
SELECT 学号,课程号,成绩
FROM 选课
ORDER BY 2, 3 DESC
GO
```

本代码中的 2、3 为列的序号,上述 SELECT 语句的执行结果如图 6-16 所示。

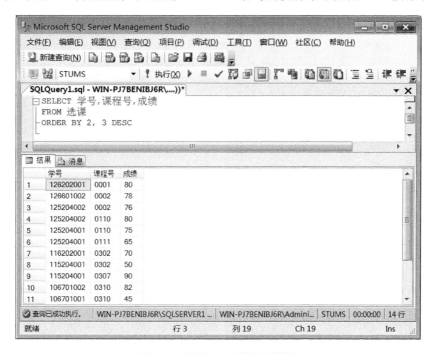

图 6-16　【例 7.16】的执行结果

7.2.3　使用聚合函数

对表数据进行查询时,有时需要对其结果进行计算和统计。例如,统计学生人数、求平均成绩等。SQL Server 提供了一些聚合函数,用来完成一定的统计功能。聚合函数用于计算表中的数据,并返回单个计算结果。通常和 SELECT 语句中的 GROUP BY 子句一起使用。常用的聚合函数如表 6-4 所示。

表 6-4　常用聚合函数

函　数	功　能	含义（返回值）
COUNT	统计	统计满足条件的行数
MIN	求最小值	求某字段的最小值
MAX	求最大值	求某字段值的最大值
AVG	求平均值	求某数字字段值的平均值
SUM	求总和	求某数字字段值的总和

注意:列值为 NULL 的数据行不包括在聚合函数的运算中。

【例 7.17】　统计"学生基本信息"表中籍贯为"南京"的学生人数。

代码如下:

```
SELECT COUNT( * ) AS 南京籍人数
FROM 学生基本信息
WHERE 籍贯 = '南京'
GO
```

上述 SELECT 语句的执行结果如图 6-17 所示。

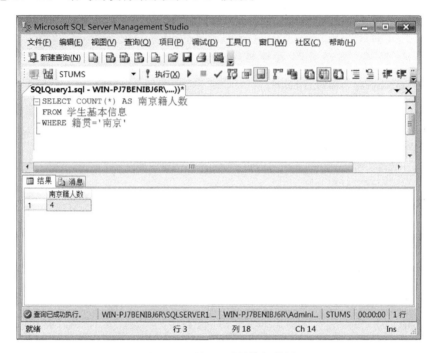

图 6-17　【例 7.17】的执行结果

【例 7.18】　在"学生基本信息"表中找出最大和最小的"出生日期"。

代码如下：

```
SELECT MIN(出生日期) AS 年龄最大,
MAX(出生日期)AS 年龄最小
FROM 学生基本信息
GO
```

上述 SELECT 语句的执行结果如图 6-18 所示。

【例 7.19】　计算出"选课"表中所有课程的总成绩和总平均成绩。

代码如下：

```
SELECT SUM(成绩) AS 总成绩,AVG(成绩) AS 总平均成绩
FROM 选课
GO
```

上述 SELECT 语句的执行结果如图 6-19 所示。

注意：SUM()、AVG()的表达式中的数据类型只能是 int、smallint、tinyint、bigint、decimall、numeric、float、real、money 和 smallmoney。

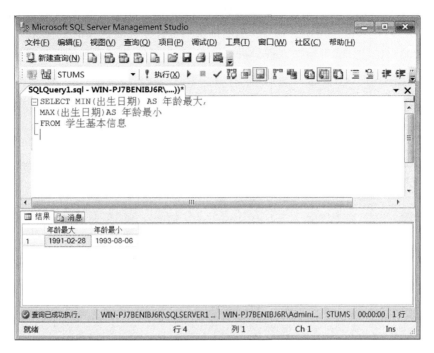

图 6-18 【例 7.18】的执行结果

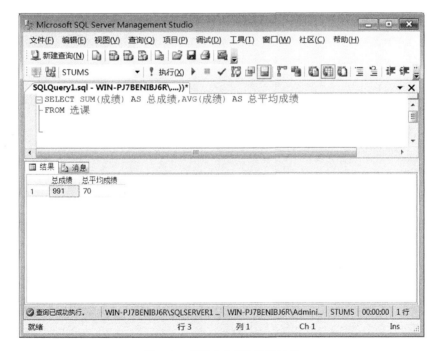

图 6-19 【例 7.19】的执行结果

7.2.4 使用分组汇总子句

聚合函数返回的只是一个单个的汇总数据,而要显示分组的汇总数据,就必须使用

GROUP BY 子句。该子句根据指定的字段将数据分成多个组后进行汇总,并按指定字段的升序显示。另外,还可以使用 HAVING 选项排除不符合条件表达式的一些组。

【例 7.20】 在"选课"表中按课程号进行分组,并汇总每一组课程的平均成绩。

代码如下:

```
SELECT 课程号, AVG(成绩) AS 平均分
FROM 选课
GROUP BY 课程号
GO
```

上述 SELECT 语句的执行结果如图 6-20 所示。

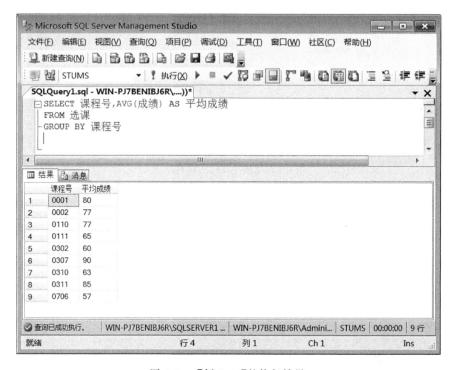

图 6-20 【例 7.20】的执行结果

如果 GROUP BY 子句中指定了多个字段,则表示基于这些字段的唯一组合来进行分组。在该分组过程中,首先按第一个字段进行分组并按升序排列,然后按第二个字段进行分组并按升序排列,以此类推,最后在分好的组中进行汇总。因此当指定的字段顺序不同时,返回的结果也不同。

【例 7.21】 在"学生基本信息"表中统计男、女学生各自的总人数和平均年龄。

代码如下:

```
SELECT COUNT(学号) AS 总人数,
AVG(year(getdate()) - year(出生日期)) AS 平均年龄
FROM 学生基本信息
GROUP BY 性别
GO
```

上述 SELECT 语句的执行结果如图 6-21 所示。

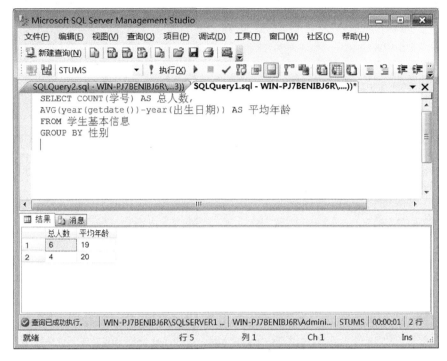

图 6-21 【例 7.21】的执行结果

【例 7.22】 统计"学生基本信息"表中各班级的总人数,显示统计结果中大于等于 2 的班级学生总数。

此例主要是使用 HAVING 子句进行分组筛选的。

代码如下:

```
SELECT 班号, COUNT(学号) AS 总人数
FROM 学生基本信息
GROUP BY 班号
HAVING COUNT(学号)> = 2
GO
```

上述 SELECT 语句的执行结果如图 6-22 所示。

HAVING 子句通常与 GROUP BY 子句一起使用,用于指定组或合计的搜索条件,对分组后的结果进行过滤筛选。

说明:在数据汇总时也可以使用 WHERE 子句,当同时存在 GROUP BY 子句、HAVING 选项和 WHERE 子句时,其执行顺序为 WHERE、GROUP BY、HAVING,即先用 WHERE 子句过滤不符合条件的数据记录,接着用 GROUP BY 子句对余下的数据记录按指定字段分组,最后用 HAVING 选项排除一些组。

使用 GROUP BY 子句需要注意以下几点:

- SELECT 子句中的任何非聚合表达式中的表列或视图列都必须包括在 GROUP BY 子句的列表中。

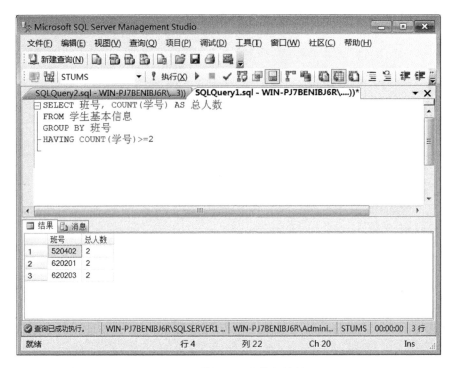

图 6-22   【例 7.22】的执行结果

- GROUP BY 后面的列名称为分组列,列表中一般不允许出现复杂的表达式,分组列中的重复值将被汇总为一行。
- 如果组合列包含 NULL 值,则所有的 NULL 值被分为一组。
- GROUP BY 子句不能对结果集进行排序。

任务②对照练习

① 查询"选课"表中成绩及格的数据行。

② 统计"学生基本信息"表中班号为 620203 的学生数,并显示。

课后作业

1. 简述 SELECT 语句的基本语法格式及各个子句的功能。

2. SQL Server 提供了哪些常用的进行数据统计的聚合函数?

3. 在 STUMS 数据库中,用 SELECT 语句完成下列操作。

① 查询家住南通的学生的姓名和年龄。

② 查询不是 1992 年出生的男生姓名。

③ 列出所有是共产党员的学生基本信息。

④ 统计 0706 课程的平均分。

⑤ 计算选修了课程号为 0310 的学生人数。

⑥ 列出所有的女生信息,并按"出生日期"从小到大排序。

第8课　学生信息管理系统数据的复杂查询

8.1　多表查询

> 课堂任务① 学习如何利用连接谓词WHERE和JOIN关键字来实现多表间的复杂查询。

前面的查询都是针对一个数据表进行的。但在实际应用中,一个查询可以同时涉及两个或两个以上的数据表,则该查询称为连接查询。例如,在STUMS数据库中需要查询学生的学号、姓名、选修的课程名及取得的成绩,就需要将"学生基本信息"表、"选课"表和"课程"表3个表进行连接,这样才能获得查询结果。连接查询是关系数据库中最主要的查询,在T-SQL中,连接查询有两大类表示形式:一种是符合SQL标准连接谓词的表示形式,另一种是使用关键字JOIN的表示形式。

8.1.1　连接谓词

用户可以在SELECT语句的WHERE子句中使用比较运算符,并给出连接条件对表进行连接,这种表示形式称为连接谓词表示形式,其基本格式如下:

[<表名1.>]<列名1><运算符><表名2.><列名2>

连接谓词中的两个列名称为连接列,它们的数据类型必须是可比的。连接谓词中的比较符可以是<、<=、=、>、>=、!=、<>等。当比较运算符为"="时,就是等值连接;若在等值连接中去除查询结果中相同的列,则为自然连接;若有多个连接条件,则为复合条件连接;若一个表与自身进行连接,称为自连接。

【例8.1】 采用等值连接的方法查询教学计划及开设课程的详细情况。

代码如下:

```
USE STUMS
GO
SELECT 教学计划.＊,课程.＊
FROM 教学计划,课程
WHERE 教学计划.课程号＝课程.课程号
```

上述SELECT语句的执行结果如图6-23所示。

连接过程:首先在"教学计划"表中找到第1行,然后从头开始扫描"课程"表,逐一查找满足连接条件("课程号"相等)的行,找到后就将"教学计划"表中的第1行与"课程"表的该行连接,形成查询结果表中的第1行。待"课程"表的所有行都扫描完后,再取"教学计划"表的第2行,然后从头开始扫描"课程"表,逐一查找满足连接条件的行,找到后就将"教学计划"表中的第2行与"课程"表的该行连接,形成查询结果表中的第2行。重复上述连接过程,直到"教学计划"表的所有行都处理完毕为止。

【例8.1】中教学计划.＊和课程.＊是限定形式的列名,表示选择两表的所有列。如果要指定某表的某列,则可使用"表名.列名"格式。

在图6-23所示的结果中,"课程号"列有重复。若将等值连接中的重复列去除(如去除

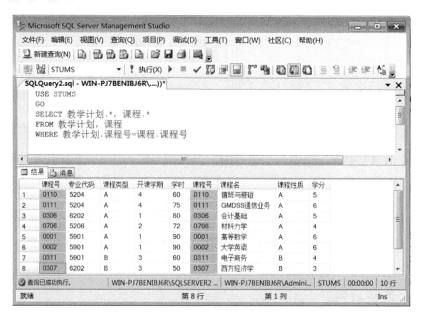

图 6-23 【例 8.1】的查询结果

一个课程号列），则为自然连接。

【例 8.2】 采用自然连接的方法查询教学计划及开设课程的详细情况。

代码如下：

```
SELECT 教学计划.课程号,专业代码,课程类型,开课学期,学时,课程名,课程性质,学分
FROM 教学计划, 课程
WHERE 教学计划.课程号 = 课程.课程号
```

上述 SELECT 语句的执行结果如图 6-24 所示。

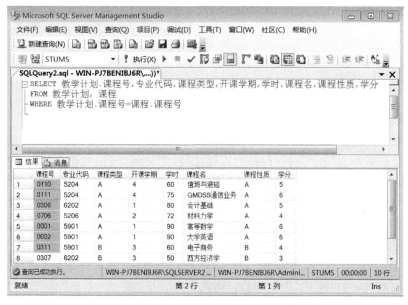

图 6-24 【例 8.2】的查询结果

在此例中,由于专业代码、课程类型、开课学期、学时、课程名、课程性质、学分等列在"教学计划"表与"课程"表中是唯一的,因此在引用时可去掉表名前缀。课程号在两个表中都出现了,引用时必须加上表名前缀。

【例 8.3】 采用自身连接的方法查找不同课程成绩相同的学生的学号、课程号和成绩。

分析:若要在一个表中查找具有相同字段值的数据行,则可以使用自身连接。使用自身连接时需为表指定两个别名,且对所有列的引用均要用别名限定。

代码如下:

```
SELECT 表 1.学号, 表 1.课程号,表 1.成绩 FROM 选课 表 1, 选课 表 2
WHERE 表 1.成绩 = 表 2.成绩 AND 表 1.学号<>表 2.学号
AND 表 1.课程号<>表 2.课程号
```

上述 SELECT 语句的执行结果如图 6-25 所示。

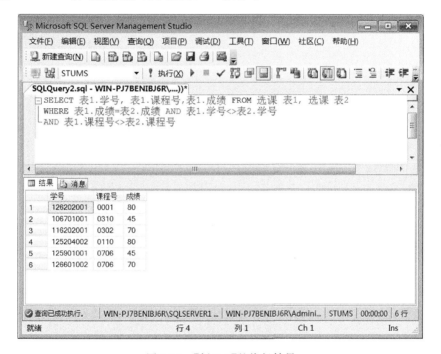

图 6-25 【例 8.3】的执行结果

【例 8.4】 采用复合条件连接方法查找选修了"电子商务"课程且成绩在 60 分及以上的学生学号、姓名、课程名及成绩。

分析:本例涉及 STUMS 数据库中的"学生基本信息"表、"选课"表、"课程"表 3 个表,因此需要建立多个连接条件。在多表操作中,复合条件连接(多个连接条件)的使用最为广泛。在使用 WHERE 子句中的条件表达式时,一般先写自然连接的条件表达式,然后通过逻辑运算符写出其他附加限定条件。

代码如下:

```
SELECT 学生基本信息.学号,姓名,课程.课程名,选课.成绩
FROM 学生基本信息,课程,选课
WHERE 学生基本信息.学号 = 选课.学号
```

AND 课程.课程号 = 选课.课程号
AND 课程.课程名 = '电子商务'
AND 选课.成绩>= 60

上述 SELECT 语句的执行结果如图 6-26 所示。

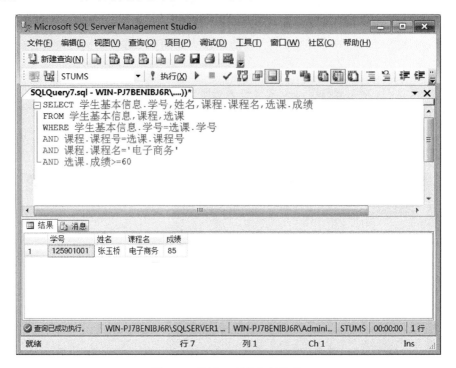

图 6-26 【例 8.4】的执行结果

8.1.2 以 JOIN 关键字指定的连接

以 JOIN 关键字进行连接,使表的连接运算能力有了显著增强。JOIN 可以将多个表连接起来,连接格式如下:

< first_table >< join_type >< second_table > ON < search_condition >

各参数说明如下。
- first_table,second_table:需要连接的两个表。
- ON:指定连接条件。
- search_condition:连接条件表达式。
- join_type:连接类型,使用格式如下:

[INNER|{LEFT|RIGHT|FULL}[OUTER][< join_hint >]|CROSS] JOIN

其中,INNER JOIN 表示内连接;OUTER JOIN 表示外连接;join_hint 表示连接提示;CROSS JOIN 表示交叉连接。

1. 内连接

内连接指按照 ON 所指定的连接条件合并两个表,并返回满足条件的数据行。

【例8.5】 查找 STUMS 数据库中每个学生的基本信息及所在班级情况。

代码如下：

```
SELECT * FROM 学生基本信息 INNER JOIN 班级
ON 学生基本信息.班号 = 班级.班号
```

上述 SELECT 语句的执行结果如图 6-27 所示。

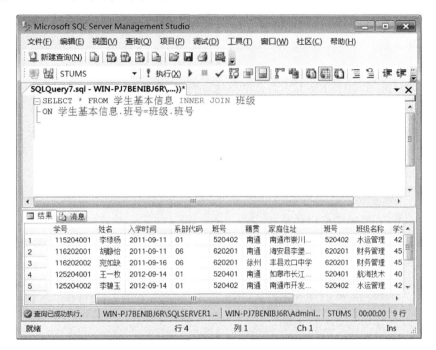

图 6-27 【例 8.5】的执行结果

知识拓展：【例 8.5】结果将包含"学生基本信息"表和"班级"表的所有列。本例与【例 8.1】表达的查询的意义是相同的，即以连接谓词表示的连接查询属于内连接。

【例8.6】 将【例 8.2】用 JOIN 关键字来实现。

代码如下：

```
SELECT 教学计划.课程号, 专业代码,课程类型,开课学期,学时,课程名,课程性质,学分
FROM 教学计划 INNER JOIN 课程 ON 教学计划.课程号 = 课程.课程号
```

上述 SELECT 语句的执行结果与图 6-24 一样。

内连接是系统默认的，可以省略 INNER 关键字。使用内连接后，仍可以使用 WHERE 子句指定条件。

【例8.7】 将【例 8.4】用 JOIN 关键字来实现。

代码如下：

```
SELECT 学生基本信息.学号,姓名,课程.课程名,选课.成绩
FROM 学生基本信息 JOIN 选课 ON 学生基本信息.学号 = 选课.学号
JOIN 课程 ON 课程.课程号 = 选课.课程号
WHERE 课程.课程名 = '电子商务' AND 选课.成绩>= 60
```

上述 SELECT 语句的执行结果与图 6-26 一样。

2. 外连接

在通常的连接操作中,只有满足连接条件的数据行才能作为结果输出。但有些情况下也需要输出不满足连接条件的数据行。例如,需要以"学生基本信息"表为主,列出每个学生的基本情况和学习情况,若某个学生没有选课,那么就输出其基本情况,其选课信息为空即可。这时就需要使用外连接。

外连接的结果集不但包含满足连接条件的数据行,还包括相应表中的所有数据行。外连接分为左外连接、右外连接和完全外连接。

1) 左外连接

左外连接(LEFT OUTER JOIN)是结果表中除了包含满足连接条件的数据行外,还包含左表中不满足连接条件的数据行。只是左表中不满足条件的数据行在与右表数据行拼接时,右表的相应列上填充 NULL 值。左外连接的语法格式如下:

```
SELECT column_name
FROM table_name1 LEFT [OUTER] JOIN table_name2
ON table_name1.column_name = table_name2.column_name
```

其中,OUTER 关键字可以省略。

【例 8.8】 将"学生基本信息"表与"选课"表进行左外连接,以了解学生选课情况。

代码如下:

```
SELECT 学生基本信息.学号,姓名,课程号,成绩
FROM 学生基本信息 LEFT OUTER JOIN 选课
ON 学生基本信息.学号 = 选课.学号
```

上述 SELECT 语句的执行结果如图 6-28 所示。

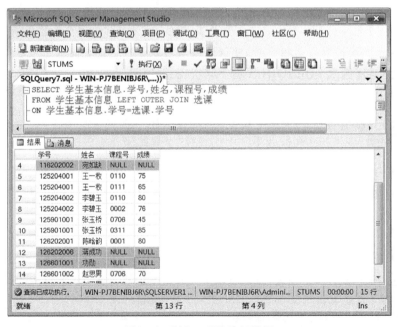

图 6-28　【例 8.8】的执行结果

从结果中可以看出,没有选课的学生的课程号和成绩列为 NULL 值。

2) 右外连接

右外连接(RIGHT OUTER JOIN)是结果表中除了包含满足连接条件的数据外,还包含右表中不满足连接条件的数据行。只是右表中不满足条件的数据行在与左表数据行拼接时,左表的相应列上填充 NULL 值。右外连接的语法格式如下:

```
SELECT column_name
FROM table_name1 RIGHT [OUTER] JOIN table_name2
ON table_name1.column_name = table_name2.column_name
```

其中,OUTER 关键字可以省略。

【例 8.9】 将"学生基本信息"表与"班级"表进行右外连接,了解班级的学生情况。

代码如下:

```
SELECT 学号,姓名,学生基本信息.班号,班级名称
FROM 学生基本信息 RIGHT OUTER JOIN 班级
ON 学生基本信息.班号 = 班级.班号
```

上述 SELECT 语句的执行结果如图 6-29 所示。

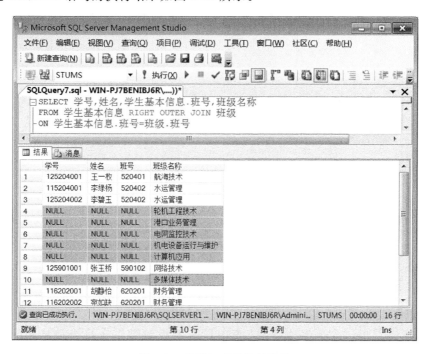

图 6-29 【例 8.9】的执行结果

本例中,左表为"学生基本信息"表,右表为"班级"表。"班级"表中存在几个班级名称,但在"学生基本信息"表中未输入学生数据信息,因此属于不满足连接条件的数据行,但仍然输出这几个班级的基本信息,相应的学生基本信息为 NULL 值。

3) 完全外连接

完全外连接(FULL OUTER JOIN)是结果表中除了包含满足连接条件的数据行外,

还包含两个表中不满足连接条件的数据行。注意,左(右)表中不满足条件的数据行与右(左)表数据行拼接时,右(左)表的相应列上均填充 NULL 值。完全外连接的语法格式如下:

```
SELECT column_name
FROM table_name1 FULL [OUTER] JOIN table_name2
ON table_name1.column_name = table_name2.column_name
```

其中,OUTER 关键字可以省略。

【例 8.10】 将"学生基本信息"表与"班级"表进行完全外连接,并显示出结果。

```
SELECT 学号,姓名,学生基本信息.班号,班级名称
FROM 学生基本信息 FULL OUTER JOIN 班级
ON 学生基本信息.班号 = 班级.班号
```

上述 SELECT 语句的执行结果如图 6-30 所示。

图 6-30 【例 8.10】的执行结果

从图中可以看出,"学生基本信息"表中没有班级的学生在班级信息相应列上填充 NULL 值,"班级"表中没有学生数据信息时,在学生信息相应列上填充 NULL 值。

3. 交叉连接

交叉连接又称非限制连接,也叫广义笛卡儿积。两个表的广义笛卡儿积是两表中数据行的交叉乘积,结果集的列为两个表属性列的和,其连接的结果会产生一些没有意义的记录,并且进行该操作非常耗时,因此该运算实际上很少使用。其语法格式如下:

```
SELECT column_name FROM table_name1 CROSS JOIN table_name2
```

其中,CROSS JOIN 为交叉表连接关键字。

【**例 8.11**】 对"学生基本信息"表与"班级"表进行交叉连接查询。

代码如下：

SELECT 学号,姓名,性别,学生基本信息.系部代码,学生基本信息.班号,
班级.班号,班级.专业代码 FROM 学生基本信息 CROSS JOIN 班级

上述 SELECT 语句的执行结果如图 6-31 所示。

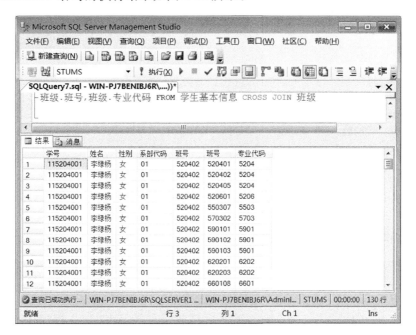

图 6-31 【例 8.11】的执行结果

注意：交叉连接不能有条件,且不能带 WHERE 子句。

任务①对照练习

① 采用自然连接的方法查询每个教师及其系部的详细情况。

② 将"教师"表与"系部"表进行右外连接,并显示结果。

8.2 联合查询

课堂任务② 学习如何利用 UNION 关键字将多个查询结果集合并为一个结果集。

联合查询也称集合查询,是一种将两个或更多查询的结果通过并、交、差等集合运算合并为单个结果集的一种查询方法。在 SQL Server 2008 中,用于联合查询的运算符有 UNION(求并)、INTERSECT(求交)和 EXCEPT(求差)。

8.2.1 使用 UNION 运算符查询

UNION 运算符是求并操作运算符,能够将两个或更多查询结果顺序连接,合并为单个结果集,该结果集包含联合查询中所有查询的全部行。其语法格式如下：

SELECT 语句 1

{UNION < SELECT 语句 2 >}[,…n]

语法说明如下。

① 参加 UNION 操作的所有查询中的列数和列的顺序必须相同,对应的数据类型也必须相同。

② 系统将自动去掉并集的重复记录。

③ 最后结果集的字段名来自第一个 SELECT 语句。

【例 8.12】 利用 UNION 查询"学生基本信息"表中班号为 520402 与 620203 的学生学号、姓名和班号。

代码如下:

```
SELECT 学号,姓名,班号
FROM 学生基本信息
WHERE 班号 = '520402'
UNION
SELECT 学号,姓名,班号
FROM 学生基本信息
WHERE 班号 = '620203'
GO
```

上述代码的执行结果如图 6-32 所示。

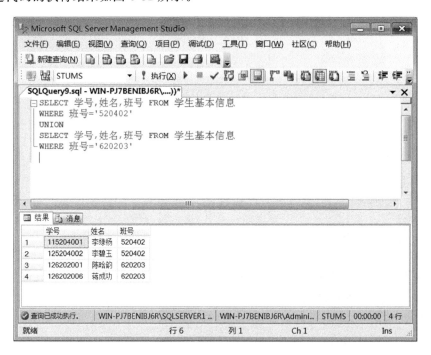

图 6-32 【例 8.12】的执行结果

8.2.2 使用 INTERSECT 运算符查询

INTERSECT 运算符是求交操作运算符,能够将两个或更多查询结果的交集作为联合查询的结果集，该结果集包含两个或更多查询返回的所有非重复值。其语法格式如下：

SELECT 语句 1
{INTERSECT < SELECT 语句 2 >}[,...n]

其语法说明与 UNION 运算相同。

【例 8.13】 利用 INTERSECT 查询"选课"表中成绩≥70 与选修了 0310 课程的学生学号、课程号及成绩交集数据。

代码如下：

```
SELECT 学号,课程号,成绩 FROM 选课
WHERE 成绩>= 70
INTERSECT
SELECT 学号,课程号,成绩 FROM 选课
WHERE 课程号 = '0310'
```

上述代码的执行结果如图 6-33 所示。

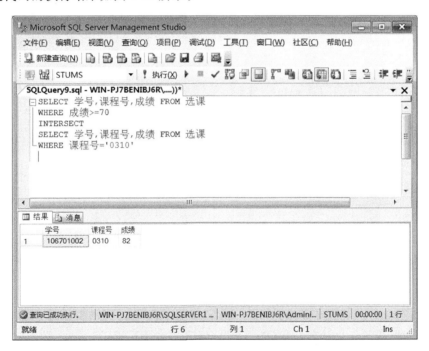

图 6-33 【例 8.13】的执行结果

8.2.3 使用 EXCEPT 运算符查询

EXCEPT 运算符是求差操作运算符，从左查询中返回右查询中没有的所有非重复值，作为联合查询的结果集，该结果集包含两个或更多查询返回的所有非重复值。其语法格式如下：

SELECT 语句 1
{EXCEPT < SELECT 语句 2 >}[,...n]

其语法说明与 UNION 运算相同。

【例 8.14】 利用 EXCEPT 查询"选课"表中成绩大于≥70 与选修了 0310 课程的学生学号、课程号及成绩差集数据。

代码如下：

```
SELECT 学号,课程号,成绩 FROM 选课
WHERE 成绩>= 70
EXCEPT
SELECT 学号,课程号,成绩 FROM 选课
WHERE 课程号='0310'
GO
```

上述代码的执行结果如图 6-34 所示。

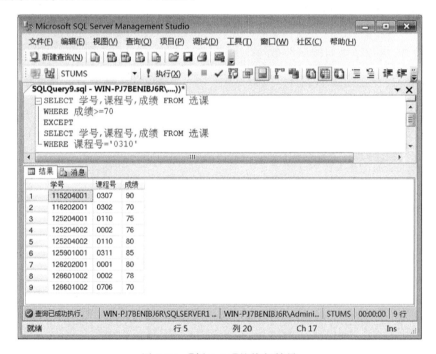

图 6-34 【例 8.14】的执行结果

任务②对照练习 分别用 UNION、INTERSECT 和 EXCEPT 查询"学生基本信息"表中女生信息与"南通"籍学生信息的并集、交集与差集数据。

8.3 子查询

课堂任务③ 主要学习 SELECT 语句的嵌套查询,如带有 IN、NOT IN、ANY、ALL、EXISTS 等运算符的子查询。

子查询是一个 SELECT 查询,它返回单个值且嵌套在 SELECT、INSERT、UPDATE、DELETE 语句或其他子查询中。

任何允许使用表达式的地方都可以使用子查询。子查询也称为内部查询或内部选择,而包含子查询的语句也称为外部查询或外部选择。

子查询能够将比较复杂的查询分解为几个简单的查询，而且子查询可以嵌套。嵌套查询的执行过程是，首先执行内部查询，查询出的数据并不被显示，而是传递给外层语句，并作为外层语句的查询条件来使用。

【例 8.15】 使用子查询查询学生"王一枚"所在的班级。

在"学生基本信息"表中有"班号"列，知道了班号，再根据这个班号到"班级"表中查询，就能查到相应的班级情况。本例首先要查询出"王一枚"所在的班号，然后根据查出的班号到"班级"表中查询出相应的班级信息。

代码如下：

```
SELECT * FROM 班级
WHERE 班号 =
(SELECT 班号 FROM 学生基本信息 WHERE 姓名 = '王一枚')
```

上述 SELECT 语句的执行结果如图 6-35 所示。

图 6-35　【例 8.15】的执行结果

从这一例子可以看出，括号内的查询语句作为条件嵌入在外 WHERE 子句中。人们将括号内的查询语句称为子查询，与之相对的概念就是父查询或外层查询，即包含子查询的查询语句。

SQL 语句允许多层嵌套查询，但应注意的是，子查询的 SELECT 语句中不能使用 ORDER BY 子句，ORDER BY 子句只能对最终查询结果进行排序。

SQL 语句在执行时是先里后外的，即先执行最里层的子查询，再执行上层的子查询，以此类推。子查询的嵌套（嵌套不能超过 32 层）提高了 SQL 语句的表达能力，构造的查询程序层次清晰，易于实现。

有的查询既可以使用子查询来表达，也可以使用连接查询来表达，如将【例 8.15】用连

接查询来实现,则语句改写如下:

```
SELECT 班级名称 FROM 班级 JOIN 学生基本信息
ON (班级.班号 = 学生基本信息.班号)
WHERE 姓名 = '王一枚'
```

用子查询实现条理清晰,使用连接查询执行速度快,使用哪一种要根据具体情况而定。

8.3.1　带有 IN 或 NOT IN 运算符的子查询

在嵌套查询中,子查询的结果通常是一个集合。运算符 IN 或 NOT IN 是嵌套查询中使用最频繁的运算符,用于判断一个给定值是否在子查询的结果集中,其语法格式如下:

表达式 [NOT] IN(子查询)

说明:当表达式与子查询的结果中的某个值相等时,IN 运算符返回 TRUE,否则返回 FALSE;若使用了 NOT IN,则返回的值刚好相反。

【例 8.16】　在"学生基本信息"表、"选课"表与"课程"表中查询选修了"西方经济学"课程的学生情况。

代码如下:

```
SELECT *
FROM 学生基本信息
WHERE 学号 IN
   (SELECT 学号 FROM 选课 WHERE 课程号 =
   (SELECT 课程号 FROM 课程
      WHERE 课程名 = '西方经济学')
      )
```

上述 SELECT 语句的执行结果如图 6-36 所示。

图 6-36　【例 8.16】的执行结果

本例使用多层嵌套来实现多表查询。

8.3.2 带有比较运算符的子查询

带有 IN 运算符的子查询返回的结果是集合,而带有比较运算符(=、<>、>、>=、<、<=、!>、!<)的子查询可以返回单值结果,可以看做是 IN 子查询的扩展。其语法格式如下:

```
表达式 {<|<=|=|>|>=|!=|<>|!<|>>}{ALL|ANY}(子查询)
```

其中,ALL 和 ANY 说明对比较运算符的限制。

- ALL 表示表达式要与子查询的结果集中的每个值都进行比较,当表达式与每个值都满足比较的关系时,才回返 TRUE,否则返回 FALSE。
- ANY 表示表达式只要与子查询结果集中的某个值满足比较关系,就返回 TRUE,否则返回 FALSE。

【例 8.17】 在"教师"表中查询与"赵安"同在一个系的教师基本信息。

代码如下:

```
SELECT *
FROM 教师
WHERE 系部代码 =
    (SELECT 系部代码
    FROM 教师
    WHERE 姓名 = '赵安')
```

上述 SELECT 语句的执行结果如图 6-37 所示。

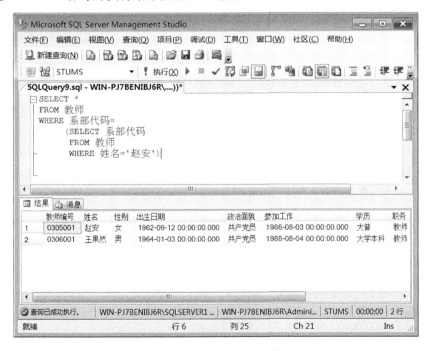

图 6-37 【例 8.17】的执行结果

【**例 8.18**】　在"教师"表与"系部"表中查询其他系中比"航海系"任一教师年龄小的教师基本信息。

代码如下：

```
SELECT *
FROM 教师 WHERE 出生日期> ANY
    (SELECT 出生日期 FROM 教师 WHERE 系部代码 =
        (SELECT 系部代码 FROM 系部 WHERE 系部名称 = '航海系')
        )
AND 系部代码<>
        (SELECT 系部代码 FROM 系部 WHERE 系部名称 = '航海系')
ORDER BY 出生日期
```

上述 SELECT 语句的执行结果如图 6-38 所示。

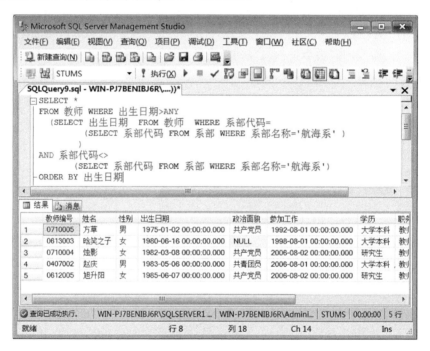

图 6-38 　【例 8.18】的执行结果

若要查询其他系中比"航海系"所有教师年龄都小的教师名单，则只需把上述 SELECT 语句中的">ANY"修改为">ALL"即可。

8.3.3　带有 EXISTS 运算符的子查询

使用 EXISTS 运算符后，子查询不返回任何数据，主要用于测试子查询的结果是否为空集。若子查询的结果集不为空，则 EXISTS 返回 TRUE，否则返回 FALSE。

EXISTS 还可与 NOT 结合使用，即 NOT EXISTS，其返回值与 EXISTS 刚好相反。其语法格式如下：

```
[ NOT ] EXISTS (子查询)
```

【例 8.19】 用 EXISTS 运算符改写【例 8.17】。

代码如下：

```
SELECT * FROM 教师 AS T1 WHERE EXISTS
  (SELECT * FROM 教师 AS T2
   WHERE T2.系部代码 = T1.系部代码
   AND T2.姓名 = '赵安')
```

上述 SELECT 语句的执行结果如图 6-39 所示。

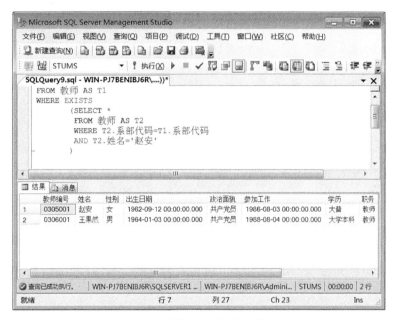

图 6-39 【例 8.19】的执行结果

【例 8.20】 从 STUMS 数据库中查询没有选修过任何课程的学生的学号和姓名。

代码如下：

```
SELECT 学号,姓名 FROM 学生基本信息 WHERE NOT EXISTS
  (SELECT * FROM 选课 WHERE 学号 = 学生基本信息.学号)
```

上述 SELECT 语句的执行结果如图 6-40 所示。

8.3.4 在查询的基础上创建新表

使用 SELECT 的 INTO 子句可以创建新表，以保存查询结果。新表可以是一个永久表或一个临时表。

【例 8.21】 在"学生基本信息"表与"班级"表中查询学生姓名和班级名，并将结果行插入到新表"学生_班级"中。

代码如下：

```
SELECT 姓名,班级名称
INTO 学生_班级
FROM 学生基本信息,班级
WHERE 学生基本信息.班号 = 班级.班号
```

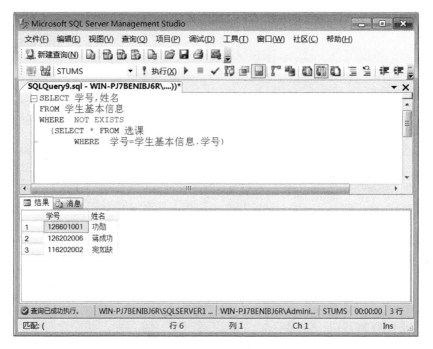

图 6-40 【例 8.20】的执行结果

上述 SELECT 语句的执行结果如图 6-41 所示，在 SSMS 的"对象资源管理器"窗口中会看到新建的"学生_班级"表，用 SELECT 语句查询"学生_班级"表的信息，得到的结果如图 6-42 所示。

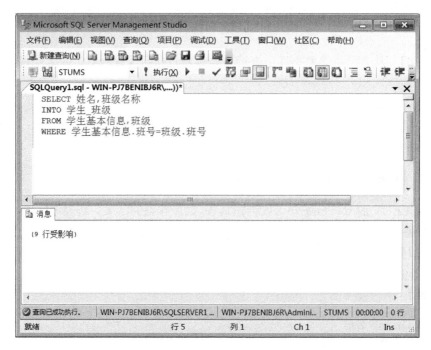

图 6-41 【例 8.21】的执行结果

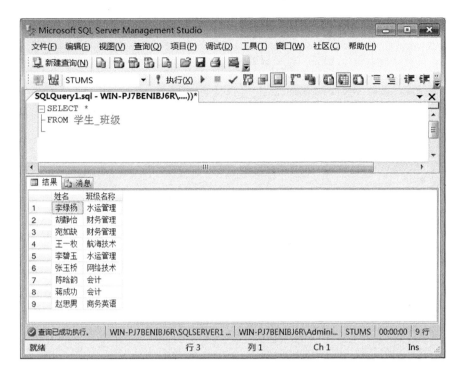

图 6-42 "学生_班级"的查询结果

【例 8.22】 创建一个空的"教师"表的副本

代码如下：

```
SELECT * INTO 教师副本
FROM 教师
WHERE 1 > 3
```

注意：此例中只需创建一个空表，而不需要原表的任何记录，可以采用将 WHERE 子句的条件设为"假"的方法。

上述 SELECT 语句的执行结果如图 6-43 所示，在 STUMS 数据库的表节点中将会看到新创建的"教师副本"表，展开"教师副本"表，其结构和"教师"表结构完全一样，如图 6-44 所示。

【例 8.23】 查询"学生基本信息"表中男生的基本信息，并将结果行插入到新创建的临时表中♯temp 中。

代码如下：

```
SELECT * INTO ♯temp
FROM 学生基本信息
WHERE 性别 = '男'
```

上述 SELECT 语句的执行结果如图 6-45 所示。

一旦创建了临时表，即可正常使用了。用 SELECT 语句查询♯temp 表的信息，得到的结果如图 6-46 所示。

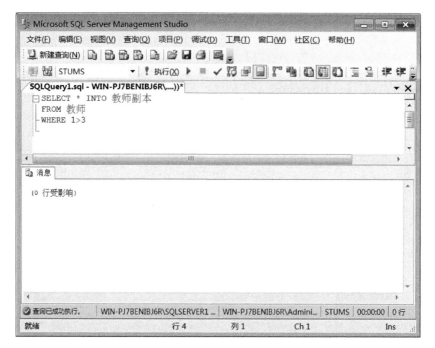

图 6-43　【例 8.22】的执行结果

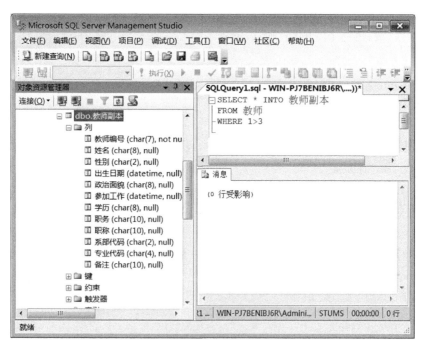

图 6-44　"教师副本"表结构

　　说明：临时表的信息并未在 STUMS 数据库中保存，而是保存在 tempdb 系统数据库中。退出 SQL Server 后，临时表将自动删除。

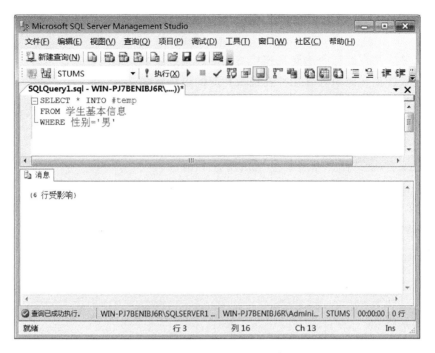

图 6-45 【例 8.23】的执行结果

图 6-46 对 #temp 表的查询结果

任务③对照练习

① 在"学生基本信息"表中查询与"李绿杨"同在一个班的学生基本信息。

② 创建一个空的"学生基本信息"表的副本。

课后作业

1. 什么是连接查询？简述交叉连接查询的连接过程及其语法格式。

2. 简述外连接查询中有哪几种连接及相应的语法格式。

3. 什么是子查询？在 T-SQL 语言中存在哪几种基本的子查询方式？

4. 在 STUMS 数据库中，用 SQL 语句完成下列操作。

① 采用等值连接的方法查询每个教师及其系部的详细情况。

② 列出没有选修"西方经济学"课程的学生信息。

③ 列出比所有 590102 班的学生年龄都大的学生。

④ 将"学生基本信息"表中所有是"共青团员"的学生数据行找出，并插入到新创建的 XS_ZZMM 表中。

实训 6   图书借阅管理系统的数据查询

1. 实训目的

（1）观察查询结果，体会 SELECT 语句的实际应用。

（2）要求学生能够在查询编辑器中熟练掌握使用 SELECT 语句进行简单数据查询、数据排序和数据连接查询的操作方法。

（3）熟练掌握数据查询中的分组、统计、计算的操作方法。

（4）掌握子查询的方法，加深对 SQL 语句的嵌套查询的理解。

2. 实训准备

（1）在 TSJYMS 数据库中，已成功创建了"读者信息"表、"员工信息"表、"图书信息"表、"借还管理"表和"图书入库"表 5 个数据表。

（2）了解 SELECT 语句的用法。

（3）了解子查询的表示方法，熟悉 IN、ANY、EXISTS 运算符的用法。

（4）了解统计、计算函数的使用方法。

3. 实训要求

（1）完成简单查询和连接查询操作。

（2）在实训开始之前做好准备工作。

（3）完成实训并验收实训结果，然后提交实训报告。

4. 实训内容

对数据库 TSJYMS 进行如下 4 类查询操作。

1）简单查询操作

① 查询"读者信息"表中男性读者的信息。

② 查询"读者信息"表中"读者类型"为教师的读者证号、姓名、性别及工作单位。

③ 在"借还管理"表中查询已借书的读者证号、图书编号及借书日期。

④ 在"图书信息"表中查询价格在 30～50 元之间的图书信息。

⑤ 统计"读者信息"表中教师和学生的人数。

2）多表查询操作

① 查询读者"张晓露"的借阅情况。

② 查询图书编号为 07410298 的图书信息及图书借阅情况。

③ 查询每本图书的详细信息及库存数。

④ 在"图书信息"表中查询作者姓王的数据信息。

⑤ 计算出馆藏图书的总价格。

3）联合查询操作

分别用 UNION、INTERSECT 和 EXCEPT 查询"图书信息"表中 2010 年以后出版的图书信息与"清华大学出版社"出版的图书信息的并集、交集与差集数据。

4）子查询操作

① 查询借过"C++程序设计"图书的读者的姓名和工作单位。

② 查询从未借阅过任何图书的读者证号和姓名。

第9课　学生信息管理系统数据的索引查询

9.1　索引的基础知识

课堂任务①　学习索引的基础知识,包括使用索引的意义、建立索引的原则及索引的分类。

9.1.1　索引文件

当读者打开一本书并急于查看某些特定内容时,并不是从第一页开始进行一页一页地查找,而是首先查看书的目录,根据目录提供的页码快速定位到所找内容处阅览。使用目录的确能够节省时间。

数据库中存储了大量的数据,为了能快速找到所需的数据,也采用了类似于书目录的索引技术。索引是 SQL Server 编排数据的内部方法,它为 SQL Server 提供了一种方法来编排查询数据。在数据库中创建一个类似于目录的索引文件,通过遍历索引文件迅速找到所需的数据,而不必扫描整个数据库。

书中的目录是一个章节标题的列表,其中注明了包含各个章节内容的页码。数据库中的索引文件是某个表中一列或多列值的集合和指向表中的物理标识这些值的数据页的逻辑指针清单。如图 6-47 所示是以"教师"表的"姓名"列建立的索引示意图。

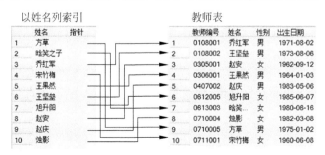

图 6-47　索引示意图

　　该图显示了索引如何存储每个姓名的值,以及如何指向表中包含各个值的数据行。当SQL Server 执行要求在"教师"表中根据指定的姓名值查找教师信息的语句时,它能够识别姓名列的索引,并使用该索引查找所需数据。如果该索引不存在,则会从表的第一行开始,逐行搜索指定的姓名值。

　　什么是索引文件? 索引文件就是按照一定顺序对表中一列或若干列建立的列值与数据行之间的对应关系表。根据索引的意义,索引文件只需包含两个列,即索引关键字列和指针值列。索引关键字列保存基表中所有数据行的索引关键字值,指针值列保存指向索引关键字的在基表中对应数据行的物理存储位置(行号)。索引数据通常是按索引关键字有序排列的,而基表中的数据行不需要按任何特定的顺序存储,通过索引表中由指针产生的映射关系,基表就实现了数据的逻辑排序。

　　索引一旦成功建立,将由数据库引擎自动维护和管理。当对索引所依附的表进行插入、更新和删除操作时,数据库引擎会即时更新和调整索引的内容,以始终保持与数据表一致。

9.1.2　使用索引的意义

　　在数据库系统中建立索引主要有以下作用:

　　(1) 提高查询信息的速度。通过创建设计良好的索引来支持查询,可以减少为返回查询结果集而必须读取的数据量,显著提高了数据库查询速度。

　　(2) 确保数据记录的唯一性。通过创建唯一索引建立表数据的唯一约束,在对相关索引关键字进行数据输入或修改操作时,系统要对其操作进行唯一性检查,从而保证每一行的数据不重复。

　　(3) 更好地实现表的参照完整性。当对两个关联的表以主键列和外键列建立索引时,在两表连接时就不需要对表中的每一个列进行查询操作,从而加快了连接速度,这不仅提高了查询速度,而且更好地实现了表的参照完整性。

　　(4) 缩短排序和分组的时间。在使用 ORDER BY、GROUP BY 子句进行数据检索时,利用索引可减少查询中排序和分组所消耗的时间。

　　(5) 查询优化器依靠索引起作用。一旦建立了索引,数据库引擎就会依据索引而采取相应的优化策略,使查询速度更快。

　　不过,索引为性能所带来的好处是有代价的。带索引的表在数据库中会占据更多的空间。另外,为了维护索引,对数据进行插入、更新、删除操作所花费的时间会更长。在设计和创建索引时,应确保对性能的提高程度大于在存储空间和处理资源方面的代价。

9.1.3　建立索引的原则

　　创建索引虽然可以提高查询速度,但要牺牲一定的系统性能,因此创建索引时应遵循以下原则:

　　(1) 在主键列上一定要建立索引。因为主键可以唯一标识行,通过主键可以快速定位到表中的某一行。

（2）外键列可以建立索引。外键列通常用于表与表之间的连接，在其上创建索引可以加快表间的连接。

（3）最好在经常查询的字段上建立索引，以提高查询速度。

（4）对于那些查询中很少涉及的列、重复值比较多的列不要建立索引。

（5）对于定义为 text、image 和 bit 数据类型的列不要建立索引。

9.1.4　索引的分类

如果一个表没有建立索引，则数据行按输入顺序存储，这种存储结构称为堆集。

SQL Server 支持在表中的任何列上定义索引，根据索引的存储结构不同将其分为两类：聚集索引和非聚集索引。根据索引实现的功能分类，还有唯一索引，SQL Server 2008 还具有 XML 索引和空间索引。

1. 聚集索引

聚集索引是指表中数据行的物理存储顺序与索引顺序完全相同。每个表只能创建一个聚集索引。由于建立聚集索引时要改变表中数据行的物理顺序，所以应在其他非聚集索引建立之前建立聚集索引。

当为一个表的某列创建聚集索引时，表中的数据会按该列进行重新排序，然后存储到磁盘上。创建一个聚集索引所需的磁盘空间至少是表实际数据量的120%。

聚集索引一般创建在表中经常搜索的列或者按顺序访问的列上。使用聚集索引找到包含第一个值的行后，便可以确保其他连续的值的行物理相邻。这是因为聚集索引对表中的数据进行了排序。

默认情况下，SQL Server 为主键约束自动建立聚集索引。

需要提醒的是，定义聚集索引键时使用的列越少越好。如果定义了一个大型的聚集索引键，则同一个表上定义的任何非聚集索引都将增大许多，因为非聚集索引条目包含聚集键。

2. 非聚集索引

非聚集索引与书籍中的目录索引类似。数据存储在一个地方，索引存储在另一个地方。索引带有指针，用于指向数据的存储位置。索引中的项目按索引键值的顺序存储，而表中的信息按另一种顺序存储（这可以由聚集索引规定）。如果在表中未创建聚集索引，则无法保证这些行具有任何特定的顺序。一个表最多可以创建249个非聚集索引。

与使用书籍中的目录索引方式相似，SQL Server 在搜索数据值时，先对非聚集索引进行搜索，找到数据值在表中的位置后，再从该位置直接检索数据。这使非聚集索引成为精确匹配查询的最佳方法，因为索引包含描述查询所搜索的数据值表中的精确位置的条目。

3. 唯一索引

唯一索引可以确保索引列不包含重复的值。在多列唯一索引的情况下，该索引可以确保索引列中每个值组合都是唯一的。

聚集索引和非聚集索引都可以是唯一的。因此，只要列中的数据是唯一的，就可以在同一个表上创建一个唯一的聚集索引和多个唯一的非聚集索引。

需要指出的是：只有当唯一性是数据本身的特征时，指定唯一索引才有意义。如果必须实施唯一性以确保数据的完整性，则应在列上创建 UNIQUE 或 PRIMARY KEY 约束，而不要创建唯一索引。创建 PRIMARY KEY 或 UNIQUE 约束会在表中指定的列上自动创建唯一索引。

4. XML 索引

SQL Server 2008 几乎将 XML 技术集成到了它的所有组件中。

XML 实例作为二进制大型对象（BLOB）存储在 XML 类型列中。这些 XML 实例可以很大，存储 XML 数据类型实例的二进制数据最大为 2GB，而对 XML 列进行查询的操作在工作中经常出现，因此，创建 XML 索引就显得非常必要。

XML 索引分为两个类别：主 XML 索引和辅助 XML 索引。XML 索引是特殊的索引，既可以是聚集索引，也可以是非聚集索引。

主 XML 索引是 XML 类型列的第一个索引，没有主 XML 索引就不能创建辅助 XML 索引。

XML 值相对较大，而检索的范围相对较小。生成索引避免了在运行时分析所有数据，并能实现高效的查询处理。但是，在数据修改过程中维护索引会带来开销。

5. 空间索引

SQL Server 2008 引入了对空间数据和空间索引的支持。空间索引是一种扩展索引，允许对空间数据类型的列（如 geometry 或 geography）定义索引。每个空间索引指向一个有限空间，例如，geometry 列的索引指向平面上用户指定的矩形区域。空间索引使用 B 树构建而成，即这些索引必须按 B 树的线性顺序表示二维空间数据。

任务①对照练习　若"系部"表的"系部名称"列建立了索引，请绘制出该索引的示意图。

提示　汉字是以 A～Z 的字母顺序排列的。

9.2　索引的创建和使用

> **课堂任务②**　要求学会使用不同的方法为 STUMS 数据库中的数据表创建索引。

在 STUMS 数据库中，经常要对"学生基本信息"表、"课程"表、"选课"表等进行查询和更新，为了提高查询和更新速度，可考虑在这些表上建立索引。例如，在"学生基本信息"表上按学号建立聚集索引；按姓名建立非唯一非聚集索引；在"课程"表上按课程号建立聚集索引或唯一聚集索引；在"选课"表上按学号和课程号建立聚集索引等。

在 SQL Server 中，可以使用 SSMS 创建索引，也可以使用 T-SQL 的 CREATE INDEX 语句创建索引，下面分别加以介绍。

9.2.1　使用 SSMS 创建索引

下面以在 STUMS 数据库的"学生基本信息"表上按学号建立名称为 xs_xh_index 的聚集唯一索引为例，说明在 SSMS 中创建索引的全过程。

（1）启动 SSMS，在"对象资源管理器"窗口中依次展开"数据库→STUMS→表→学生基本信息"节点，右击"索引"图标，在弹出的快捷菜单中选择"新建索引"命令，打开"新建索引"窗口，如图 6-48 所示。

图 6-48 "新建索引"窗口

（2）在该窗口中选中"常规"选择页（默认），在"索引名称"文本框中输入新建索引的名称（本例为 xs_xh_index），在"索引类型"下拉列表框中可选择聚集、非聚集、主 XML 或空间等选项，本例选择"聚集"选项，并选择"唯一"复选框。

（3）单击【添加】按钮，从弹出的"从'dbo.学生基本信息'中选择列"窗口中选择创建索引的关键列，本例选择"学号"列，如图 6-49 所示，单击【确定】按钮，返回"新建索引"窗口。

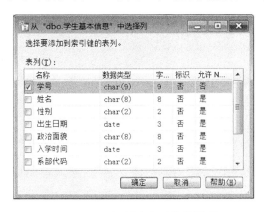

图 6-49 选择创建索引的关键列

（4）此时在"新建索引"窗口的"索引键列"列表框中已出现了"学号"索引键列，单击"排序顺序"下拉按钮，下拉列表框可以进行索引键列的升序或降序设置，本例选择"升序"选项，如图 6-50 所示。

（5）单击【确定】按钮，关闭"新建索引"窗口，完成索引的创建。

在 SSMS 界面中，除以上方法外，还可以使用表设计器的快捷菜单命令创建索引。这与创建唯一约束的操作类似，在此不再赘述。

图 6-50　设置排序顺序

9.2.2　使用 CREATE INDEX 语句创建索引

用户可以在查询编辑器中使用 CREATE INDEX 语句来创建索引。CREATE INDEX 语句的基本语法如下：

```
CREATE [ UNIQUE ] [ CLUSTERED|NONCLUSTERED ] INDEX index_name
ON {table|view}(column[ASC|DESC][,...n])
[WITH
[PAD_INDEX]
[[,]FILLFACTOR = fillfactor]
[[,]IGNORE_DUP_KEY]
[[,]DROP_EXISTING]
[[,]STATISTICS_NORECOMPUTE]
[[,]SORT_IN_TEMPDB]
]
[ ON filegroup ]
```

各参数说明如下。

- UNIQUE：为表或视图创建唯一索引，即不允许存在索引值相同的两行。视图上的聚集索引必须是 UNIQUE 索引。
- CLUSTERED：创建聚集索引，指定表中行的物理排序与索引排序相同。一个表或视图只允许同时有一个聚集索引。具有聚集索引的视图称为索引视图。

说明：必须先为视图创建唯一聚集索引，然后才能为该视图定义其他索引。

- NONCLUSTERED：创建非聚集索引，指定表中行的物理排序独立于索引排序。
- index_name：索引名。索引名在表或视图中必须唯一，但在数据库中不必唯一。索引名必须遵循标识符规则。

- table：要创建索引的列的表。可以选择指定数据库和表所有者。
- view：要建立索引的视图的名称。
- column：指定建立索引的列名。指定两个或多个列名，可为指定列的组合值创建组合索引。
- n：可以为索引指定多个列。
- [ASC|DESC]：指定索引列的排序方式。ASC 为升序排列，DESC 为降序排列，默认设置为 ASC。
- PAD_INDEX：指定索引中间级中每个页（节点）上保持开放的空间。PAD_INDEX 选项只有在指定了 FILLFACTOR 时才有用，因为 PAD_INDEX 使用由 FILLFACTOR 所指定的百分比。
- FILLFACTOR＝fillfactor：指定在 SQL Server 创建索引的过程中，各索引页叶级的填满程度。

在 SQL Server 系统中，可管理的最小空间是页，一个页是 8KB 的磁盘物理空间。数据库的数据文件中包含 8 种类型的页：数据、索引、文本/图像、全局分配映射表与辅助全局分配映射表、页的可用空间、索引分配映射表、大容量更改映射表、差异更改映射表。这些页用于存储不同的数据内容。

如果某个索引页填满，则 SQL Server 就必须花时间拆分该索引页，以便为新行腾出空间，这需要很大的开销。对于更新频繁的表，选择合适的 FILLFACTOR 值将比选择不合适的 FILLFACTOR 值获得更好的更新性能。FILLFACTOR 的原始值将在 sysindexes 中与索引一起存储。

- IGNORE_DUP_KEY：控制当尝试向属于唯一聚集索引的列插入重复的键值时所发生的情况。如果为索引指定了 IGNORE_DUP_KEY，并且执行了创建重复键的 INSERT 语句，则 SQL Server 将发出警告消息并忽略重复的行。
- DROP_EXISTING：指定应除去并重建已命名的先前存在的聚集索引或非聚集索引。
- STATISTICS_NORECOMPUTE：指定过期的索引统计不会自动重新计算。
- SORT_IN_TEMPDB：指定用于生成索引的中间排序结果将存储在 tempdb 数据库中。
- ON filegroup：在给定的 filegroup 上创建指定的索引。该文件组必须已经通过执行 CREATE DATABASE 或 ALTER DATABASE 创建了。

【例 9.1】　在 STUMS 数据库的"学生基本信息"表上按姓名建立非唯一非聚集索引 xs_xm_index。

代码如下：

```
USE STUMS
GO
CREATE NONCLUSTERED INDEX xs_xm_index ON 学生基本信息(姓名)
GO
```

在查询编辑器中输入并执行上述代码，即可创建 xs_xm_index 索引。

【例9.2】　在STUMS数据库的"课程"表上按课程号建立唯一聚集索引 kc_kch_index。

代码如下：

```
USE STUMS
GO
CREATE UNIQUE CLUSTERED INDEX kc_kch_index ON 课程(课程号)
GO
```

在查询编辑器中输入并执行上述代码，即可创建 kc_kch_index 索引。

【例9.3】　在STUMS数据库的"学生基本信息"表上按学号建立聚集索引 xs_xh_index。本例曾用 SSMS 创建过，若再用命令创建，将会导致索引创建失败。因此，应选用 Drop_EXISTING 参数。

代码如下：

```
USE STUMS
GO
CREATE CLUSTERED INDEX xs_xh_index ON 学生基本信息(学号)
WITH DROP_EXISTING
GO
```

运行上述代码后，即可创建 xs_xh_index 索引。

知识拓展：为避免在同一表中重复创建聚集索引或同名创建索引，可使用 WITH DROP_EXISTING 删除已存在的索引。

【例9.4】　在STUMS数据库的"教师任课"表上按教师编号＋课程号＋班号建立唯一聚集复合索引 js_bhkchbh_index。

代码如下：

```
USE STUMS
GO
CREATE UNIQUE CLUSTERED INDEX js_bhkchbh_index ON 教师任课(教师编号,课程号,班号)
GO
```

运行上述代码后，即可创建 js_bhkchbh_index 索引。

【例9.5】　在STUMS数据库的"选课"表上按学号＋课程号建立非聚集索引 xk_xhkch_index，其填充因子值为60。

代码如下：

```
USE STUMS
GO
CREATE INDEX xk_xhkch_index ON 选课(学号,课程号)
WITH FILLFACTOR = 60
GO
```

【例9.6】　在STUMS数据库的"选课"表上按学号＋课程号建立非聚集索引 xk_xhkch_index，其填充因子和 PAD_INDEX 的值均为60。

代码如下：

```
USE STUMS
GO
CREATE INDEX xk_xhkch_index ON 选课(学号,课程号)
```

```
WITH PAD_INDEX,FILLFACTOR = 60,
DROP_EXISTING
GO
```

创建索引时应注意的事项：

① 只有表的所有者才可以在同一个表中创建索引。

② 当在同一个表中建立聚集索引和非聚集索引时，应先建立聚集索引。

③ 建立同一索引的列的最大数目为 16，但所有列宽度的总和应小于等于 900B。例如，不可以在定义为 char(300)、char(300) 和 char(301) 的 3 个列上创建单个索引，因为总宽度超过了 900B。

④ 使用 CREATE INDEX 语句创建索引时，如果没有指定索引类型，则 SQL Server 默认为非唯一非聚集索引。

⑤ 创建索引时，可以指定一个填充因子，以便在索引的每个叶级页上留出额外的间隙和保留一定百分比的空间，以供将来表的数据存储容量进行扩充及减少页拆分的可能性。

9.2.3　使用索引查询表数据

如果用户对数据库表的索引信息比较清楚，也可以采用强制索引选择方式来执行 SELECT 语句，提高查询速度。

【例 9.7】　在 STUMS 数据库的"选课"表中，按 xk_xhkch_index 索引指定的顺序查询学生选课的信息。

代码如下：

```
USE STUMS
GO
SELECT * FROM 选课 WITH (INDEX(xk_xhkch_index))
GO
```

SELECT 语句中强制索引选择方式的基本语法如下：

```
WITH (INDEX(<索引名>|<索引号>))
```

说明：索引号可以通过查询 sys.indexes 得到。

【例 9.8】　在 STUMS 数据库的"教师任课"表中，按 js_bhkchbh_index 索引指定的顺序查询教师任课的信息。

代码如下：

```
USE STUMS
GO
SELECT * FROM 教师任课 WITH (INDEX(js_bhkchbh_index))
GO
```

任务②对照练习

① 使用 SSMS 在 STUMS 数据库的"教学计划"表上按课程号创建一个名为 jxjh_kch_index 的唯一聚集索引。

② 使用 CREATE INDEX 语句在 STUMS 数据库的"班级"表上按班级名称创建一个名为 bj_bjmc_index 的唯一索引。

③ 使用 CREATE INDEX 语句在 STUMS 数据库的"教师"表上按教师编号建立聚集索引 js_jsbh_index,其填充因子和 PAD_INDEX 的值均为 60。

④ 使用 CREATE INDEX 语句在"学生基本信息"表上按学号创建唯一聚集索引 xs_xh_index,如果输入了重复键值,则忽略 INSERT 或 UPDATE 语句。

⑤ 在"教师"表中,按 js_xm_index 索引指定的顺序查询教师的信息。

9.3 索引的其他操作

课堂任务③ 学会查看索引或修改索引定义、重命名索引、删除索引的方法,对 STUMS 数据库中的索引进行管理。

索引的其他操作主要包括查看索引或修改索引定义、重命名索引、删除索引等内容。下面以管理 STUMS 数据库中的索引为例,介绍其操作方法。

9.3.1 查看或修改索引定义

在表上创建索引之后,随着业务的发展和数据的变化,可能需要查看或修改有关索引的信息。SQL Server 提供了查看或修改索引的方法。

1. 使用 SSMS 查看或修改索引

例如,查看 STUMS 数据库中"学生基本信息"表上名称为 xs_xh_index 的索引信息。使用 SSMS 的操作步骤如下:

(1)启动 SSMS,在"对象资源管理器"窗口中依次展开"数据库→STUMS→表→学生基本信息→索引"节点,选中 xs_xh_index 并右击,在弹出的窗口快捷菜单中选择"属性"命令,打开"索引属性"窗口,如图 6-51 所示。

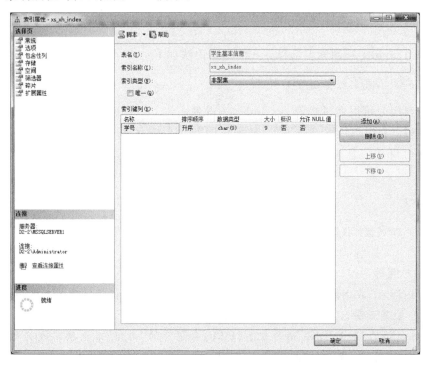

图 6-51 "索引属性-xs_xh_index"窗口

（2）该窗口包含常规、选项、包含性列等 8 个选择页,选中"常规"选择页(默认),可以查看或修改所选择的索引的类型、索引列等属性信息。选中"选项"选择页可以查看或修改所选索引的属性。

（3）查看或修改完毕,单击【确定】按钮即可。

2. 使用系统存储过程查看索引信息

在查询编辑器中执行系统存储过程 sp_helpindex 或 sp_help 可查看数据表的索引信息。sp_helpindex 显示表的索引信息；sp_help 除了显示索引信息外,还可显示表的定义、约束等其他信息。

sp_helpindex 语法如下：

sp_helpindex [@objname =] ′name′

参数说明如下：

[@objname =] ′name′是当前数据库中表或视图的名称.

【例 9.9】 使用系统存储过程 sp_helpindex 和 sp_help 查看"选课"表上的索引信息。代码如下：

```
EXEC sp_helpindex '选课'
EXEC sp_help '选课'
```

执行结果分别如图 6-52、图 6-53 所示。

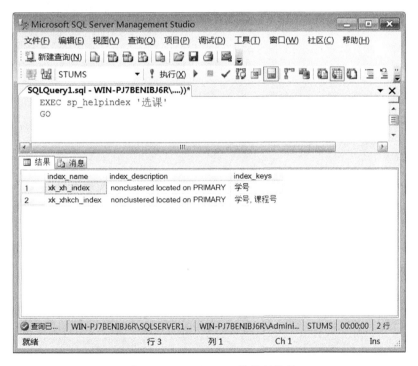

图 6-52　sp_helpindex 的执行结果

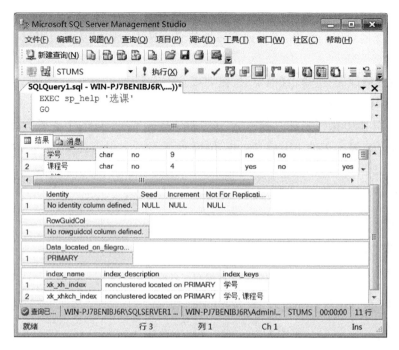

图 6-53   sp_help 的执行结果

3. 使用 sys.indexes 视图查看索引信息

sys.indexes 是数据库的系统视图,每个表格对象(例如表、视图或表值函数)的索引或堆都包含一行。

【例 9.10】   查看数据库 STUMS 的索引信息。

代码如下:

```
USE STUMS
SELECT * FROM sys.indexes
GO
```

执行结果如图 6-54 所示。

4. 修改索引定义

在 T-SQL 中,没有提供专门的用于修改索引定义的语句。如果需要修改索引的组成,则往往首先删除索引,然后重建索引,最后使用 ALTER INDEX 使新定义索引生效。

ALTER INDEX 通过禁用、重新生成、重新组织索引,或通过设置索引的相关选项,修改现有的表索引或视图索引。其语法基本格式如下:

```
ALTER INDEX {index_name|ALL}
    ON < object >
    {REBUILD[WITH(< rebuild_index_option >[ ,...n])]
    |DISABLE
    |REORGANIZE
    |SET (< set_index_option >[,...n])
    }
```

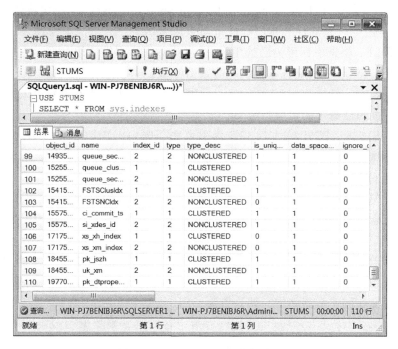

图 6-54　sys. indexes 的执行结果

其中，

```
< object > :: = {[ database_name. [ schema_name ] . |schema_name. ]
        table_or_view_name}
< rebuild_index_option > :: = {PAD_INDEX = {ON|OFF}
   |FILLFACTOR = fillfactor
   |SORT_IN_TEMPDB = {ON|OFF}
   |IGNORE_DUP_KEY = {ON|OFF}
   |STATISTICS_NORECOMPUTE = {ON|OFF}
   |ONLINE = {ON|OFF}
   |ALLOW_ROW_LOCKS = {ON|OFF}
   |ALLOW_PAGE_LOCKS = {ON|OFF}
   |MAXDOP = max_degree_of_parallelism
   |DATA_COMPRESSION = {NONE|ROW|PAGE}
< set_index_option >:: = {ALLOW_ROW_LOCKS = {ON|OFF}
   |ALLOW_PAGE_LOCKS = {ON|OFF}
   |IGNORE_DUP_KEY = {ON|OFF}
   |STATISTICS_NORECOMPUTE = {ON|OFF}}
```

各参数说明如下。

- index_name：索引的名称。索引名称在表或视图中必须唯一，但在数据库中不必唯一。索引名称必须符合标识符的规则。
- ALL：指定与表或视图相关联的所有索引，而不考虑是什么索引类型。
- database_name：数据库名称。
- schema_name：该表或视图所属架构的名称。
- table_or_view_name：与该索引关联的表与视图的名称。

- REBUILD［WITH（＜rebuild_index_option＞［,...n]）］：指定将使用相同的列、索引类型、唯一性属性和排序顺序重新生成索引。
- DISABLE：将索引标记为已禁用，从而不让数据库引擎使用。
- REORGANIZE：指定将重新组织的索引叶级。
- SET（＜set_index option＞［,...n]）：指定不重新生成或不重新组织索引的索引选项。不能为已禁用的索引指定 SET。
- PAD_INDEX＝{ON|OFF}：指定索引填充。选 ON，FILLFACTOR 指定的可用空间百分比应用于索引的中间级页。选 OFF，中间级页已填充到接近容量限制。默认值为 OFF。
- FILLFACTOR＝fillfactor：指定一个百分比，指示在创建或更改索引期间数据库引擎对各索引页的叶级填充的程度。fillfactor 必须为 1～100 之间的整数值。默认值为 0。
- SORT_IN_TEMPDB＝{ON|OFF}：指定是否在 tempdb 数据库中存储排序结果。选 ON，在 tempdb 中存储用于生成索引的中间排序结果；选 OFF，中间排序结果与索引存储在同一数据库中。默认值为 OFF。
- IGNORE_DUP_KEY＝{ON|OFF}：指定在对唯一聚集索引或唯一非聚集索引的多行插入操作中出现重复键值时的错误响应。选 ON，违反 UNIQUE 索引的行失败，并发出警告消息；选 OFF，发出错误消息，整个事务回滚。默认值为 OFF。
- STATISTICS_NORECOMPUTE＝{ON|OFF}：指定是否重新计算统计信息。选 ON，不会自动重新计算过时的统计信息；选 OFF，启用统计信息自动更新功能。默认值为 OFF。
- ONLINE＝{ON|OFF}：指定索引操作期间的基础表和关联的索引是否可用于查询和数据修改操作。选 ON，在索引操作期间不持有长期表锁；选 OFF，在索引操作期间应用表锁。默认值为 OFF。对于 XML 索引或空间索引，仅支持 ONLINE＝OFF。如果将 ONLINE 设置为 ON，则会引发错误。
- ALLOW_ROW_LOCKS＝{ON|OFF}：指定是否允许行锁。选 ON，在访问索引时允许行锁；选 OFF，未使用行锁。默认值为 ON。
- ALLOW_PAGE_LOCKS＝{ON|OFF}：指定是否允许页锁。选 ON，访问索引时允许使用页锁；选 OFF，未使用页锁。默认值为 ON。
- MAXDOP＝max_degree_of_parallelism：在索引操作期间覆盖"最大并行度"配置选项。
- max_degree_of_parallelism：为 1 时，取消生成并行计划；大于 1 时，将并行索引操作中使用的最大处理器数量限制为指定数量；为 0（默认值）时，根据当前系统的工作负荷使用实际的处理器数量或更少数量的处理器。
- DATA_COMPRESSION：为指定的索引、分区号或分区范围指定数据压缩选项。

【例 9.11】　在"学生基本信息"表中重新生成单个索引。

代码如下：

```
USE STUMS
GO
```

```
ALTER INDEX xs_xh_index ON 学生基本信息
REBUILD
GO
```

【例 9.12】 重新生成"选课"表的所有索引并指定选项。

代码如下：

```
USE STUMS
GO
ALTER INDEX ALL ON 选课
REBUILD WITH (FILLFACTOR = 80, SORT_IN_TEMPDB = ON,
            STATISTICS_NORECOMPUTE = ON)
GO
```

上面的示例使用了 ALL 关键字，将会重新生成与表相关联的所有索引。

【例 9.13】 禁用"学生基本信息"表的非聚集索引 xs_xm_index。

代码如下：

```
USE STUMS
GO
ALTER INDEX xs_xm_index ON 学生基本信息
DISABLE
GO
```

当使用 xs_xm_index 索引查询学生基本信息数据时，系统会提示此索引已被禁用，如图 6-55 所示。

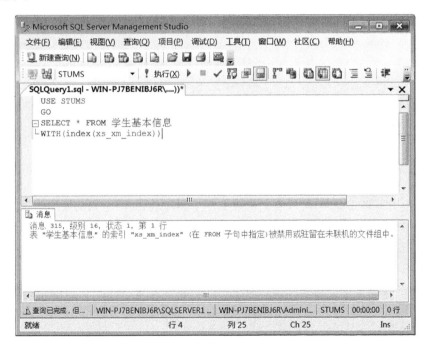

图 6-55 xs_xm_index 索引被禁用

【例 9.14】 重新组织"学生基本信息"表上的聚集索引 xs_xh_index。

代码如下：

```
USE STUMS
ALTER INDEX xs_xh_index ON 学生基本信息
REORGANIZE
```

9.3.2 重命名索引

1. 使用 SSMS 重命名索引

对于已创建好的索引文件，在"对象资源管理器"窗口的相关表的"索引"节点中会显示索引名和索引类型。右击需要更名的索引文件，如 xs_xh_index，在弹出的快捷菜单中选择"重命名"命令，在激活的文件名中输入新的名称（如"new_index"）即可。

2. 使用 sp_rename 重命名索引

使用系统存储过程 sp_rename 可以用来更改索引的名称，其语法格式如下：

```
sp_rename[@objname = ] 'object_name ',
[@newname: ] 'new_name '
[,[@objtype: ] 'object_type']
```

参数说明如下。

- object_name：需要更改的对象原名。如果要重命名的对象是表中的一列，那么 object_name 必须为 table.column 形式。如果要重命名的是索引，那么 object_name 必须为 table.index 形式。
- new_name：对象更改后的名称。new_name 要遵循标识符的规则。
- object_type：对象类型。

【例 9.15】 将 STUMS 数据库中"学生基本信息"表上的 xs_xm_index 索引名改为 xs_new_index。

代码如下：

```
EXEC sp_rename '学生基本信息.xs_xm_index','xs_new_index'
```

9.3.3 删除索引

当一个索引不再需要时，可以将其从数据库中删除，以回收它当前使用的存储空间。在 SQL Server 中，有两种删除索引的方法。

1. 使用 SSMS 删除索引

在 SSMS 的"对象资源管理器"窗口中选择要删除的索引文件（如"new_index"），然后右击，在弹出的快捷菜单中选择"删除"命令，打开"删除对象"窗口，单击【确定】按钮删除所选的索引文件。

2. 使用 DROP INDEX 语句删除索引

使用 DROP INDEX 语句可以从当前数据库中删除一个或多个索引，其语法格式如下：

```
DROP INDEX 'table.index|view.index'[,...n]
```

各参数说明如下。

- index：要除去的索引名称。
- n：表示可以指定多个索引。

【例 9.16】 使用 DROP INDEX 语句删除"学生基本信息"表上的 xs_new_index 索引和表上的 js_bhkchbh_index 索引。

代码如下：

```
DROP INDEX 学生基本信息. xs_new_index, 教师任课. js_bhkchbh_index
```

说明：

- 删除表或视图时，自动删除在表或视图上创建的索引。
- 删除聚集索引时，表上的所有非聚集索引都将被重建。
- 只有表的所有者可以删除其索引，所有者无法将该权限转让给其他用户。

任务③对照练习

① 使用填充因子 80，重建"教学计划"表上的 jxjh_kch_index 索引。

② 将 STUMS 数据库中"班级"表上的 bj_bjmc_index 索引改名为 bj_new_index。

③ 使用 sp_help、sp_helpindex 查看"学生基本信息"表上的索引信息。

④ 用 DROP 命令删除数据库中"教学计划"表上的 jxjh_kch_index 索引。

课后作业

1. 什么是索引？索引的作用是什么？

2. 若以"课程"表的"课程号"列创建非聚集索引，请绘制出索引示意图。

3. 索引可以分为哪几类？每一类的特征是什么？

4. 简述用 SSMS 创建索引的步骤。

5. 在什么情况下需要重建索引？用什么方法重建索引？

6. 用 sp_rename 系统存储过程重命名索引时，在语法中给出的原索引名应是什么形式？

7. 系统存储过程 sp_helpindex 或 sp_help 都可以用来查看数据表的索引信息，它们有何区别？

8. 写出 T-SQL 语句，对 STUMS 数据库进行如下操作：

① 在 STUMS 数据库的"班级"表上按班号创建一个名为 bj_bh_index 的唯一聚集索引。

② 在 STUMS 数据库的"班级"表上按班级名称创建一个名为 bj_bjmc_index 的唯一非聚集索引。

③ 在 STUMS 数据库的"班级"表中，按 bj_bjmc_index 索引指定的顺序查询班级信息。

④ 在 STUMS 数据库的"选课"表上按学号＋课程号建立唯一非聚集索引 xk_xhkch，其填充因子和 PAD_INDEX 的值均为 60。

⑤ 重新命名索引 xk_xhkch 为 xk_xhkch_index。

⑥ 使用填充因子值 70 重建"班级"表上的所有索引。

⑦ 查看"班级"表上的索引信息。

⑧ 删除"班级"表上的所有索引。

实训 7　图书借阅管理系统索引的创建和管理

1. 实训目的

(1) 掌握创建索引的两种方法。

(2) 掌握采用强制索引选择方式查询信息的方法。

(3) 掌握重建索引的方法。

(4) 掌握查看索引的方法。

(5) 掌握重命名索引的方法。

(6) 掌握删除索引的方法。

2. 实训知识准备

(1) 了解创建和删除索引的知识。

(2) 了解重建索引的方法。

(3) 了解查看索引的系统存储过程的用法。

(4) 了解重命名索引和删除索引的 T-SQL 语句的用法。

3. 实训要求

(1) 了解索引类型并比较各类索引的不同之处。

(2) 完成索引的创建和删除，并提交实训报告。

4. 实训内容

1) 创建索引

① 使用 SSMS 创建索引

在 TSJYMS 数据库的"图书信息"表上按图书编号创建一个名为 tsxx_tsbh_index 的唯一聚集索引。

② 使用 T-SQL 语句创建索引

- 在 TSJYMS 数据库的"借还管理"表上按读者证号和图书编号创建一个名为 dzjh_tsbh_index 的唯一索引。

- 在 TSJYMS 数据库的"读者信息"表上按读者证号建立聚集索引 dzxx_dzzh_index，其填充因子和 PAD_INDEX 的值均为 60。

- 在 TSJYMS 数据库的"员工信息"表上按工号创建唯一聚集索引 rgxx_gh_index，如果输入了重复键值，则忽略该 INSERT 或 UPDATE 语句。

- 在 TSJYMS 数据库的"图书入库"表上，以图书编号(升序)、ISBN 证号(升序)和库存数(降序)3 列建立一个普通索引 tsbh_isbn_kcs。

- 在"图书入库"表中，按 tsbh_isbn_kcs 索引指定的顺序查询馆藏图书的信息。

2) 重建索引

① 使用填充因子值 80 重建 TSJYMS 数据库中"员工信息"表上的索引 rgxx_gh_

index。

② 重建"图书信息"表上的所有索引。

3）重命名索引

将 TSJYMS 数据库中"读者信息"表上的 dzxx_dzzh_index 索引改名为 dzxx_new_index。

4）查看索引

使用 sp_help、sp_helpindex 查看"图书信息"表上的索引信息。

5）删除索引

用 DROP 命令删除建立在"员工信息"表上的索引 rgxx_gh_index。

第7章

视图的应用

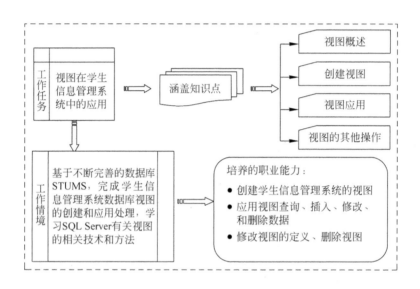

第10课 创建学生信息管理系统中的视图

10.1 视图概述

课堂任务① 学习视图的概念、视图的优点、视图的类型。

使用 SELECT 语句在 STUMS 数据库中查询学生的成绩,其结果显示在屏幕上,随着系统的退出,结果也就丢弃了。当然,也可以使用 SELECT 语句中的 INTO 选项,以表的形式保存这些查询结果,但这些数据与 STUMS 数据库中的数据重复,从而产生冗余,这是设计数据库不希望看到的现象。如何解决这一问题呢? SQL Server 设计了视图。

10.1.1 视图的概念

视图可以被看成是虚拟表或存储查询。

视图是从一个或多个表(或视图)导出的表,在数据库中是作为一个对象来存储的,其内容由查询定义。同真实的表一样,视图也包含一系列带有名称的列和数据行。

如图 7-1 所示为在 3 个表上建立的"学生成绩"视图。它抽取了"学生基本信息"表中的学号、姓名数据,"课程"表中的课程名数据,"选课"表中的成绩数据等组成了自己的数据结构。行和列数据来自定义视图的查询所引用的表。

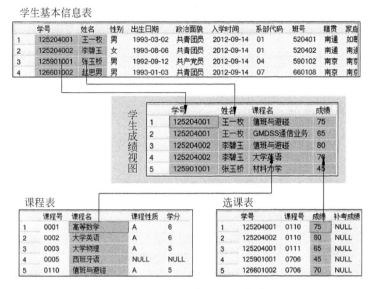

图 7-1 "学生成绩"视图的构成

视图是数据库系统提供给用户以多种角度观察数据库中数据的重要机制。例如在所开发的学生信息管理系统的项目中,学生的信息数据存于 STUMS 数据库的多个表中。作为学校的不同职能部门,所关心的学生数据的内容是不同的,即使是同样的数据,也可能有不同的操作要求,于是就可以根据他们的不同需求,在 STUMS 数据库上定义符合他们要求的数据结构,这种根据用户观点定义的数据结构就是视图。

视图的结果集通常不保存在数据库中。数据库中只存储视图的定义即查询,而不存放构成视图的数据内容,这些数据仍然存放在原来的数据表中,只有在引用视图时,系统才根据视图的定义去操作与视图相关联的数据表,动态生成视图所需的数据结构。因此,视图也称为虚拟表。为了与视图相区别,将用于创建视图的表称为基表。

10.1.2 视图的优点

视图一经定义后,就可以像基表一样供用户进行信息查询,也可用来更新数据信息,并将更新的结果保存到基表中。与基表相比,使用视图有以下优点:

- 视图加强了数据的安全性。有了视图机制,可以只允许用户通过视图访问数据,而不授予用户直接访问视图基表的权限。可以对具有不同权限的用户定义不同的视图,从而使机密数据不出现在不应看到这些数据的用户视图上。

- 视图可屏蔽数据库的复杂性。视图机制可使用户关注于他们所感兴趣的特定数据,而不必考虑这些数据来自哪个表,也不必考虑表之间的连接操作等。

- 视图可以简化用户操作数据的方式。用户可将经常使用的联接、投影、联合查询和选择查询定义为视图,这样,每次对特定的数据执行进一步操作时,不必再指定所用条件和限定。

- 视图可以保证数据逻辑独立性。视图对应数据库的外模式。如果应用程序使用视图来存取数据,那么当数据表的结构发生改变时,只需要更改视图定义的查询语句即可,不需要更改程序,从而方便了程序的维护,保证了数据的逻辑独立性。
- 使用视图可以导出和导入数据。可使用 bcp 实用工具将视图定义的数据导出到其他应用程序。使用 bcp 实用工具或 BULK INSERT 语句也可将外部数据文件中的数据导入视图。

10.1.3　视图的类型

按照不同的标准,可将 SQL Server 视图分为多种类型。

1. 按工作机制分类

根据视图工作机制的不同,通常将视图分为标准视图、索引视图与分区视图。

(1) 标准视图组合了一个或多个表中的数据,数据库中存储的是 SELECT 语句,SELECT 语句的结果集构成视图所返回的虚拟表。建立的目的是为了简化数据的操作。标准视图是最常见的形式,一般情况下建立的视图都是标准视图。

(2) 索引视图是被具体化了的视图,是为提高聚合多行的查询性能而建立的一种带有索引的视图类型。索引视图数据集被物理存储在数据库中。使用索引视图可以显著提高某些类型查询的性能。但对于经常更新的基本数据集,不适合创建索引视图。

(3) 分区视图是一种特殊的视图,是基于分布式查询创建的视图,也称为分布式视图。其数据来自一台或多台服务器中的分区数据。通过使用分区视图,数据的外观像是一个单一表,并且能以单一表的方式进行查询,而无须手动引用正确的基表,屏蔽了不同物理数据源的差异性。

2. 按创建视图的对象分类

根据创建视图的基表与源视图的数量及相互间的关系,可以把视图分为如图 7-2 所示的类型。

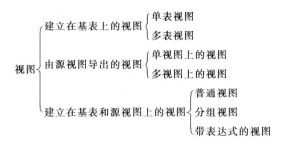

图 7-2　视图类型

任务①对照练习

① 启动 SSMS,查看 STUMS 数据库中的视图对象。

② 教务处想了解每个教师的任课情况,请根据 STUMS 数据库中的数据设计一个教师任课情况的视图。

提示　教师任课情况一般包括教师编号、教师姓名、课程名、班号和开课学期等信息。

10.2 创建视图

课堂任务② 学会使用两种不同的方法为学生信息管理系统数据库创建视图。

视图在数据库中是作为一个对象来存储的，只能在当前数据库中创建视图。视图名称必须遵循标识符的规则，不能与该用户所拥有的任何表的名称相同，且对每个用户必须为唯一的。

在 SQL Server 中，可以使用 SSMS 创建视图，也可以使用 T-SQL 的 CREATE VIEW 语句创建视图，下面分别加以介绍。

10.2.1 使用 SSMS 创建视图

下面以在 STUMS 数据库中创建描述"南通"籍学生基本信息的视图 NT_XS 为例，说明在 SSMS 中创建视图的全过程。

（1）在 SSMS 的"对象资源管理器"窗口中，依次展开"数据库→STUMS"节点，右击"视图"图标，在弹出的快捷菜单中选择"新建视图"命令，打开视图设计器，并弹出"添加表"对话框，如图 7-3 所示。

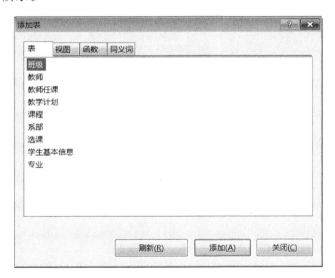

图 7-3 "添加表"对话框

（2）在"添加表"对话框中，显示出 STUMS 中的所有数据表，选择要创建视图的基表，本例选择"学生基本信息"表，单击【添加】按钮，然后单击【关闭】按钮，进入视图设计器。

说明：这一步是把需要建立视图用的基表添加到视图设计的基表区域中，本例视图只涉及"学生基本信息表"一个表。如果是多张表，应将所需的表全部添加完毕后，再单击【关闭】按钮。

当添加两个或多个表时，如果表之间已经存在关系，则表间会自动加上连接线。如果表之间没有连接线，则可以手工连接表，操作方法是，拖动第 1 个表中的连接字段名到第 2 个表的相关字段上即可。添加的对象可以是视图，也可以是表和视图。

(3) 视图设计器包含 4 个窗格：关系图窗格、条件窗格、SQL 窗格和结果窗格。如图 7-4 所示。

- 关系图窗格以图形形式显示用于创建视图的表或表值对象。
- 条件窗格用于指定查询选项，例如要显示哪些数据列、如何对结果进行排序及选择哪些行等。
- SQL 窗格自动显示使用条件窗格和关系图窗格创建的 SELECT 语句，也可以创建自己的 SQL 语句。
- 结果窗格显示运行视图的结果。

在基表中选择创建视图需要的各列复选框，本例选择 " * （所有列）复选框"，在设置过滤条件的区域，设置过滤条件 "（籍贯 = '南通'）"，因为本例只要 "南通" 籍的学生信息。

单击运行按钮 "【!】"，就可以看到所创建的视图的运行结果（见结果窗格），如图 7-5 所示。

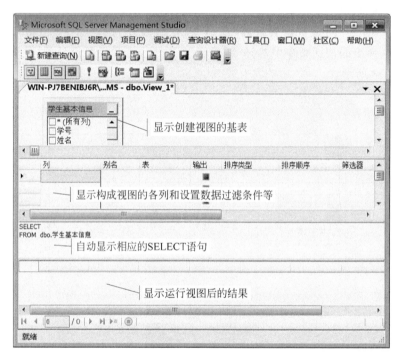

图 7-4　"视图设计"窗口

(4) 单击窗口的【关闭】按钮，保存刚创建的视图，在弹出的 "另存为" 对话框中输入视图文件名 "NT_XS"，并单击【确定】按钮，便完成了视图的创建。

知识拓展：*如果添加的是多个表，则创建的是多表视图；如果添加的是视图，则创建的是视图上的视图；如果添加的是表和视图，则创建的就是表和视图上的视图。*

10.2.2　使用 CREATE VIEW 语句创建视图

用户可以在查询编辑器中使用 CREATE VIEW 语句来创建视图。CREATE VIEW 语句的基本语法如下：

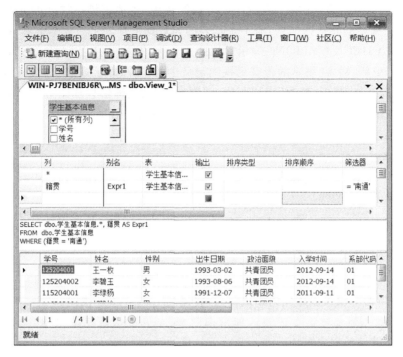

图 7-5　视图定义的内容和运行结果

```
CREATE VIEW[schema_name.]view_name[(column[,...n])]
[WITH{ENCRYPTION|SCHEMABINDING|VIEW_METADATA}[,...n]]
AS select_statement
[WITH CHECK OPTION][;]
```

各参数说明如下。

- schema_name：视图所属架构的名称。
- view_name：要创建的视图名称。
- column：指定视图中的列名，如果未指定 column，则视图的列名将与 SELECT 语句中的列名同名。但在下列 3 种情况下，必须明确指定组成视图的所有列名。
  ◇ 某个目标列不是单纯的属性名，而是函数或列表达式。
  ◇ 多表连接时选出了几个同名列作为视图的字段。
  ◇ 需要在视图中为某个列启用新的名称。
- AS：指定视图要执行的操作。
- select_statement：定义视图内容的 SELECT 语句。在该语句中可以使用多个表或其他视图。但 SELECT 子句不能包括 COMPUTE 或 COMPUTE BY 子句、ORDER BY 子句、INTO 关键字及 OPTION 子句，不能引用临时表或表变量。
- WITH：用来设置视图的属性控制。视图的属性控制主要有以下 3 种。
  ◇ ENCRYPTION：加密选项。选择此项，则在系统表 syscommentes 中存储 CREATE VIEW 语句时进行加密。
  ◇ SCHEMABINDING：将视图绑定到基表的架构，从而对基表中能够影响视图定义的更新操作进行限制。

◇ VIEW_METADATA：在视图的查询操作中，当请求浏览模式的元数据时，返回有关视图的元数据信息，而不是基表的元数据信息。

- WITH CHECK OPTION：表示对视图进行 UPDATE、INSERT、DELETE 操作时要保证更新、插入、删除的行满足视图定义中的条件（即子查询中的条件表达式）。

【例 10.1】 创建基于"教师"表的职称为"副教授"的教师信息视图 fjs_js_view，该视图中只含有教师编号、姓名、性别、出生日期和职称等列的数据信息。

代码如下：

```
USE STUMS
GO
CREATE VIEW fjs_js_view
AS
SELECT 教师编号,姓名,性别,出生日期,职称
FROM 教师
WHERE 职称 = '副教授'
GO
```

在查询编辑器中输入上述代码并执行后，将创建 fjs_js_view 视图。

【例 10.2】 创建描述学生成绩的加密视图 xs_cj_view，该视图中包含学号、姓名、性别、课程名和成绩等数据内容。

代码如下：

```
USE STUMS
GO
CREATE VIEW xs_cj_view
WITH ENCRYPTION
AS
SELECT 学生基本信息.学号,姓名,性别,课程名,成绩
FROM 学生基本信息,选课,课程    /*创建视图的数据源是 3 个表*/
WHERE 学生基本信息.学号 = 选课.学号 AND 选课.课程号 = 课程.课程号
GO
```

在查询编辑器中输入上述代码并执行后，将创建 xs_cj_view 视图。

知识拓展：本例创建的是基于"学生基本信息"表、"选课"表和"课程"表 3 个张表的视图，即多表视图。

【例 10.3】 定义一个反映女生学习成绩的视图 Nxs_cj_view

在【例 10.2】中，已创建了描述所有学生学习成绩情况的视图，本例要的是女生的学习成绩情况。因此，可以通过 xs_cj_view 视图来创建 Nxs_cj_view 视图，简化其操作。

代码如下：

```
USE STUMS
GO
CREATE VIEW Nxs_cj_view AS
SELECT *
FROM xs_cj_view  /*创建视图的数据源是视图*/
WHERE 性别 = '女'
```

知识拓展：本例创建的是基于视图的视图。

任务②对照练习

① 使用 SSMS 创建基于"教师"表的反映本科学历的教师信息视图 xl_js_view。

② 用 T-SQL 语句创建基于"学生基本信息"表的"南京"籍学生信息的加密视图 xs_nj_
view。

10.3 视图的应用

> **课堂任务③** 学习应用视图进行数据的查询、插入、修改和删除的相关知识。

10.3.1 使用视图查询信息

视图定义后,用户就可以像对基表进行查询一样对视图进行查询。在 SSMS 中查询视图的方法与查询数据表的方法基本相同,也可以使用 SELECT 语句查询。通过视图进行查询没有任何限制。

【**例 10.4**】 通过 xs_cj_view 视图查询学习成绩在 85 分以上的学生信息。

代码如下:

```
USE STUMS
GO
SELECT *
FROM xs_cj_view
WHERE 成绩>=85
GO
```

在查询编辑器中输入上述代码并执行后的结果如图 7-6 所示。

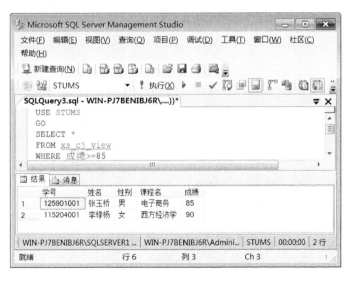

图 7-6 【例 10.4】的执行结果

此查询的执行过程是,首先检查其有效性,检查查询涉及的表、视图等是否在数据库中存在。如果存在,则系统从数据字典中取出 xs_cj_view 视图的定义,然后把此定义和用户对视图的查询结合起来,转换成对"学生基本信息"表、"选课"表和"课程"表的查询,这一转换过程称为视图消解(View Resolution)。

10.3.2 使用视图更新数据

更新视图数据包括插入(INSERT)、删除(DELETE)、修改(UPDATE)3类操作。由于视图实际存储的并不是虚拟表,而是一个定义,因此对视图的更新最终要转换为对基表的更新。

1. 使用视图插入数据

【例10.5】 在fjs_js_view视图中插入一个新的教师记录,教师编号为0201005,姓名为张荣,性别为男,出生日期为1976-4-23,职称为副教授。

代码如下:

```
USE STUMS
GO                                    ┐这是一个视图
INSERT fjs_js_view
VALUES('0201005','张荣','男','1976-4-23','副教授')
```

在查询编辑器中输入并执行上述代码,就在fjs_js_view视图中插入了一条张荣的记录。同时,也在fjs_js_view视图所依据的基表——"教师"表中插入了这条记录。

使用SELECT语句,查询fjs_js_view视图和"教师"表,就能看到在"教师"表的相应列上加入了('0201005','张荣','男','1976-4-23','副教授')数据,如图7-7所示。

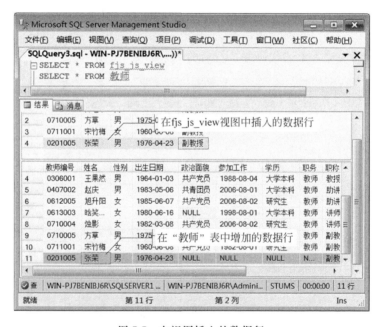

图7-7 向视图插入的数据行

说明:当视图所依赖的基表有多个时,不能向该视图插入数据。

2. 使用视图修改数据

【例10.6】 修改NT_XS视图中的数据,将姓名为"王一枚"改为"王敏"。

代码如下:

```
UPDATE NT_XS
SET 姓名 = '王敏'
WHERE 姓名 = '王一枚'
```

使用 UPDATE 语句修改 NT_XS 视图中的数据,则该视图所依据的"学生基本信息"表中的数据也进行了同样的修改,如图 7-8 所示。

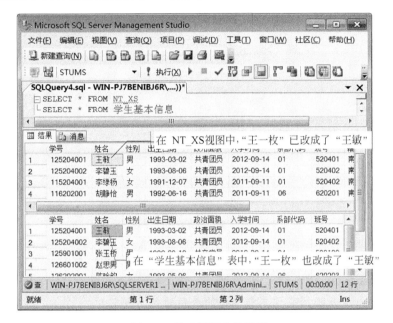

图 7-8 修改视图中的数据

3. 使用视图删除数据

【例 10.7】 删除 NT_XS 视图中的女生信息。

代码如下:

```
DELETE NT_XS
WHERE 性别 = '女'
```

使用 DELETE 语句删除 NT_XS 视图中的女生数据,则该视图所依据的"学生基本信息"表中的"南通"籍的女生数据也进行了同样的删除,如图 7-9 所示。

视图对数据的操作有如下的限制条件:

- 如果视图来自多个基表,则不允许对视图进行插入、删除操作。
- 如果在定义视图的查询语句中使用了聚合函数或 GROUP BY、HAVING 子句,则不允许对视图进行插入或更新操作。
- 如果在定义视图的查询语句中使用了 DISTINCT 选项,则不允许对视图进行插入或更新操作。
- 如果在视图定义中使用了 WITH CHECK OPTION 子句,则在视图上插入、修改的数据必须符合定义视图的 SELECT 语句的 WHERE 所设定的条件。

知识拓展:为防止用户通过视图对数据进行更新,以及无意或故意操作不属于视图范围内的基本数据时,可在定义视图时加上 WITH CHECK OPTION 子句,这样,在视图上更

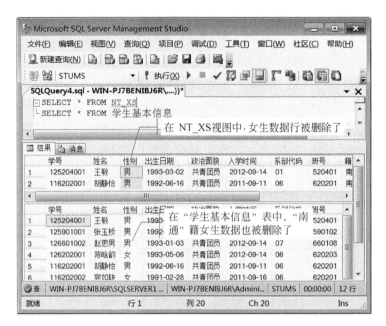

图 7-9　删除视图中的数据

新数据时,系统会进一步检查视图定义中的条件。若不满足条件,则拒绝执行该操作。

任务③对照练习

① 通过 xl_js_view 视图查询本科学历的教师的姓名和职称。

② 在 xs_nj_view 视图中插入一条新记录,学号为 020171001,姓名为"张玉荣",性别为"女",出生日期为 1993-4-23,入学时间为 2012-9-16,政治面貌为"共青团员"。

③ 修改 xs_nj_view 视图中的数据,将姓名"李绿杨"改为"李虹"。

④ 删除 xs_nj_view 视图中的男生信息。

10.4　视图的其他操作

> **课堂任务④**　学习查看与修改视图定义信息、重命名视图、删除视图等方面的相关知识。

10.4.1　查看与修改视图定义信息

1. 使用 SSMS 查看与修改视图定义信息

用户可以通过 SSMS 查看 NT_XS 视图定义信息,其操作过程如下:

（1）启动 SSMS,在"对象资源管理器"窗口中依次展开"数据库→STUMS→视图"节点,右击 NT_XS 视图对象,从弹出的快捷菜单中选择"设计"命令,打开如图 7-10 所示的视图设计器。

（2）用户可以在此视图设计器中查看或直接修改 NT_XS 视图的定义。

说明:对于加密存储的视图定义不能直接用 SSMS 查看或修改,只能通过 T-SQL 命令修改。

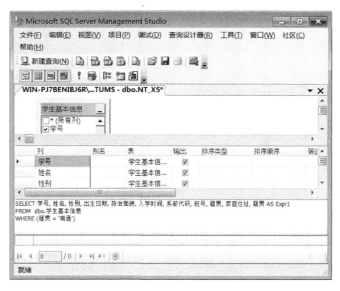

图 7-10　视图设计器

2. 使用系统存储过程 sp_depends 查看视图的相关性信息

使用 sp_depends 查看视图相关性信息的语法如下：

```
EXEC sp_depends objname
```

其中,objname 为用户需要查看的视图名称。

【例 10.8】　利用 sp_depends 存储过程查看 fjs_js_view 视图的相关性信息。

代码如下：

```
EXEC sp_depends fjs_js_view
```

在查询编辑器中输入并执行上述代码,得到的结果如图 7-11 所示。

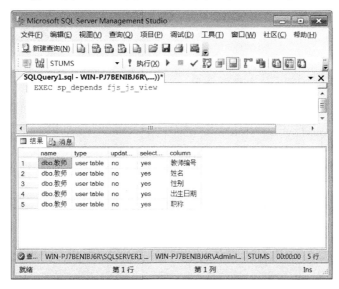

图 7-11　fjs_js_view 视图的相关性信息

3. 使用系统存储过程 sp_helptext 查看视图定义信息

使用 sp_helptext 查看视图定义信息的语法如下：

```
EXEC sp_helptext[@objname = ]'name'
```

其中，[@objname＝]'name'为对象的名称，将显示该对象的定义信息。对象必须在当前数据库中。

【例 10.9】 利用 sp_ helptext 存储过程查看 fjs_js_view 视图的定义信息。

代码如下：

```
EXEC sp_helptext fjs_js_view
```

在查询编辑器中输入并执行上述代码，得到的结果如图 7-12 所示。

注意：用 sp_helptext 不能查看加密视图的定义信息。

图 7-12　fjs_js_view 视图的定义信息

4. 使用 ALTER VIEW 语句修改视图

语法格式如下：

```
ALTER VIEW view_name[(column[,…n])]
[WITH ENCRYPTION]
AS select_statement
[WITH CHECK OPTION]
```

其中，view_name 是要修改的视图名称。其余各参数含义与 CREATE VIEW 中的参数含义相同。

【例 10.10】 修改 fjs_js_view 视图，使该视图中只有女性的数据信息。

代码如下：

```
ALTER VIEW fjs_js_view
AS
SELECT 教师编号,姓名,性别,出生日期,职称
FROM 教师
WHERE 职称 = '副教授' AND 性别 = '女'
GO
```

在查询编辑器中输入并执行上述代码,修改后的 fjs_js_view 视图只有女性信息,打开 fjs_js_view 视图,结果如图 7-13 所示。

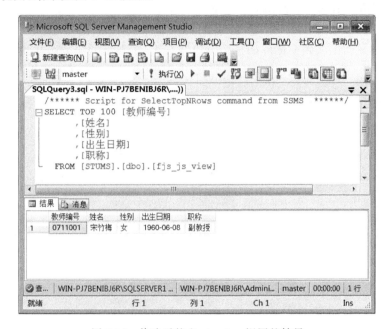

图 7-13　修改后的 fjs_js_view 视图的结果

10.4.2　重命名视图

重命名视图即更改视图名称,可使用两种方法对视图重命名。下面分别加以介绍。

1. 使用 SSMS 重命名视图

操作过程如下:

(1) 启动 SSMS,在"对象资源管理器"窗口中依次展开"数据库→STUMS→视图"节点,右击需要重命名的视图对象,从弹出的快捷菜单中选择"重命名"命令。

(2) 输入视图的新名称并确认即可。

2. 使用 sp_rename 系统存储过程重命名视图

使用 sp_rename 重命名视图的语法格式如下:

```
EXEC sp_rename 'object_name', 'new_name'
```

参数说明如下:

- object_name:视图当前名称。
- new_name:指定对象的新名称。

【例 10.11】　利用 sp_rename 系统存储过程将视图 fjs_js_view 重命名为 FJS_NEW。
代码如下：

```
EXEC sp_rename 'fjs_js_view','FJS_NEW'
```

在查询编辑器中输入并执行上述代码，fjs_js_view 视图名称便被改为了 FJS_NEW。

10.4.3　删除视图

视图的删除方法有两种：使用 SSMS 删除或使用 DROP 语句删除。

1. 使用 SSMS 删除视图

在 SSMS 的界面中找到要删除的视图对象并右击，在弹出的快捷菜单中选择"删除"命令，如图 7-14 所示，弹出"删除对象"窗口，如图 7-15 所示，从中单击【确定】按钮即可。

图 7-14　选择"删除"命令

2. 使用 DROP 语句删除视图

视图的删除与表的删除类似，也可以通过使用 DROP 语句来实现。
使用 DROP 语句删除视图的语法格式如下：

```
DROP VIEW view_name
```

【例 10.12】　使用 DROP 语句删除视图 xs_cj_view。
代码如下：

```
DROP VIEW xs_cj_view
```

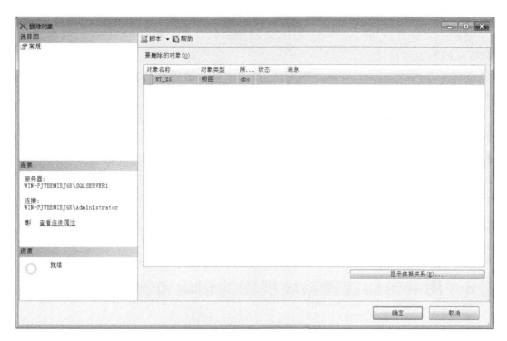

图 7-15 "删除对象"窗口

执行此语句后,xs_cj_view 视图的定义将从数据字典中删除。由 xs_cj_view 视图创建的 Nxs_cj_view 视图的定义虽然仍在数据字典中,但该视图已无法使用。

知识拓展:视图创建好后,如果创建此视图的基表被删除了,则该视图将失效,但一般不会被自动删除。一个视图被删除后,由该视图导出的其他视图也将失效,此时应该使用 DROP VIEW 语句将它们一一删除。

任务④对照练习

① 使用两种方法查看 xl_js_view 视图定义信息。

② 用 ALTER VIEW 语句修改 xl_js_view 视图,使该视图包含本科和研究生的教师信息。

③ 将视图 xl_js_view 重命名为 NEW_JS_VIEW。

④ 删除 STUMS 数据库中的 xs_nj_view 视图。

课后作业

1. 简述视图与基表的区别与联系。

2. 如何创建和使用视图?

3. 创建视图时,哪一个选项可加密语句文本?

4. 在 CREATE VIEW 命令中,哪个选项将强制所有通过视图更新的数据必须满足 SELECT 子句中指定的条件?

5. 查看视图的定义信息时应使用哪一个系统存储过程?

6. 重命名视图应使用哪一个系统存储过程?

7. 可用什么语句删除视图? 如果创建某视图的基表被删除了,那么该视图也会一起被删除?

8. 写出 T-SQL 语句,对 STUMS 数据库进行如下操作:

① 创建一个名为 cj_bk_view 的视图,该视图中包含不及格学生的学号、姓名、课程名、成绩和所在的班级名信息。

② 创建一个名为 js_rk_view 的视图,该视图中包含教师编号、姓名、课程名、学时、授课班级和学生数。

③ 创建一个名为 xs_07_view 的视图,该视图中只含有 07 系的学生基本信息。

④ 通过 cj_bk_view 视图查询补考的学生信息。

⑤ 通过 xs_07_view 视图进行插入、修改和删除操作,数据由自己拟定。

⑥ 使用系统存储过程 sp_depends 查看 xs_07_view 视图的相关性信息。

⑦ 使用 ALTER VIEW 语句修改视图,使 cj_bk_view 为加密视图。

⑧ 将 xs_07_view 视图重命名为 new_view。

⑨ 删除 cj_bk_view 视图。

实训 8　图书借阅管理系统视图的创建和管理

1. 实训目的

(1) 掌握使用 SSMS 创建视图的方法。

(2) 掌握创建视图的 SQL 语句的用法。

(3) 掌握应用视图进行数据查询和数据更新的方法。

(4) 掌握查看视图的系统存储过程的用法。

(5) 掌握修改视图的方法。

(6) 掌握视图更名和删除视图的方法。

2. 实训知识准备

(1) 创建视图的两种方法。

(2) 应用视图查询数据和更新数据的知识。

(3) 查看视图信息和修改视图方面的知识。

(4) 视图重命名的系统存储过程的用法。

(5) 删除视图的 T-SQL 语句的用法。

3. 实训要求

(1) 若某一实训内容项目可以由多种方法完成,则每一种方法都要操练一遍。

(2) 验收实训结果,提交实训报告。

4. 实训内容

1) 创建视图

① 使用 SSMS 创建视图。

• 在 TSJYMS 数据库中创建一个名为"V_轮机工程系"的读者信息视图。

• 在 TSJYMS 数据库中创建一个名为"V_图书库存量"视图,该视图包含图书编号、图书名称、ISBN 及库存数等数据信息。

② 使用 T-SQL 语句创建视图。

• 在 TSJYMS 数据库中创建一个名为"V_读者借书信息"视图,该视图中包含借书证号、姓名、图书名称、借书日期和工作单位等数据信息。

- 在 TSJYMS 数据库中创建一个反映图书借出量的视图 V_NUM，该视图中包含图书编号和借出量等数据内容。提示：本视图是一个带表达式的视图，借出量是通过计算得到的，借出量＝复本数－库存数。

2）使用视图

① 查询以上所建的视图结果。

② 通过"V_轮机工程系"视图，新增加一个读者记录（'16406248'，'李柯'，'男'，'1988-10-15'，0，'轮机工程系'，'85860918'，'like@yahoo.cn'），并查询结果。

③ 修改"V_图书库存量"视图中的数据，将书名"C++程序设计"改为"VC程序设计"，并查询结果。

④ 删除"V_轮机工程系"视图中姓名为"顾一帆"的信息，并查询结果。

3）查看并修改视图定义信息

① 使用 SSMS 查看并修改视图。

在 SSMS 中查看并修改"V_图书库存量"视图，在该视图中增加一列作者信息。

② 使用 T-SQL 语句修改视图。

查看并修改"V_轮机工程系"视图，使修改后的视图中包含轮机工程系和航海系两个系的读者信息。

4）更改视图名称和删除视图

① 将"V_轮机工程系"视图的名称改为"V_轮机_航海系"。

② 使用 SSMS 删除"V_图书库存量"视图。

③ 使用 T-SQL 语句删除"V_轮机_航海系"视图。

第8章

存储过程的应用

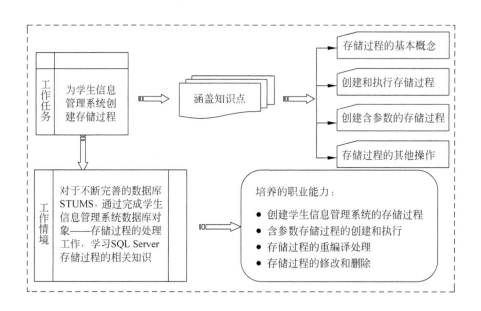

第11课　为学生信息管理系统创建存储过程

11.1　存储过程概述

课堂任务①　学习存储过程的基本概念，了解使用存储过程的优点及存储过程的类型。

11.1.1　什么是存储过程

在SQL Server中，对于T-SQL语言编写的程序，可用两种方法存储和执行。一种方法是在查询编辑器中将程序以.sql的文本类型保存在本地，创建向SQL Server发送命令并处理结果的应用程序。另一种方法是把T-SQL语句编写的程序作为数据库的对象存储在SQL Server中，即创建存储过程，通过EXECUTE命令执行存储过程并获得处理结果。大多数程序员偏向使用后者。

存储过程是一组预编译的SQL语句。通常是把实现某个特定任务的一组预编译的SQL语句创建一个存储过程，以一个存储单元的形式存储在服务器上，供客户端用户与应用程序反复调用,提高程序的利用效率。

存储过程可以实现多种功能,既可以查询表中的数据,也可以向表中添加、修改和删除记录,还可以实现复杂的数据处理。

存储过程可以包含变量声明语句、流程控制语句、数据定义语句(DDL)、数据操纵语句(DML)等基本语法要素。存储过程允许在调用时传递输入参数,并向调用过程或批处理返回数据值、处理结果数据集、状态值等多种形式的输出参数。

11.1.2 为什么要使用存储过程

在 SQL Server 中,使用存储过程和在客户端计算机本地使用 T-SQL 相比较有许多优点。

1. 存储过程允许模块化程序设计

存储过程是为完成特定功能而编写的程序段,允许按照模块化的设计模式编码,并封装成独立的执行模块。存储过程一旦创建,即可在程序中调用任意多次,实现应用程序统一访问数据库。存储过程可由在数据库编程方面有专长的人员来创建。存储过程可独立于程序源代码单独修改,这样可以改进应用程序的可维护性。

2. 存储过程可提高程序执行速度

如果某操作需要大量的 T-SQL 代码或需要重复执行,则存储过程比 T-SQL 批处理的执行要快。因为存储过程已在服务器注册,并将编译好的代码保存在高速缓存中,以便于以后调用,在运行时不需要再对存储过程进行编译,系统只需从高速缓存中调用已编译好的代码运行即可,这样可以提高程序的执行速度。

3. 存储过程能够减少网络流量

对于一个需要数百行 T-SQL 代码的操作,当将这些代码创建存储过程之后,用户就可以通过一条执行存储过程的单独语句来实现,而不需要在网络中发送数百行代码,从而有效地减少了网络流量,改善了网络传输性能,提高了应用程序的执行效率。

4. 存储过程可作为安全机制

在 SQL Server 2008 中,可将 GRANT、DENY 和 REVOKE 权限应用于系统存储过程。通过编程方式能够合理地控制用户对数据库信息的访问权限,只授予用户执行存储过程的权限,不授予用户对存储过程中所引用的数据表具有权限,这在某种程度上确保了数据库的安全。存储过程可作为安全机制使用,以增强系统的安全性。

11.1.3 存储过程的类别

在 SQL Server 中有多种可用的存储过程。下面对每种存储过程进行简要介绍。

1. 系统存储过程

SQL Server 中的许多管理活动都是通过一种特殊的存储过程执行的,这种存储过程被称为系统存储过程。系统存储过程存储在 master 和 msdb 系统数据库中,并以 sp_为前缀,主要用来从系统表中获取信息,为系统管理员管理 SQL Server 提供帮助,为用户查看数据库提供方便。例如,前面已经使用过的 sp_help、sp_rename 等就是系统存储过程。

系统存储过程可作为命令供用户在任何数据库中执行,实现一些比较复杂的操作。SQL Server 2008 提供了很多系统存储过程。在 SQL Server 2008 联机丛书中给出了所有系统存储过程的使用文档。

2. 扩展存储过程

扩展存储过程是指用户使用某种外部程序语言(例如 C 语言等)编写的存储过程,是可以在 Microsoft SQL Server 实例中动态加载和运行的 DLL。使用时,需要先加载到 SQL Server 系统中,且只能存储在 master 数据库中,其执行与一般的存储过程完全相同。

扩展存储过程以 xp_开头,用来调用操作系统提供的功能。例如,xp_sendmail 向指定的收件人发送邮件和查询结果集附件。xp_startmail 启动 SQL 邮件客户端会话。xp_cmdshell 以操作系统命令行解释器的方式执行给定的命令字符串,并以文本行方式返回任何输出。在扩展存储过程编写完成后,固定服务器角色 sysadmin 的成员可以使用 SQL Server 实例来注册该扩展存储过程,然后授予其他用户执行该过程的权限。

说明:后续版本的 Microsoft SQL Server 不支持这种方案,而改用 CLR 集成。

3. 用户定义的存储过程

用户定义的存储过程是主要的存储过程类型,是由用户创建并能完成某一特定功能(如查询用户所需的数据信息)的存储过程,是封装了可重用代码的 SQL 语句模块。这种存储过程可完成用户指定的数据库操作,存储在当前数据库中。

用户定义的存储过程可以接收输入参数、向客户端返回表格或标量结果和消息、调用数据定义语言(DDL)和数据操作语言(DML)语句,然后返回输出参数。在 SQL Server 2008 中,用户定义的存储过程有 T-SQL 和 CLR 两种类型。

- T-SQL 存储过程是指保存的 T-SQL 语句集合,可以接收和返回用户提供的参数。T-SQL 存储过程在 SQL Server 中多用于数据库业务逻辑的处理。
- CLR 存储过程是指对 Microsoft. NET Framework 公共语言运行时(CLR)方法的引用,可以接收和返回用户提供的参数。它们在 . NET Framework 程序集中是作为类的公共静态方法实现的。CLR 存储过程多用于实现基于数据的数值计算、Web 电子商务。

本课只介绍用户定义的 T-SQL 存储过程及使用。

任务①对照练习

① 启动 SSMS,查看本服务器上拥有的存储过程类型。

② 扩展存储过程是否是用户创建的? 是否可以加载到用户数据库?

11.2　创建和执行存储过程

> **课堂任务②**　学会使用 SSMS 和 T-SQL 语句两种不同的方法为 STUMS 数据库创建存储过程。

在 SQL Server 2008 中,可以使用 SSMS 创建存储过程,也可以使用 T-SQL 的 CREATE PROCEDURE 语句创建存储过程。

11.2.1 存储过程的创建

1. 使用 SSMS 创建存储过程

【例 11.1】 在 STUMS 数据库中创建一个名称为 teacher_proc1 的存储过程,该存储过程的功能是从"教师"表中查询所有女教师的信息。

使用 SSMS 创建 teacher_proc1 存储过程的步骤如下。

(1) 启动 SSMS,在 SSMS 的"对象资源管理器"窗口中依次展开"数据库→STUMS→可编程性"节点,右击"存储过程"图标,在弹出的快捷菜单中选择"新建存储过程"命令,打开存储过程模板编辑器,模板编辑器中包含存储过程的框架代码,如图 8-1 所示。

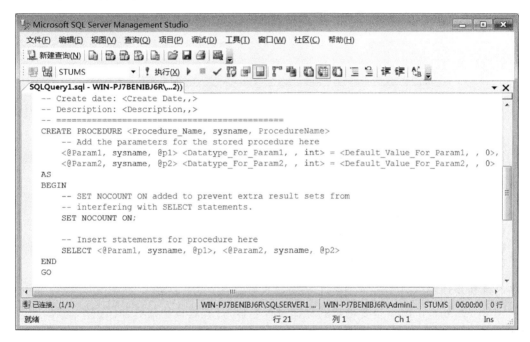

图 8-1 存储过程的模板编辑器

(2) 修改存储过程的框架代码。首先输入存储过程名,即用过程名 teacher_proc1 替换 CREATE PROCEDURE 语句中的<Procedure_Name, sysname, ProcedureName>,然后删除参数定义语句(本例不带参数),最后改写 BEGIN 与 END 之间的语句,根据题意替换成如下语句:

```
SELECT *
FROM 教师
WHERE 性别 = '女'
```

(3) 修改完毕后,单击【分析】按钮,进行语法检查。

(4) 如果没有任何语法错误,单击【执行】按钮,将存储过程保存到 STUMS 数据库中。

刷新并展开 STUMS 数据库中的"存储过程"图标,就可看到刚创建的 teacher_proc1 存储过程,如图 8-2 所示。

图 8-2　创建的存储过程 teacher_proc1

2. 使用 CREATE PROCEDURE 语句创建存储过程

用户可以在查询编辑器中使用 CREATE PROC[EDURE]语句来创建存储过程。不带参数的 CREATE PROC[EDURE]语句的基本语法如下：

```
CREATE PROC[EDURE] procedure_name
[WITH {ENCRYPTION|RECOMPILE}]
AS
[BEGIN] sql_statement[,...n ][END][;]
```

各参数说明如下。

- procedure_name：是要创建的存储过程名称，过程名称必须符合标识符规则，且对于数据库及其所有者必须唯一。
- ENCRYPTION：指示 SQL Server 将 CREATE PROCEDURE 语句的原始文本加密。
- RECOMPILE：指示数据库引擎不缓存该过程的计划，该过程在运行时编译。
- AS：定义存储过程要执行的操作。
- sql_statement：存储过程所要完成操作的任意数目和类型的 T-SQL 语句。

【例 11.2】　在 STUMS 数据库中创建查询学生成绩的存储过程 xs_cj_proc。

代码如下：

```
USE STUMS
GO
CREATE PROC xs_cj_proc AS
SELECT 学生基本信息.学号,姓名,课程名,成绩
FROM 学生基本信息 JOIN 选课 ON 学生基本信息.学号 = 选课.学号
JOIN 课程 ON 选课.课程号 = 课程.课程号
GO
```

在查询编辑器中输入上述代码并执行后,即可创建 xs_cj_proc 存储过程。刷新并展开 STUMS 数据库中的"存储过程"图标,就可看到用命令创建的 xs_cj_proc 存储过程,如图 8-3 所示。

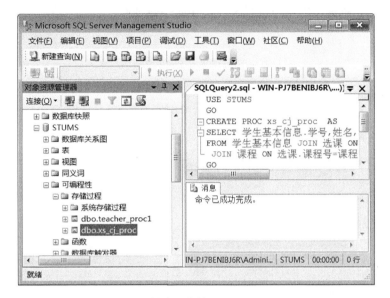

图 8-3　创建的存储过程 xs_cj_proc

11.2.2　存储过程的执行

存储过程创建成功后,用户可以执行存储过程来检查其返回的结果。在 SQL Server 2008 中,可以使用 EXECUTE 命令或 SSMS 来执行存储过程。

1. 使用 EXECUTE 命令执行存储过程

EXECUTE 命令用来调用一个已有的存储过程,其语法格式如下:

```
[[EXEC[UTE]]
{
  [@return_status = ]
    {procedure_name[;number]|@procedure_name_var
    }
    [[@parameter = ]{value|@variable[OUTPUT]|[DEFAULT]]
    [ ,...n]
  WITH RECOMPILE]
```

各参数说明如下。

- return_status:一个可选的整型变量,保存存储过程的返回状态。
- procedure_name:调用的存储过程的名称。
- procedure_name_var:局部定义的变量名,代表存储过程名称。
- @parameter:过程参数,在 CREATE PROCEDURE 语句中定义。
- value:过程中参数的值。
- @variable 是用来保存参数或者返回参数的变量。

- OUTPUT：指定存储过程必须返回一个参数。
- DEFAULT：根据过程的定义，提供参数的默认值。
- WITH RECOMPILE：强制重新编译存储过程。

【例 11.3】 在查询编辑器中执行 xs_cj_proc 存储过程。

代码如下：

```
USE STUMS
GO
EXEC xs_cj_proc
GO
```

执行的结果如图 8-4 所示。

图 8-4 执行 xs_cj_proc 存储过程的结果

说明：

- EXECUTE 可缩写为 EXEC。
- 如果执行的存储过程语句是批处理中的第一条语句，则 EXECUTE 关键字可以省略。

2. 使用 SSMS 执行存储过程

使用 SSMS 执行存储过程的操作步骤如下：

（1）在 SSMS 的"对象资源管理器"窗口中依次展开"数据库→STUMS→可编程性→存储过程"节点，右击需要执行的存储过程，如右击 teacher_proc1，在弹出的快捷菜单中选择"执行存储过程"命令，如图 8-5 所示。

（2）在弹出的"执行过程"对话框中单击【确定】按钮即可。

创建存储过程应注意如下事项：

- 存储过程没有预定义的最大大小。
- 不能将 CREATE PROCEDURE 语句与其他 SQL 语句组合到单个批处理中。

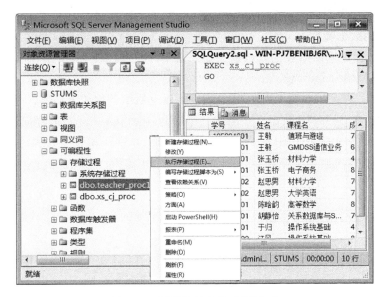

图 8-5 选择"执行存储过程"命令

- 只能在当前数据库中创建用户定义的存储过程。
- 存储过程是数据库对象,其名称必须遵守标识符规则。

任务②对照练习

① 使用 SSMS 在 STUMS 数据库中创建一个名称为 nt_ns_proc1 的存储过程,该存储过程的功能是从"学生基本信息"表中查询"南通"籍的男生信息。

② 使用 CREATE PROCEDURE 语句在 STUMS 数据库中创建一个名称为 js_xl_proc2 的存储过程,该存储过程的功能是将"教师"表中的"本科"改为"大学"。

③ 使用 EXECUTE 命令执行所创建的存储过程。

11.3 创建和执行带参数的存储过程

课堂任务③ 学习带参数存储过程的创建和执行的方法。

带参数的存储过程是指存储过程通过其参数实现与调用程序之间数据值的传递。使用输入参数,可以将调用程序的信息传到存储过程;使用输出参数,可以将存储过程内的信息传到调用程序。

11.3.1 创建并执行带输入参数的存储过程

创建带参数的存储过程的语法如下:

```
CREATE PROC[EDURE]procedure_name:
@parameter_name data_type[ = default] [OUTPUT],
AS sql_statement[...n]
```

各参数说明如下。

- @parameter_name:指明存储过程的输入参数名称,必须以@符号为前缀。

- data_type：指明输入参数的数据类型，可以是系统提供的数据类型，也可以是用户自定义的数据类型。
- default：指定输入参数的默认值。如果在执行存储过程时，调用程序未提供该参数的值，则使用 default 值。
- [OUTPUT]：指定输出参数，其参数值可以返回给调用的 EXECUTE 的语句。

【例 11.4】　在 STUMS 数据库中创建一个名为 xibu_info_proc 的存储过程，它带有一个输入参数，用于接收系部代码，显示该系的系部名称、系主任和联系电话。

代码如下：

```
USE STUMS
GO
CREATE PROCEDURE xibu_info_proc
@xbdm CHAR(2)
AS
SELECT 系部名称,系主任,联系电话
FROM 系部
WHERE 系部代码 = @xbdm
GO
```

在查询编辑器中输入并执行上述代码，即可在 STUMS 数据库中创建 xibu_info_proc 存储过程。

【例 11.5】　执行 xibu_info_proc 存储过程，查询系部代码为 03 的系部信息。

代码如下：

```
EXEC xibu_info_proc '03'
```

执行结果如图 8-6 所示。

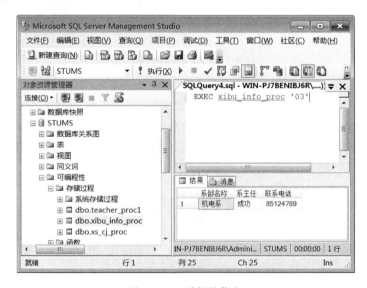

图 8-6　03 系部的信息

【例 11.6】　执行 xibu_info_proc 存储过程，查询系部代码为 07 的系部信息。

代码如下：

```
EXEC xibu_info_proc '07'
GO
```

执行结果如图 8-7 所示。

图 8-7　07 系部的信息

知识拓展：通过使用参数，可以多次使用同一存储过程并按指定要求操作数据库，扩展了存储过程的功能。

【**例 11.7**】　在 STUMS 数据库中创建一个名为 kc_ins_proc 的存储过程，执行该存储过程将完成向"课程"表中插入一数据行，新数据行的值由参数提供。

"课程"表的结构如图 8-8 所示，在存储过程中要声明 4 个输入参数，分别接收课程号、课程名、课程性质和学分。

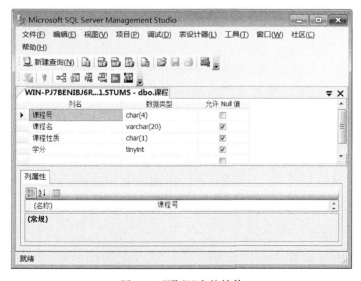

图 8-8　"课程"表的结构

代码如下：

```
USE STUMS
GO
CREATE PROCEDURE kc_ins_proc
@KCH char(4),
@KCM varchar(20),
@KCXZ char(1),
@XF tinyint
AS
INSERT 课程 VALUES(@KCH,@KCM, @KCXZ, @XF)
GO
```

在查询编辑器中输入并执行上述代码，即可创建 kc_ins_proc 存储过程。

【例 11.8】　执行 kc_ins_proc 存储过程，完成向课程表中插入一数据行（'0303'，'VB 程序设计'，'A',5）。

代码如下：

```
EXEC KC_INS_PROC '0303','VB程序设计','A',5
GO
```

在查询编辑器中输入并执行上述代码后，"课程"表中就增加了一行新数据。

注意：当存储过程含有多个输入参数时，传递值的顺序必须与存储过程中定义的输入参数的顺序相一致。

11.3.2　创建并执行带通配符参数的存储过程

【例 11.9】　在 STUMS 数据库中创建一个名为 js_cx_proc 的存储过程，执行该存储过程，查询"教师"表中同姓的教师信息。

代码如下：

```
USE STUMS
GO
CREATE PROCEDURE js_cx_proc
@XM VARCHAR(8) = '%'
AS ─────────── 参数类型要定义为VARCHAR类型，否则得不到结果
SELECT *
FROM 教师
WHERE 姓名 LIKE @XM
GO
```

在查询编辑器中输入并执行上述代码，即可创建 js_cx_proc 存储过程。

【例 11.10】　执行 js_cx_proc 存储过程，查询所有姓王的教师信息。

代码如下：

```
EXEC js_cx_proc '王%'
```

执行结果如图 8-9 所示。

知识拓展：使用带有通配符参数的存储过程，可以实现模糊查询。

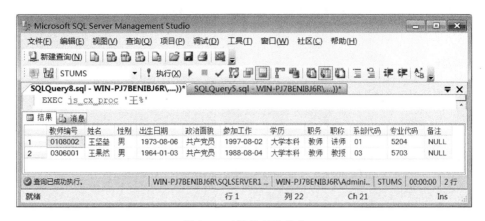

图 8-9 王姓教师的信息

11.3.3 创建并执行带输出参数的存储过程

【例 11.11】 在 STUMS 数据库中创建一个存储过程 tj_nopass_num,使用其统计未通过考试的学生人数。

代码如下:

```
USE STUMS
GO
CREATE PROCEDURE tj_nopass_num
@count int OUTPUT
AS
SELECT @count = COUNT( * )
FROM 选课
WHERE 成绩< 60
GO
```

在查询编辑器中输入并执行上述代码,即可创建 tj_nopass_num 存储过程。

【例 11.12】 执行 tj_nopass_num 存储过程,统计考试不及格的人数。

代码如下:

```
DECLARE @tj int / * 定义变量 * /
EXEC tj_nopass_num @tj OUTPUT
PRINT @tj / * 在屏幕上显示统计结果 * /
GO
```

执行结果如图 8-10 所示。

需要强调的是,执行带有输出参数的存储过程,需定义一个变量接收输出参数返回的值,而且在该变量后面也需要跟随 OUTPUT 关键字。

【例 11.13】 在 STUMS 数据库中创建一个存储过程 js_xl_tj_proc,其功能是从"教师"表中根据输入的学历名称统计出相应的人数。

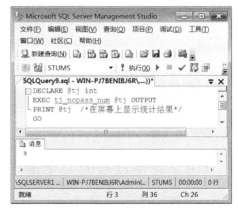

图 8-10 统计不及格人数

这是要创建带有一个输入参数和输出参数的存储过程。

代码如下：

```
USE STUMS
GO
CREATE PROCEDURE js_xl_tj_proc
@xl char(8),                    /* 定义输入参数 */
@rs int OUTPUT                  /* 定义输出参数 */
AS
BEGIN
    select @rs = count(*) from 教师 where 学历 = @xl
    GROUP BY 学历
END
GO
```

【例 11.14】 执行 js_xl_tj_proc 存储过程，统计"教师"表中"大学本科"的人数。

代码如下：

```
DECLARE @xl char(8),@rs int
SET @xl = '大学本科'
EXEC js_xl_tj_proc @xl, @rs OUTPUT
PRINT @xl + STR(@rs) + '人'
GO
```

执行结果如图 8-11 所示。

对于创建比较复杂的存储过程，建议按照如下的 4 个步骤创建：

（1）根据题意编写 T-SQL 语句。

（2）测试 T-SQL 语句，确认结果是否符合要求。

（3）若符合要求，则按照存储过程的语法创建其存储过程。

图 8-11　统计大学本科人数

（4）执行存储过程，以验证存储过程的正确性。

任务③对照练习

① 在 STUMS 数据库中创建一个名为 stu_xm_proc 的存储过程，能按指定的姓名查询学生的信息。

② 在 STUMS 数据库中创建带通配符参数的存储过程 stu_mh_proc，在"学生基本信息"表中按姓进行模糊查询。

③ 在 STUMS 数据库中创建一个带有输出参数的存储过程 tj_ns_num，统计"学生基本信息"表中的男生人数。

11.4　存储过程的其他操作

课堂任务④　学习存储过程重编译的方法，学习查看存储过程源代码，以及修改和删除存储过程等的相关知识。

11.4.1 重编译处理存储过程

1. 在创建存储过程时设定重编译

在创建存储过程时设定重编译的语法格式如下：

```
CREAT PROCEDURE procedure_name
WITH RECOMPLE                /* 设定该存储过程在运行时重编译 */
AS sql_statement
```

2. 在执行存储过程时设定重编译

在执行存储过程时设定重编译的语法格式如下：

```
EXECTUE procedure_name WITH RECOMPILE
```

3. 通过使用系统存储过程设定重编译

通过使用系统存储过程设定重编译的语法格式如下：

```
EXEC sp_recompile procedure_name
```

【例 11.15】 利用 sp_recompile 命令为存储过程 xs_cj_proc 设定重编译标记。

在查询编辑器中执行如下代码：

```
EXEC sp_recompile xs_cj_proc
```

运行后提示：已成功地标记对象 'xs_cj_proc'，以便对它重新进行编译。

11.4.2 查看存储过程源代码

对于创建好的存储过程，可以通过 SSMS 查看其源代码，也可以通过 SQL Server 提供的系统存储过程查看其源代码。

1. 通过 SSMS 查看存储过程的源代码

通过 SSMS 查看创建的 xs_cj_proc 存储过程源代码的操作步骤如下：

（1）在 SSMS 的"对象资源管理器"窗口中依次展开"数据库→STUMS→可编程性→存储过程"节点，右击 xs_cj_proc 对象，在弹出的快捷菜单中选择"编写存储过程脚本为→CREATE→新查询编辑器窗口"命令，如图 8-12 所示。

（2）系统打开查询编辑器，查询编辑器中包含着 xs_cj_proc 存储过程的源代码，如图 8-13 所示，用户可直接查看。

2. 使用系统存储过程 SP_helptext 查看存储过程源代码

使用 sp_helptext 查看存储过程源代码的语法如下：

```
EXEC sp_helptext procedure_name
```

其中，procedure_name 为用户需要查看的存储过程名称。

【例 11.16】 利用 sp_ helptext 存储过程查看源代码。

代码如下：

```
EXEC sp_ helptext kc_ins_proc
```

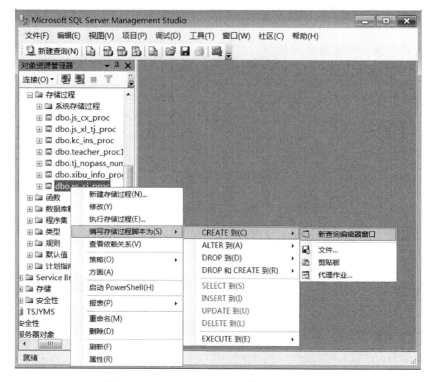

图 8-12　查看 xs_cj_proc 存储过程命令选择

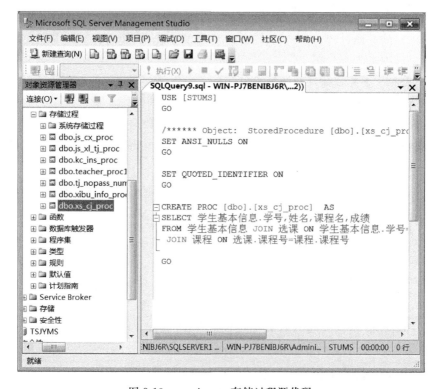

图 8-13　xs_cj_proc 存储过程源代码

运行结果如图 8-14 所示。

如果在创建存储过程时使用了 WITH ENCRYPTION 选项对其进行了加密，那么无论是使用 SSMS 还是系统存储过程 sp_ helptext，都无法看到存储过程的源代码。

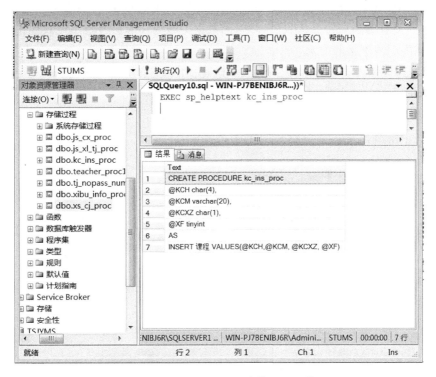

图 8-14　查看 kc_ins_proc 存储过程源代码

除此之外，SQL Server 2008 还提供了多个系统存储过程来查看存储过程的不同信息。

（1）使用 sp_help 查看存储过程的参数、类型等一般信息。其语法格式如下：

sp_help procedure_name

（2）使用 sp_depends 查看存储过程的依赖关系及列引用等相关性信息。其语法格式如下：

sp_depends procedure_name

（3）使用 sp_stored_procedures 查看当前数据库中的存储过程列表。其语法格式如下：

sp_stored_procedures [[@sp_name =]'name']
[,[@sp_owner =]'schema']
[,[@sp_qualifier =]'qualifier']
[,[@fUsePattern =]'fUsePattern']

参数说明如下。
- [@sp_name＝]'name'：用于返回目录信息的过程名。
- [@sp_owner＝]'schema'：该过程所属架构的名称。

- [@qualifier=]'qualifier'：过程限定符的名称。在 SQL Server 中，qualifier 表示数据库名称。在某些产品中，它表示表所在数据库环境的服务器名称。默认值为 NULL。
- [@fUsePattern=]'fUsePattern'：确定是否将下画线（_）、百分号（%）或方括号（[ ]）解释为通配符。fUsePattern 的数据类型为 bit(0 为禁用模式匹配，1 为启用模式匹配)，默认值为 1。

【例 11.17】　使用 sp_help、sp_depends 和 sp_stored_procedures 查看 xs_cj_proc 存储过程的相关信息。

代码如下：

```
EXEC sp_ help xs_cj_proc
EXEC sp_depends xs_cj_proc
EXEC sp_stored_procedures xs_cj_proc
```

运行结果如图 8-15 所示。

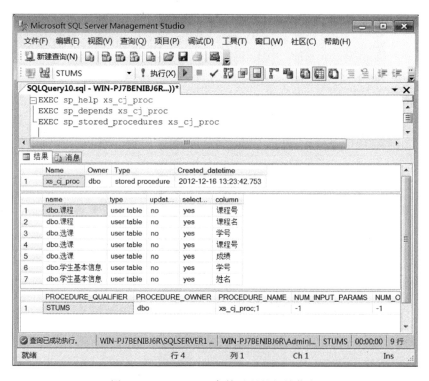

图 8-15　xs_cj_proc 存储过程的相关信息

11.4.3　修改存储过程

当存储过程所依赖的基表发生变化或者有需要时，用户可以对存储过程的定义或者参数进行修改。

1. 使用 ALTER PROCEDURE 语句修改存储过程

修改存储过程可以使用 ALTER PROCEDURE 语句，其语法格式如下：

```
ALTER PROC[EDURE]procedure_name
[{@parameter data_type} = default][OUTPUT]][,…n]
[WITH {RECOMPILE|ENCRYPTION}]
AS
sql_statement [,…n]
```

其中,procedure_name 为要修改的存储过程名称。其余各参数的意义与创建存储过程命令中的参数意义相同。

【例 11.18】 修改存储过程 xs_cj_proc,查询成绩不及格的学生的学号、姓名、课程名和成绩。

代码如下:

```
USE STUMS
GO
ALTER PROC xs_cj_proc AS
SELECT 学生基本信息.学号,姓名,课程名,成绩
FROM 学生基本信息 JOIN 选课 ON 学生基本信息.学号 = 选课.学号
JOIN 课程 ON 选课.课程号 = 课程.课程号
WHERE 成绩< 60
GO
```

在查询编辑器中执行上述代码,即可修改 xs_cj_proc 存储过程。

2. 利用 SSMS 修改存储过程

利用 SSMS 修改存储过程的操作步骤如下:

(1) 在 SSMS 的"对象资源管理器"窗口中依次展开"数据库→STUMS→可编程性→存储过程"节点,右击需修改的存储过程,如右击 xs_cj_proc 对象,在弹出的快捷菜单中选择"修改"命令,打开编辑器窗口。

(2) 窗口中显示 ALTER PROCEDURE 命令和待修改的存储过程源代码,用户可对其进行修改。

(3) 修改完毕后,单击【执行】按钮,完成修改。

知识拓展:使用 SSMS 修改存储过程,可以事半功倍。

11.4.4 删除存储过程

当存储过程不再需要时,可以使用 SSMS 或 DROP PROCEDURE 语句将其删除。

1. 使用 SSMS 删除存储过程

在 SSMS 的"对象资源管理器"窗口中右击要删除的存储过程,从弹出的快捷菜单中选择"删除"命令,将弹出"删除对象"窗口,在该窗口中,单击【确定】按钮,删除该存储过程。

2. 使用 DROP PROCEDURE 语句删除存储过程

使用 DROP PROCEDURE 语句可以一次从当前数据库中将一个或多个存储过程删除,其语法格式如下:

```
DROP PROCEDURE 存储过程名[,…n]
```

【例 11.19】 删除存储过程 xs_cj_proc、tj_nopass_num、js_xl_tj_proc。

代码如下：

```
DROP PROCEDURE xs_cj_proc, tj_nopass_num, js_xl_tj_proc
```

在查询编辑器中执行上述代码，即可删除 xs_cj_proc、tj_nopass_num 和 js_xl_tj_proc 这 3 个存储过程。

任务④对照练习

① 使用 sp_recompile 为 STUMS 数据库中的 stu_xm_proc 设定重新编译。

② 使用 sp_help、sp_helptext、sp_dependst 和 sp_stored_procedures 查看 stu_mh_proc 存储过程的相关信息。

③ 修改 stu_xm_proc 存储过程，使其能按指定的班号查询学生的信息。

④ 使用 DROP 命令删除存储过程 tj_ns_proc。

课后作业

1. 什么是存储过程？使用存储过程有哪些优点？

2. 简述存储过程的分类与特点。

3. 请分别写出用 SSMS 和 T-SQL 语句命令创建存储过程的主要步骤。

4. 创建存储过程时，哪一个选项可加密语句文本？哪一个选项可设置输入参数？

5. 执行含有参数的存储过程应注意什么？

6. 查看存储过程的定义信息，应使用哪一个系统存储过程？查看存储过程的相关性信息，应使用哪一个系统存储过程？

7. 应使用什么语句修改存储过程？应使用什么语句删除存储过程？

8. 写出 T-SQL 语句，对 STUMS 数据库进行如下操作：

① 创建一个名为 xs_bk_proc 的存储过程，完成不及格学生的学号、姓名、课程名、成绩和班号信息的查询。

② 在 STUMS 数据库中，基于"班级"表创建一个名为 bj_info_proc 的存储过程，根据班号查询班主任、班长和教室位置信息。

③ 创建一个名为 xs_tj_proc 的存储过程，实现按性别统计学生数。

④ 调用上述 xs_tj_proc 存储过程，统计女生人数。

⑤ 创建一个名为 xk_ins_proc 的存储过程，用于向"选课"表中插入记录。

⑥ 创建一个名为 xk_cj_proc 的存储过程，根据课程号更新"选课"表中的对应成绩，令成绩等于 0。

⑦ 使用系统存储过程查看 xk_cj_proc 的定义信息、一般信息和相关性信息。

⑧ 使用 ALTER PROCEDURE 命令修改 xs_tj_proc 存储过程，实现按系部统计学生数。

⑨ 将存储过程 xs_tj_proc 重命名为 xs_xibu_proc。

⑩ 删除 xk_ins_proc、xk_cj_proc 存储过程。

实训9 图书借阅管理系统存储过程的创建和管理

1. 实训目的

(1) 掌握创建存储过程的两种方法。

(2) 掌握存储过程的调用方法。

(3) 掌握带参数的存储过程的创建和调用的方法。

(4) 掌握存储过程重编译的方法。

(5) 掌握查看存储过程信息的方法。

(6) 掌握修改和删除存储过程的方法。

2. 实训知识准备

(1) 存储过程的定义方法。

(2) 存储过程的调用方法。

(3) 带参数的存储过程的创建和调用方法。

(4) 存储过程的重编译。

(5) 查看存储过程信息的系统存储过程的用法。

(6) 修改、删除存储过程的 T-SQL 语句的用法。

3. 实训要求

(1) 若某一实训内容项目可以由多种方法完成,则每一种方法都要操练一遍。

(2) 验收实训结果,提交实训报告。

4. 实训内容

1) 创建存储过程

① 使用 SSMS 创建存储过程。

- 在 TSJYMS 数据库中创建一个查询图书库存量的存储过程 cx_tskcl_proc,输出的内容包含图书编号、图书名称、库存数等数据内容。

- 在 TSJYMS 数据库中创建一个 cx_dzxx_proc 存储过程,该存储过程能查询出所有借书的读者信息。

② 用 T-SQL 语句创建存储过程。

- 在 TSJYMS 数据库中创建一个名为 ins_tsrk_proc 的存储过程,该存储过程用于图书入库时插入图书编号、ISBN、入库时间和入库数数据。

- 在 TSJYMS 数据库中创建一个名为 ts_cx_proc 的存储过程,它带有一个输入参数,用于接收图书编号,显示该图书的名称、作者、出版和复本数。

2) 存储过程的调用

① 执行 cx_tskcl_proc 存储过程,了解图书库存的信息。

② 执行 cx_dzxx_proc 存储过程,了解读者借书的情况。

③ 通过 ins_tsrk_proc 存储过程新增一入库图书('07310001','978-750-804-0110',getdate(),10),并查询结果。

④ 执行 ts_cx_proc 存储过程,分别查询 07829702、07111717、07410810 等书号的图书信息。

3）存储过程的重编译

① 利用 sp_recompile 命令为存储过程 cx_tskcl_proc 设定重编译标记。

② 在执行 cx_dzxx_proc 存储过程时设定重编译。

4）查看存储过程

① 通过使用 SSMS 查看 cx_dzxx_proc 存储过程的源代码。

② 使用 sp_help、sp_depends、sp_helptext 和 sp_stored_procedures 查看 ins_tsrk_proc 存储过程。

5）修改存储过程

① 修改 ts_cx_proc 存储过程，使之能按图书名称查询图书的相关信息。

② 执行修改后的 ts_cx_proc 存储过程，分别查询"航海英语"、"艺海潮音"等图书的信息。

6）删除存储过程

① 使用 SSMS 删除 ins_tsrk_proc 存储过程。

② 使用 T-SQL 语句删除 cx_tskcl_proc 和 cx_dzxx_proc 存储过程。

第9章
触发器的应用

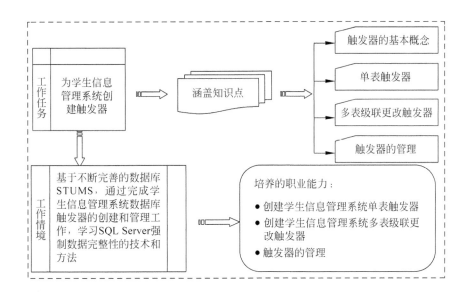

第12课　学生信息管理系统触发器的创建与管理

12.1　触发器概述

课堂任务① 学习触发器的基本概念、触发器的优点及触发器的类型。

12.1.1　触发器的概念

SQL Server 提供了约束和触发器两种主要机制,来强制业务规则和数据完整性。触发器是数据库对象,就本质而言,也是一种特殊类型的存储过程。触发器由 T-SQL 语句组成,可以完成存储过程能完成的功能。触发器与表紧密相连,可以看做表定义的一部分,主要用于维护表中数据的正确性和多表之间数据的一致性。当使用 UPDATE、INSERT 和 DELETE 命令在触发器所维护的数据表中进行操作时,触发器就会被触发,自动执行所定义的 T-SQL 语句,用来防止对表或视图及它们所包含的数据进行不正确的或不一致的操作,确保对数据的处理必须符合由这些 T-SQL 语句所定义的规则。

触发器与存储过程不同的是,触发器在数据库上执行并附着在对应的数据表或视图上,当表或视图中的数据发生变化时自动生效。用户不能像执行存储过程那样,通过使用触发器的名称来调用或执行它。触发器也不能传递或接收参数。触发器的主要作用就是能够实现由主键和外键所不能保证的复杂的参照完整性和数据的一致性,实现约束或默认值所不能保证的复杂的数据完整性。

12.1.2 触发器的优点

触发器包含复杂的处理逻辑,能够实现复杂的完整性约束。使用触发器有以下优点:

- 触发器是自动执行的。当对触发器所维护的表的数据进行了任何修改,比如手工输入或者通过应用程序操作之后,触发器立即被激活。
- 触发器能够对数据库中的相关表实现级联更改。触发器是基于一个表创建的,但是可以针对多个表进行操作,实现数据库中相关表的级联更改。例如,可以在"学生基本信息"表的"学号"字段上创建一个插入触发器,当在"学生基本信息"表上插入数据时,"选课"表的"学号"字段上会自动插入相同的学号,使"学生基本信息"表和"选课"表联动,确保两表学号的一致性。
- 触发器可以强制限制,这些限制比用 CHECK 约束所定义的更复杂。与 CHECK 约束不同,触发器可以引用其他表中的列。
- 触发器也可以评估数据修改前后的表状态,并根据其差异采取对策。

12.1.3 触发器的分类

SQL Server 包括 3 种常规类型的触发器:DDL 触发器、DML 触发器和登录触发器。

1. DDL 触发器

当服务器或数据库中发生数据定义语言(DDL)事件时将调用 DDL 触发器。引发 DDL 触发器的事件主要包括 CREATE、ALTER、DROP 和其他 DDL 语句,以及执行 DDL 式操作的存储过程。只有在完成 T-SQL 语句后,才运行 DDL 触发器。

DDL 触发器是 SQL Server 2008 新增的功能,一般用于在数据库中执行管理任务,如防止对数据库架构进行某些更改、希望数据库中发生某种情况以响应数据库架构中的更改、记录数据库架构中的更改或事件等,并强制影响数据库的业务规则。

2. DML 触发器

当数据库中发生数据操作语言(DML)事件时将调用 DML 触发器。DML 事件包括在指定表或视图中修改数据的 INSERT、UPDATE 或 DELETE 等语句。DML 触发器用于在数据被修改时强制执行业务规则,以及扩展 SQL Server 约束、默认值和规则的完整性检查逻辑。

DML 触发器常用于以下方面:

- DML 触发器可通过数据库中的相关表实现级联更改。
- DML 触发器可以防止恶意或错误的 INSERT、UPDATE 及 DELETE 操作,并强制执行比 CHECK 约束定义的限制更为复杂的其他限制。
- DML 触发器可以评估数据修改前后表的状态,并根据该差异采取措施。

3. 登录触发器

登录触发器在登录的身份验证阶段完成之后且在用户会话实际建立之前激发。如果身份验证失败,将不激发登录触发器。

登录触发器可从任何数据库创建,在服务器级注册,并驻留在 master 数据库中。用户可以使用登录触发器来审核和控制服务器会话。

本课只讨论 DML 触发器的创建与管理。

12.1.4 DML 触发器的类型

DML 触发器有许多类型。若按触发器的触发操作分类,可将 DML 触发器分为 INSERT、UPDATE 和 DELETE 这 3 种类型的触发器。若按触发器被激活的时机分类,可将 DML 触发器分为 AFTER 和 INSTEAD OF 两种类型的触发器,此外还新增了 CLR 触发器。

1. AFTER 触发器

AFTER 触发器又称为后触发器,该类触发器在触发操作(INSERT、UPDATE 或 DELETE)后和处理完任何约束后激发。

此类触发器只能定义在表上,不能创建在视图上。可以为每个触发操作(INSERT, UPDATE 或 DELETE)创建多个 AFTER 触发器。如果表有多个 AFTER 触发器,可使用 sp_settriggerorder 定义哪个 AFTER 触发器最先激发,哪个最后激发。除第一个和最后一个触发器外,所有其他的 AFTER 触发器的激发顺序不确定,并且无法控制。

2. INSTEAD OF 触发器

INSTEAD OF 触发器又称为替代触发器,该类触发器代替触发动作进行激发,并在处理约束之前激发。

该类触发器既可定义在表上,也可定义在视图上。对于每个触发操作(UPDATE、DELETE 和 INSERT),每个表或视图只能定义一个 INSTEAD OF 触发器。

3. CLR 触发器

CLR 触发器可以是 AFTER 触发器或 NSTEAD OF 触发器。CLR 触发器还可以是 DDL 触发器。CLR 触发器将执行在托管代码(在. NET Framework 中创建并在 SQL Server 中上载的程序集的成员)中编写的方法,而不用执行 T-SQL 存储过程。

任务①对照练习 运行学生信息管理系统,修改"选课"表中的成绩,感受一下触发器的功效。"选课"表上创建了一个更新触发器,禁止更新成绩。

12.2 创建触发器

课堂任务② 学会使用两种不同的方法为 STUMS 数据库系统创建 DML 和 DDL 触发器。

在 SQL Server 中,可以使用 SSMS 创建触发器,也可以使用 T-SQL 的 CREATE TRIGGER 语句创建触发器。

12.2.1 创建基于单表的 DML 触发器

1. 使用 SSMS 创建 DML 触发器

【例 12.1】 在 STUMS 数据库的"教师"表上创建一个名为 js_insert_trigger 的触发器,当执行 INSERT 操作时,该触发器被触发,并提示"禁止插入记录!"。

使用 SSMS 创建 js_insert_trigger 触发器的操作步骤如下:

（1）启动 SSMS，在 SSMS 的"对象资源管理器"窗口中依次展开"数据库→STUMS→表→教师"节点，右击"触发器"图标，在弹出的快捷菜单中选择"新建触发器"命令，如图 9-1 所示。

图 9-1　选择"新建触发器"命令

（2）打开触发器模板编辑器，模板编辑器中包含触发器的框架代码，如图 9-2 所示。修改触发器的框架代码，根据题意替换成如下语句：

```
CREATE TRIGGER js_insert_trigger ON 教师
FOR INSERT
AS
BEGIN
    PRINT('禁止插入记录！')
    ROLLBACK TRANSACTION
END
GO
```

（3）修改完毕后，单击【分析】按钮，进行语法检查。

（4）如果没有任何语法错误，单击【执行】按钮，将在 STUMS 数据库的"教师"表上创建 js_insert_trigger 触发器。

当用户向"教师"表中插入数据行时将激发 js_insert_trigger 触发器，插入操作将失败。

如图 9-3 所示的就是使用 SSMS 向"教师"表中插入数据时激发了 js_insert_trigger 触发器，并提示"禁止插入记录！"等信息。

2. 使用 CREATE TRIGGER 语句创建 DML 触发器

用户可以在查询编辑器中使用 CREATE TRIGGER 语句来创建 DML 触发器。CREATE TRIGGER 语句的基本语法如下：

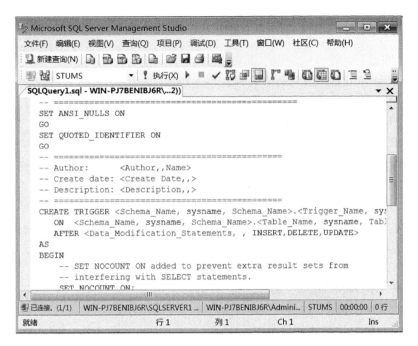

图 9-2 触发器模板编辑器中的框架代码

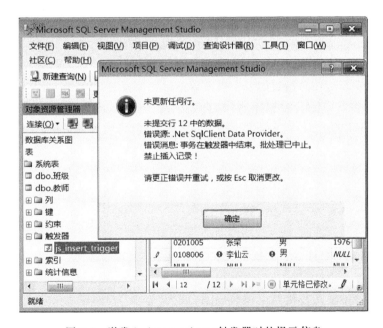

图 9-3 激发 js_insert_trigger 触发器时的提示信息

```
CREATE TRIGGER trigger_name ON {table|view}
{FOR|AFTER|INSTEAD OF}{[INSERT][,][UPDATE][,][DELETE]}
  [ WITH ENCRYPTION ]
AS
[{IF UPDATE(column)
[{AND|OR}UPDATE(column)][ ...n ]
```

```
}]
sql_statement
```

各参数说明如下。

- trigger_name：新建触发器的名称。
- table|view：执行触发器的表或视图，有时称为触发器表或触发器视图。
- AFTER：指定为后触发器类型，如果仅指定 FOR 关键字，则 AFTER 是默认设置。
- INSTEAD OF：指定为替代触发器类型。
- {[DELETE][,] [INSERT][,] [UPDATE]}：指定在表或视图上执行的触发操作，必须至少指定一个选项。在触发器定义中，允许使用以任意顺序组合的这些关键字。如果指定的选项多于一个，则须用逗号分隔这些选项。对于 INSTEAD OF 触发器，不允许在具有 ON DELETE 级联操作引用关系的表上使用 DELETE 选项。同样，也不允许在具有 ON UPDATE 级联操作引用关系的表上使用 UPDATE 选项。
- WITH ENCRYPTION：加密选项，对 syscomments 表中包含 CREATE TRIGGER 语句的文本加密。
- AS：引出触发器要执行的操作。
- IF UPDATE (column)：测试在指定的列上进行的 INSERT 或 UPDATE 操作，不能用于 DELETE 操作。可以指定多列，列名前可以不加表名。
- sql_statement：定义触发器被触发后将执行数据库的操作，它指定触发器执行的条件和操作，可以包含任意数量和种类的 T-SQL 语句。

1）INSERT 触发器的创建

INSERT 触发器能在向指定的表中插入数据时发出报警。

【例 12.2】 在 STUMS 数据库的"专业"表上创建一个名为 zy_insert_trigger 的触发器，当执行 INSERT 操作时，该触发器被触发，并提示"禁止插入记录！"。

代码如下：

```
USE STUMS
GO
CREATE TRIGGER zy_insert_trigger ON 专业
INSTEAD OF INSERT
AS
PRINT('禁止插入记录！')
GO
```

在查询编辑器中输入并执行上述代码后，就为"专业"表创建了一个 zy_insert_trigger 触发器。展开"专业"表并刷新"触发器"图标，就可看到用命令创建的 zy_insert_trigger 触发器，如图 9-4 所示。

当用户使用 INSERT 语句向"专业"表中插入数据行时，该触发器被激发，插入操作将失败，界面如图 9-5 所示。

说明：本例创建的是 INSTEAD OF 类型的触发器，zy_insert_trigger 被触发的同时取消了插入操作，因此不需要用事务回滚语句（ROLLBACK TRANSACTION）撤销插入的数据行。

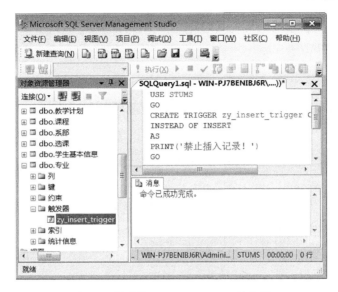

图 9-4 创建的 zy_insert_trigger 触发器

图 9-5 激发 zy_insert_trigger 触发器时界面

2) DELETE 触发器的创建

DELETE 触发器能在指定表中的数据被删除时发出报警。

【例 12.3】 在 STUMS 数据库的"教师"表上创建一个名为 js_delete_trigger 的触发器,当执行 DELETE 操作时,该触发器被触发,并提示"禁止删除数据!"。

代码如下:

```
USE STUMS
GO
CREATE TRIGGER js_delete_trigger ON 教师
FOR DELETE
AS
```

```
BEGIN
    PRINT('禁止删除数据！')
    ROLLBACK TRANSACTION
END
GO
```

在查询编辑器中输入并执行上述代码后，就在"教师"表上创建了一个 js_delete_trigger 触发器，如图 9-6 所示。

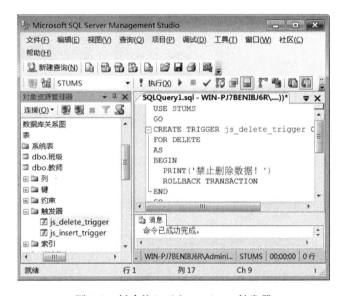

图 9-6　创建的 js_delete_trigger 触发器

当用户使用 DELETE 命令删除"教师"表中姓名为"乔红军"的数据行时，便激发了 js_delete_trigger 触发器，取消了 DELETE 操作，界面如图 9-7 所示。

图 9-7　激发 js_delete_trigger 触发器时的界面

说明：本例在定义触发器时指定的是 FOR 选项，AFTER 成了默认设置。js_delete_trigger 触发器只有在删除操作成功执行后才被激发，因此，需要用事务回滚语句(ROLLBACK TRANSACTION)撤销其删除操作。

3）UPDATE 触发器的创建

UPDATE 触发器能跟踪数据的变化，测试指定表中的某列数据，当数据被修改时发出报警。

【例 12.4】 在 STUMS 数据库的"教师"表上创建一个名为 js_update_trigger 的 DML 触发器，用以检查是否修改了"教师"表中"姓名"列的数据。若进行了修改，则该触发器被触发，并提示"不允许修改！"。

代码如下：

```
USE STUMS
GO
CREATE TRIGGER js_update_trigger ON 教师
FOR UPDATE
AS
BEGIN
  IF UPDATE(姓名)          /*检测是否修改了"姓名"列的数据*/
  PRINT('不允许修改！')
  ROLLBACK TRANSACTION
END
GO
```

在查询编辑器中输入并执行上述代码后，就在"教师"表上创建了一个 js_update_trigger 触发器，如图 9-8 所示。

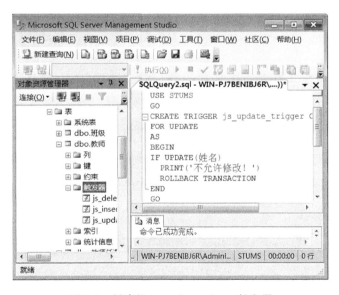

图 9-8 创建的 js_update_trigger 触发器

当用户使用 UPDATE 命令将"教师"表中的"乔红军"的名字改成"乔羽"时，就激发了 js_update_trigger 触发器，此时提示不允许修改，并取消了 UPDATE 操作，界面如图 9-9 所示。

图 9-9　激发 js_update_trigger 触发器时的界面

【例 12.5】　在 STUMS 数据库的"课程"表上创建一个名为 kc_update_trigger 的 DML 触发器，当执行 UPDATE 操作修改"课程"表时，该触发器被触发，并给出修改的时间信息。

代码如下：

```
USE STUMS
CREATE TRIGGER kc_update_trigger ON 课程
FOR UPDATE
AS
PRINT '修改时间为：'+CONVERT(char,getdate(),101) /＊显示修改时间＊/
GO
```

其中，CONVERT(char,getdate(),101)为数据类型转换函数，可将日期型数据转换为字符型数据。

在查询编辑器中输入并执行上述代码后，就在"课程"表上创建了一个 kc_update_trigger 触发器，如图 9-10 所示。

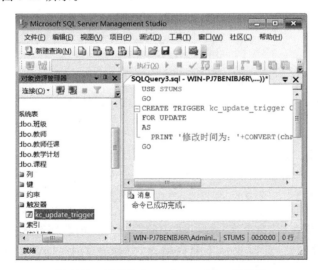

图 9-10　创建的 kc_update_trigger 触发器

【例 12.6】 使用 kc_update_trigger 触发器跟踪数据变化,对"课程"表进行更新,将课程号为 0005 的课程名由原来的"西班牙语"改为"日语"。

代码如下:

```
USE STUMS
GO
UPDATE 课程
SET 课程名 = '日语'
WHERE 课程号 = '0005'
GO
```

在查询编辑器中输入并执行上述代码后,得到如图 9-11 所示的结果。

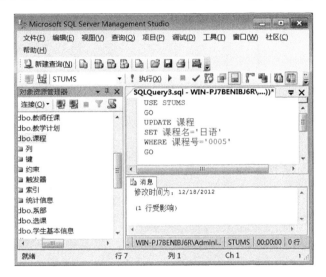

图 9-11　激发 kc_update_trigger 触发器的结果

知识拓展:为了确保数据的安全,用户可以在数据表上创建触发器。

任务②对照练习一

① 在 STUMS 数据库的"教学计划"表上创建一个名为 jxjh_insert_trigger 的触发器,当执行 INSERT 操作时,该触发器被触发,并提示"禁止插入记录!"。

② 在 STUMS 数据库的"学生基本信息"表上创建一个名为 xs_delete_trigger 的触发器,当执行 DELETE 操作时,该触发器被触发,并提示"禁止删除数据!"。

③ 在 STUMS 数据库的"选课"表上创建一个名为 xk_update_trigger 的触发器,当修改"选课"表中的成绩时,该触发器被触发,并提示"不允许修改!"

12.2.2　创建多表级联更改 DML 触发器

1. inserted 和 deleted 表

每个 DML 触发器被触发时,SQL Server 都将在内存中自动创建和管理两种特殊的临时表 inserted 和 deleted。

inserted 和 deleted 表的结构和触发器所关联的表的结构一致,这两种表不是存储在数据库中的物理表,而是存储在内存中的逻辑表。这两种表允许用户在触发器中访问它们的数据,但不允许用户直接读取与修改其数据内容。

- inserted 表(插入表)。用于存储 INSERT 和 UPDATE 语句所影响的行的副本。在一个插入或更新事务处理中,新建行被同时添加到 inserted 表和触发器表中。
- deleted 表(删除表)。用于存储 DELETE 和 UPDATE 语句所影响的行的副本。在执行 DELETE 或 UPDATE 语句时,行从触发器表中删除,并传输到 deleted 表中。

inserted 表和 deleted 表主要用于在触发器中扩展表间引用完整性。用户可以使用这两种临时的驻留内存的表测试某些数据修改的效果及设置触发器操作的条件。

2. 多表级联插入触发器

【例 12.7】　在 STUMS 数据库的"学生基本信息"表上创建一个名为 xs_insert_trigger 的触发器,当在"学生基本信息"表中插入数据行时,将该数据行中的学号自动插入到"选课"表。

代码如下:

```
USE STUMS
GO
CREATE TRIGGER xs_insert_trigger ON 学生基本信息
FOR INSERT
AS
DECLARE @XH CHAR(9)                 /*定义局部变量*/
SELECT @XH = 学号 FROM inserted      /*从 inserted 表中取出学号并赋给变量@XH*/
INSERT 选课(学号)
VALUES(@XH)                         /*将变量@XH的值插入到"选课"表的"学号"列*/
GO
```

在查询编辑器中输入并执行上述代码后,就在"学生基本信息"表上创建了一个 xs_insert_trigger 触发器。当用户在"学生基本信息"表中插入了一条"030971008,醒目,女,1991-5-5,共青团员"数据行时,如图 9-12 所示,就触发了 xs_insert_trigger 触发器,此时会自动将"学生基本信息"表中插入的数据行的学号 030971008 插入到"选课"表中。打开"选课"表,就能看到刚插入的学号,如图 9-13 所示。

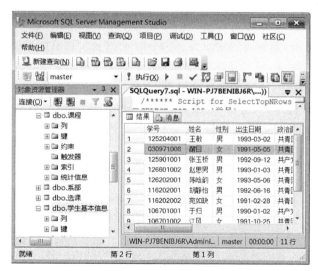

图 9-12　在"学生基本信息"表中插入的数据

图 9-13 在"选课"中也插入了学号

【例 12.8】 在 STUMS 数据库的"选课"表上创建一个名称为 xk_insert_trigger 触发器,当向"选课"表中插入数据行时,检查该数据行的学号在"学生基本信息"表中是否存在,如果不存在,则提示"学号不存在,不能插入记录,插入将终止!"。

代码如下:

```
USE STUMS
GO
CREATE TRIGGER xk_insert_trigger ON 选课
FOR INSERT
AS
/* 定义局部变量 */
DECLARE @XH CHAR(9)
/* 根据 inserted 表中的学号查询"学生基本信息"表中对应的学号,并赋给变量@XH */
SELECT @XH = 学生基本信息.学号
FROM 学生基本信息,inserted
WHERE 学生基本信息.学号 = inserted.学号
/* 根据@XH变量的值做出相应的处理 */
IF @XH <> ''
PRINT('记录插入成功')
ELSE
BEGIN
    PRINT('学号不存在,不能插入记录,插入将终止!')
    ROLLBACK TRANSACTION
END
GO
```

在查询编辑器中输入并执行上述代码后,就在"选课"表上创建了 xk_insert_trigger 触发器。

如果在"选课"表中插入了"学生基本信息"表中没有的学号(如 999999999),就违反了

xk_insert_trigger 触发器规则,插入失败,界面如图 9-14 所示。

图 9-14　插入失败时的界面

如果插入了"学生基本信息"表中有的学号(如 126202001),则 xk_insert_trigger 触发,允许在"选课"表中插入,界面如图 9-15 所示。本例是触发器在参照完整性方面的应用。

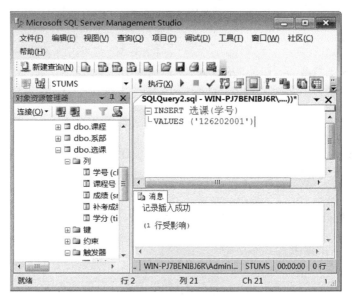

图 9-15　插入成功时的界面

3. 多表级联删除触发器

【例 12.9】　在 STUMS 数据库的"学生基本信息"表上创建一个名称为 xs_delete_trigger 触发器,当删除"学生基本信息"表中的记录时,同步删除该学号在"选课"表中的所有记录,并显示提示信息"选课表中相应记录也被删除!"。

代码如下:

```
USE STUMS
GO
CREATE TRIGGER xs_delete_trigger ON 学生基本信息
FOR DELETE
AS
BEGIN
/*根据 deleted 表中的学号删除"选课"表中的相应数据行*/
DELETE 选课 WHERE 学号 IN (SELECT 学号 FROM deleted)
PRINT('选课表中相应记录也被删除!')
END
```

在查询编辑器中输入并执行上述代码后,就在"学生基本信息"表上创建了 xs_delete_trigger 触发器。当用户在"学生基本信息"表中删除了姓名为"醒目"的记录时,就激发了 xs_delete_trigger 触发器,此时会自动删除"选课"表中的相应记录,触发效果如图 9-16 所示,从而确保了"学生基本信息"表和"选课"表数据的一致性。

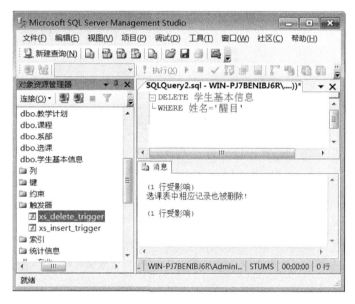

图 9-16 xs_delete_trigger 的触发效果

【例 12.10】 在 STUMS 数据库的"系部"表上创建一个名为 xibu_delete_trigger 触发器,当删除"系部"表中的数据行时,如果"学生基本信息"表中引用了此数据行的系部代码,则提示"该系部代码被引用,用户不能删除!",否则提示"记录已删除!"。

代码如下:

```
USE STUMS
GO
CREATE TRIGGER xibu_delete_trigger ON 系部
FOR DELETE
AS
/*根据 deleted 表中的系统代码检测"学生基本信息"表中是否引用*/
```

```
IF EXISTS (SELECT * FROM 学生基本信息 INNER JOIN deleted ON 学生基本信息.系部代码 = deleted.
系部代码)
    BEGIN
      PRINT('该系部代码被引用,用户不能删除!')
      ROLLBACK TRANSACTION
    END
ELSE
    PRINT('记录已删除!')
GO
```

在查询编辑器中输入并执行上述代码后,就在"系部"表上创建了 xibu_delete_trigger 触发器。当对"系部"表进行删除时,就激发了 xibu_delete_trigger 触发器。"学生基本信息"表中没有引用"系部"表中的 05 系部代码,记录就被删除了。"学生基本信息"表中引用了"系部"表中的 07 系部代码,就禁止删除,触发效果如图 9-17 所示。

图 9-17 xibu_delete_trigger 触发效果

4. 多表级联修改触发器

【例 12.11】 在 STUMS 数据库的"系部"表上创建一个名称为 xibu_update_trigger1 触发器,当修改"系部"表中的系部代码时,如果"学生基本信息"表中引用了该系部代码,则提示"该系部代码被引用,用户不能修改!",否则提示"记录已修改!"。

代码如下:

```
CREATE TRIGGER xibu_update_trigger1 ON 系部
FOR UPDATE
AS
IF UPDATE(系部代码)
BEGIN
    DECLARE @XBDM CHAR(2)  /* 定义局部变量 */
/* 从 DELETED 表中取出系部代码并赋给变量@XBDM */
SELECT @XBDM = DELETED.系部代码 FROM DELETED
```

```
/*根据 @XBDM 的值检测"学生基本信息"表中是否引用*/
   IF EXISTS (SELECT 系部代码 FROM 学生基本信息 WHERE 系部代码 = @XBDM)
      BEGIN
         PRINT('该系部代码被引用,用户不能修改!')
         ROLLBACK TRANSACTION
      END
   ELSE
      PRINT('记录已修改!')
END
```

执行上述代码后,就在"系部"表上成功创建了 xibu_update_trigger1 触发器。当用户修改"系部"表中的系部代码时,就激发了 xibu_update_trigger1 触发器。在"学生基本信息"表中没有引用系部表中的 02 系部代码,记录就被修改。在"学生基本信息"表中引用了系部表中的 07 系部代码,就禁止修改,触发效果如图 9-18 所示。

图 9-18　xibu_update_trigger1 触发效果

【例 12.12】　在 STUMS 数据库的"系部"表上创建一个名称为 xibu_update_trigger2 触发器,当修改"系部"表中的系部代码时,如果"学生基本信息"表中引用了该系部代码,则进行同样的修改,并提示"记录已修改!"。

代码如下:

```
CREATE TRIGGER xibu_update_trigger2 ON 系部
FOR UPDATE
AS
IF UPDATE(系部代码)
BEGIN
DECLARE @XBDM1 CHAR(2),@XBDM2 CHAR(2) /*定义局部变量*/
/*从 deleted 表中取出修改前的系部代码并赋给变量@XBDM1 */
SELECT @XBDM1 = 系部代码 FROM deleted
/*从 inserted 表中取出修改后的系部代码并赋给变量@XBDM2*/
SELECT @XBDM2 = 系部代码 FROM inserted
```

```
/*以@XBDM1为修改条件,对"学生基本信息"表的系部代码进行@XBDM2的修改*/
UPDATE 学生基本信息
SET 系部代码 = @XBDM2
WHERE 系部代码 = @XBDM1
PRINT('记录已修改!')
END
```

执行上述代码后,就在"系部"表上成功创建了 xibu_update_trigger2 触发器。当用户将系部表中的 07 系部代码改为 10 时,就激发了 xibu_update_trigger2 触发器,"学生基本信息"表中有 3 条记录引用了 07 系部代码,3 条记录都进行了同样的修改,触发效果如图 9-19 所示。

图 9-19 xibu_update_trigger2 触发效果

注意,测试 xibu_update_trigger2 触发器,必须先禁止 xibu_update_trigger1。因为 xibu_update_trigger1 的功能与 xibu_update_trigger2 的功能相抵触。

知识拓展:可以使用触发器强制数据的完整性,也可以使用触发器强制业务规则。

5. 创建 DML 触发器的限制

- CREATE TRIGGER 必须是批处理中的第一条语句,并且只能应用到一个表中。
- 触发器只能在当前的数据库中创建,不过,触发器可以引用当前数据库的外部对象。
- 如果指定触发器所有者名称以限定触发器,则应以相同的方式限定表名。
- 在同一条 CREATE TRIGGER 语句中,可以为多种用户操作(如 INSERT 和 UPDATE)定义相同的触发器操作。
- 如果一个表的外键在 DELETE/UPDATE 操作上定义了级联,则不能在该表上定义 INSTEAD OF DELETE/UPDATE 触发器。
- 在触发器内可以指定任意的 SET 语句。所选择的 SET 选项在触发器执行期间有效,并在触发器执行完后恢复到以前的设置。

- 创建 DML 触发器的权限默认分配给表的所有者、sysadmin 固定服务器角色及 db_owner 和 db_ddladmin 固定数据库角色的成员，且不能将该权限转给其他用户。

12.2.3 创建 DDL 触发器

DDL 触发器只有在完成相应的 DDL 语句后才会被激发，因此无法创建 INSTEAD OF 的 DDL 触发器。创建 DDL 触发器是使用 DDL 触发器的 T-SQL CREATE TRIGGER 语句，其语法格式如下：

```
CREATE TRIGGER trigger_name
ON {ALL SERVER|DATABASE}
[WITH{ENCRYPTION|EXECUTE AS Clause}[,…n ]]
{FOR|AFTER}{event_type|event_group}[,…n]
AS {sql_statement [ ;]}
```

各参数说明如下。

- trigger_name：触发器的名称。trigger_name 必须遵循标识符规则，trigger_name 不能以＃或＃＃开头。
- DATABASE：DDL 触发器的作用域应用于当前数据库。
- ALL SERVER：DDL 或登录触发器的作用域应用于当前服务器。
- WITH ENCRYPTION：对 CREATE TRIGGER 语句的文本进行加密处理。
- event_type：激发 DDL 触发器的 T-SQL 语言事件的名称。
- event_group：预定义的 T-SQL 语言事件分组的名称。

其他参数的意义与 DML 触发器的参数意义相同。

【例 12.13】 为 STUMS 数据库创建一个名为 STUMS_DDL_TRG 的触发器，当在 STUMS 数据库中创建、修改或删除表时，显示警告信息"禁止在当前数据库中操作数据表!"，并取消这些 DDL 操作。

代码如下：

```
USE STUMS
GO
CREATE TRIGGER STUMS_DDL_TRG ON DATABASE
FOR CREATE_TABLE,ALTER_TABLE, DROP_TABLE /＊指定事件类型＊/
AS
BEGIN
  RAISERROR('禁止在当前数据库中操作数据表!',16,1) /＊错误提示信息＊/
  ROLLBACK TRANSACTION /＊取消 DDL 操作＊/
END
GO
```

执行上述代码后，创建的 STUMS_DDL_TRG 触发器存储并注册到 STUMS 数据库的"可编程性→数据库触发器"节点中，如图 9-20 所示。

当用户在 STUMS 数据库中使用 CREATE TABLE、ALTER TABLE 和 DROP TABLE 操作时，将激发 STUMS_DDL_TRG 触发器，阻止这些操作。

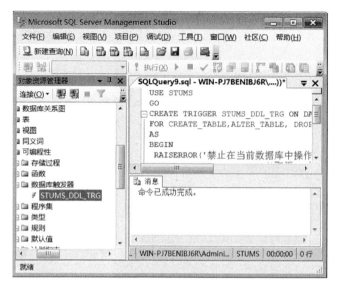

图 9-20　创建的 STUMS_DDL_TRG 触发器

【例 12.14】　删除 STUMS 数据库中的"学生基本信息"表,并测试 STUMS_DDL_TRG。代码如下:

```
USE STUMS
GO
DROP TABLE 学生基本信息
GO
```

执行结果如图 9-21 所示。

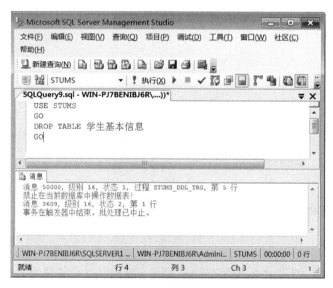

图 9-21　执行结果

任务②对照练习二

① 在 STUMS 的"教师"表上创建一个名为 js_insert_trigger 的触发器,当在"教师"表中插入数据行时,将该数据行的教师编号自动插入"教师任课"表中。

② 在 STUMS 的"班级"表上创建一个名称为 bj_delete_trigger 的触发器,当删除"班级"表中的数据行时,如果"学生基本信息"表中引用了此数据行的班号,则提示"用户不能删除!",否则提示"数据已删除!"。

③ 在 STUMS 的"专业"表上创建一个名为 zydm_update_trigger 的触发器,当修改"专业"表中的专业代码时,如果"学生基本信息"表中引用了该专业代码,则进行同样的修改,并提示"数据已修改!"。

12.3　触发器的管理

课堂任务③　学习管理触发器的相关知识。

触发器的管理包括对触发器进行的查看、修改、启用、禁用及删除等操作。

12.3.1　查看触发器

在 SQL Server 中可以查看表中触发器的类型、触发器名称、触发器所有者,以及触发器创建的日期等信息。

1. 通过 SSMS 查看触发器

通过 SSMS 查看创建在"学生基本信息"表上的 xs_delete_trigger 触发器,其操作步骤如下:

(1) 在 SSMS 的"对象资源管理器"窗口中依次展开"数据库→STUMS→学生基本信息→触发器"节点,右击 xs_delete_trigger 对象,在弹出的快捷菜单中选择"编写触发器脚本为→CREATE 到→新查询编辑器窗口"命令,如图 9-22 所示。

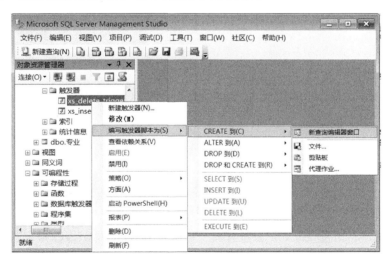

图 9-22　选择命令

(2) 此时系统打开查询编辑器,查询编辑器中包含 xs_delete_trigger 触发器的源代码,如图 9-23 所示,用户可直接查看。

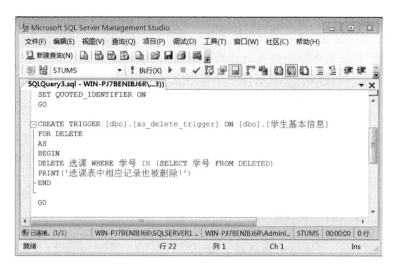

图 9-23　xs_delete_trigger 的源代码

2. 使用系统存储过程查看触发器

- 可使用 sp_help 查看触发器的一般信息。
- 可使用 sp_depends 查看触发器的相关性。
- 可使用 sp_helptext 查看触发器的定义信息。
- 可使用 sp_helptrigger 查看指定表上存在的触发器类型。

【例 12.15】　利用 sp_help 查看 xibu_delete_trigger 的一般信息，利用 sp_depends 查看 xibu_delete_trigger 的相关性，利用 sp_helptext 查看 xibu_delete_trigger 的定义信息，利用 sp_helptrigger 查看"系部"表上存在的所有触发器类型。

代码如下：

```
EXEC sp_help xibu_delete_trigger
EXEC sp_depends xibu_delete_trigger
EXEC sp_helptext xibu_delete_trigger
EXEC sp_helptrigger 系部
```

在查询编辑器中执行上述代码，得到的结果如图 9-24 所示。

12.3.2　修改触发器

1. 使用系统存储过程修改触发器名称

对触发器进行重命名，可以使用系统存储过程 sp_rename 来完成，其语法格式如下：

[EXECUTE] sp_rename 触发器原名称,触发器新名称

【例 12.16】　利用 sp_rename 系统存储过程将 xibu_delete_trigger 触发器改名为 xibu_delete_DMLTRG。

代码如下：

```
EXEC sp_rename xibu_delete_trigger, xibu_delete_DMLTRG
```

图 9-24 使用系统存储过程查看触发器信息

2. 使用 SSMS 修改触发器源代码

使用 SSMS 修改触发器源代码的操作步骤如下：

（1）在 SSMS 的"对象资源管理器"窗口中依次展开"数据库→STUMS→表对象（如"系部"表）→触发器"节点，右击需修改的触发器，如右击 xibu_update_trigger1 对象，在弹出的快捷菜单中选择"修改"命令，打开编辑器窗口。

（2）窗口中显示 ALTER TRIGGER 命令和待修改的触发器源代码，用户可对其进行修改。

（3）修改完毕后，单击【执行】按钮，完成修改。

3. 使用 ALTER TRIGGER 语句修改触发器

若要更改原来由 CREATE TRIGGER 语句创建的触发器定义，可以使用 ALTER TRIGGER 语句，其语法格式如下：

```
ALTER TRIGGER trigger_name ON {table|view}
{FOR|AFTER|INSTEAD OF}{[INSERT][,][UPDATE][,][DELETE]}
[WITH ENCRYPTION]
AS
[{IF UPDATE(column)}
[{AND|OR}UPDATE(column)][...n]]
sql_statement
```

其中，trigger_name 为要修改的触发器的名称。

其余各参数的意义与创建触发器语句中参数的意义相同。

【例 12.17】 修改 STUMS 数据库中"教师"表上的 js_delete_trigger 触发器，使得用户执行删除、插入、修改操作时，该触发器被触发，自动给出提示报警信息，并撤销此次操作。

代码如下：

```
USE STUMS
GO
ALTER TRIGGER js_delete_trigger ON 教师
FOR DELETE,INSERT,UPDATE
AS
BEGIN
  PRINT('你不能删除、插入、修改记录!')
  ROLLBACK TRANSACTION
END
GO
```

在查询编辑器中输入并执行上述代码，便成功地修改了 js_delete_trigger 触发器。

12.3.3 禁用或启用触发器

触发器创建成功后，自动处于启用状态。用户可根据需要禁用或启用其执行。

对于 DML 触发器、DDL 触发器，可使用 ENABLE TRIGGER 命令显式地启用，使用 DISABLE TRIGGER 命令禁用，其语法格式如下：

```
{ENABLE|DISABLE}TRIGGER trigger_name{[,...n]|ALL}
ON{DATABASE|ALL SERVER}[;]
```

各参数说明如下。
- trigger_name：要启用（或禁用）的触发器的名称。
- ALL：启用在 ON 子句作用域中定义的所有触发器。
- DATABASE：指明所创建或修改的 trigger_name 将在数据库范围内执行。
- ALL SERVER：指明所创建或修改的 trigger_name 将在服务器范围内执行。ALL SERVER 也适用于登录触发器。

【例 12.18】 禁用或启用 STUMS 数据库中的 STUMS_DDL_TRG 触发器。

代码如下：

```
DISABLE TRIGGER STUMS_DDL_TRG ON DATABASE          /*禁用 DDL 触发器*/
GO
ENABLE TRIGGER STUMS_DDL_TRG ON DATABASE           /*启用 DDL 触发器*/
GO
```

对于定义在指定数据表上的一个或多个 DML 触发器，可使用 ALTER TABLE 的 DISABLE TRIGGER 选项禁用触发器，以使正常情况下会违反触发器条件的更新操作得以执行，然后使用 ENABLE TRIGGER 重新启用触发器。禁止或启用触发器语法格式如下：

```
ALTER TABLE table_name
{ENABLE|DISABLE} TRIGGER
{ALL|trigger_name[,...n]}
```

各参数说明如下。

- table_name：触发器所在的表名。
- ENABLE：启用触发器。
- DISABLE：禁止触发器。
- ALL：启用或禁止表中所有的触发器。
- trigger_name：要启用或禁止的触发器名称。

【例 12.19】 禁止或启用 STUMS 数据库中"教师"表上建立的 js_delete_trigger 触发器。

代码如下：

```
ALTER TABLE 教师 DISABLE TRIGGER js_delete_trigger        /*禁止*/
GO
ALTER TABLE 教师 ENABLE TRIGGER js_delete_trigger         /*启用*/
GO
```

说明：当一个触发器被禁止后，该触发器仍然存在于触发器表上，只是触发器的动作将不再执行，直到该触发器被重新启用。

12.3.4 删除触发器

当不再需要某个触发器时，可将其删除。当触发器被删除时，它所基于的表和数据并不受影响，删除表将自动删除其上的所有触发器。删除触发器的权限默认授予该触发器所在表的所有者。

1. 使用 SSMS 删除触发器

在"对象资源管理器"窗口中右击要删除的触发器，在弹出的快捷菜单中选择"删除"命令，将弹出"删除对象"窗口，在该窗口中，单击【确定】按钮，完成删除触发器。

2. 使用 DROP TRIGGER 语句删除触发器

使用 DROP TRIGGER 语句可以从当前数据库中删除一个或多个触发器，其基本语法如下：

```
DROP TRIGGER 触发器名称[,...n]
```

【例 12.20】 删除触发器 js_delete_trigger。
代码如下：

```
DROP TRIGGER js_delete_trigger
GO
```

任务③对照练习

① 使用系统存储过程 sp_help、sp_helptext、sp_depends 查看"学生基本信息"表中的 xs_delete_trigger 触发器，使用 sp_helptrigger 查看"专业"表中的所有触发器类型。

② 修改 STUMS 数据库中"教学计划"表中的 jxjh_insert_trigger 触发器，当执行 INSERT、UPDATE 操作时，该触发器被触发，并自动发出报警信息"禁止插入和修改！"。

③ 禁止 STUMS 数据库中"选课"表中的 xk_update_trigger 触发器。

④ 将 STUMS 数据库中"学生基本信息"表中的 xs_delete_trigger 触发器命名为 xs_new_trigger。

⑤ 使用 DROP 命令删除"教学计划"表中的 jxjh_insert_trigger 触发器。

课后作业

1. 什么是触发器？使用触发器有哪些优点？

2. 试说明触发器的类型和特点。

3. inserted 表和 deleted 表有何作用？

4. 存储过程和触发器的主要区别是什么？

5. 查看触发器的定义信息应使用哪一个系统存储过程？查看数据表上拥有的触发器类型应使用哪一个系统存储过程？

6. 使用什么语句修改触发器？使用什么语句禁止或启用触发器？

7. 如果触发器运行 ROLLBACK TRANSACTION 命令，则引起触发器触发的操作命令是否还有效？

8. 写出 T-SQL 语句，对 STUMS 数据库进行如下操作：

① 在"专业"表上创建一个名为 zy_all_trigger 的触发器，使得用户执行删除、插入、修改操作时，该触发器被触发，自动给出报警信息"不能更改此表数据!"，并撤销此次操作。

② 在"系部"表上创建一个名称为 xbjs_delete_trigger 的触发器，当删除"系部"表中的记录时，如果"教师"表中引用了此记录的系部代码，则提示"用户不能删除!"，否则提示"记录已删除!"。

③ 在"选课"表上创建一个名称为 xkkc_insert_trigger 的触发器，当向"选课"表中插入记录时，检查该记录的课程号在"课程"表中是否存在，如果不存在，则不允许插入。

④ 在"学生基本信息"表上创建一个名称为 xsxk_updare_trigger 的触发器，当修改"学生基本信息"表中的学号时，如果"选课"表中引用了该学号，则进行同样的修改，并提示"记录已修改!"。

实训 10 图书借阅管理系统触发器的创建和管理

1. 实训目的
(1) 掌握创建触发器的两种方法。
(2) 掌握用触发器实现数据完整性的方法。
(3) 掌握查看触发器信息的方法。
(4) 掌握禁用或启用触发器的方法。
(5) 掌握修改和删除触发器的方法。
2. 实训知识准备
(1) 触发器的定义方法。
(2) inserted 表和 deleted 表的使用。
(3) 查看触发器信息的系统存储过程的用法。
(4) 创建、修改、删除触发器的 T-SQL 语句的用法。
3. 实训要求
(1) 对创建的触发器都要进行功能方面的验证。

（2）验收实训结果，提交实训报告。

4．实训内容

1）创建触发器。

① 使用 SSMS 创建触发器。

在 TSJYMS 数据库的"读者信息"表上创建一个名为 dzxx_insert_trigger 的触发器，当执行 INSERT 操作时，该触发器被触发，并提示"禁止插入数据！"。

② 使用 T-SQL 语句创建触发器。

- 在 TSJYMS 数据库的"图书信息"表上创建一个名为 tsxx_delete_trigger 的触发器，当执行 DELETE 操作时，该触发器被触发，并提示"禁止删除数据！"。
- 在 TSJYMS 数据库的"借还管理"表上创建一个名为 jhgl_update_trigger 的触发器，当执行 UPDARE 操作时，该触发器被触发，并提示"不允许修改表中的图书编号！"。

③ 多表级联更改触发器的创建。

- 在 TSJYMS 数据库的"读者信息"表上创建一个名为 dzxx_insert_trigger 的触发器，当在"读者信息"表中插入记录时，将该记录中的借书证号自动插入"借还管理"表中。
- 在 TSJYMS 数据库的"图书信息"表上创建一个名称为 tsxx_update_trigger 触发器，当修改"图书信息"表中的图书编号时，如果"借还管理"表中引用了该图书编号，则禁止修改，并提示"不能修改！"

2）验证触发器功能

对所创建的各种触发器进行功能验证，检查其设计的正确性。

3）查看触发器

① 通过 SSMS 查看"图书信息"表上的触发器。

② 使用系统存储过程 sp_help、sp_helptext、sp_depends 查看"读者信息"表上的 dzxx_insert_trigger 触发器，使用 sp_helptrigger 查看"图书信息"表上的所有触发器类型。

4）修改触发器

修改 TSJYMS 数据库中"读者信息"表上的 dzxx_insert_trigger 的触发器，当执行 INSERT、UPDATE 操作时，该触发器被触发，并自动发出报警信息"禁止插入和修改！"。

5）禁止或启用触发器

禁止或启用 TSJYMS 数据库中"借还管理"表上的 jhgl_update_trigger 触发器。

6）删除触发器

① 使用 SSMS 删除触发器。

使用 SSMS 删除"读者信息"表上的触发器。

② 使用 T-SQL 语句删除触发器。

使用 T-SQL 语句删除"图书信息"表上的所有触发器。

第 10 章 T-SQL 语言

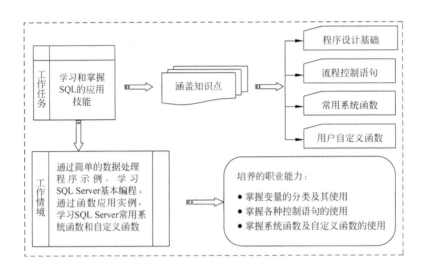

第 13 课 学生信息管理系统 T-SQL 编程

T-SQL(Transact-SQL)语言是用于 SQL Server 的最常见的也是功能最强大的编程语言。除了前面所讲的用于创建和管理数据库及数据库对象(表、约束、视图、存储过程、触发器等),以及选择、插入和更新数据库中的数据的语句外,T-SQL 语言还提供了变量声明、流程控制、输出和函数等语句以支持编程。当今,很多的开发人员、数据库管理员、数据分析师、测试人员及架构师都选择 T-SQL 作为开发语言。

13.1 T-SQL 语言的基本知识

课堂任务① 了解 T-SQL 语言的分类,学习 T-SQL 语言中的批处理、脚本及注释等程序设计的基本概念。

13.1.1 T-SQL 语言的分类

ANSI(American National Standards Institute,美国国家标准协会)制订了结构化查询语言(SQL-99)标准,而 T-SQL 是 Microsoft 公司对此标准的一个实现。T-SQL 是用来与 SQL Server 交流的语言,由以下 4 个部分组成。

1. 数据定义语言

数据定义语言(Data Definition Language,DDL)用于创建、管理数据库中的对象。主要语句有 CREATE、ALTER 和 DROP 等,可用来创建、修改、删除数据库、表、索引、视图、存储过程和其他对象。

2. 数据操纵语言

数据操纵语言(Data Manipulation Language,DML)包含对数据进行处理的语句。主要语句有 SELECT、INSERT、UPDATE、DELETE 等,可用来进行数据检索,在表中插入行、修改值、删除行等。

3. 数据控制语言

数据控制语言(Data Control Language,DCL)控制用户与数据库对象的安全权限。主要语句有 GRANT、REVOKE、DENY 等,可以用来进行权限的管理。

4. T-SQL 增加的语言元素

这部分不是 ANSI SQL-99 所包含的内容,而是微软为了用户编程的方便增加的语言元素。这些语言元素包括变量、运算符、函数、流程控制语句和注释等。这些 T-SQL 语句都可以在查询编辑器中交互执行。

13.1.2 批处理、脚本和注释

1. 批处理

批处理是包含一个或多个 T-SQL 语句的组,从应用程序一次性地发送到 SQL Server 进行执行,用 GO 命令来标识一个批处理的结束。SQL Server 将批处理语句编译成一个可执行单元,此单元称为执行计划。执行计划中的语句每次执行一条。

批处理的大小有一定的限制,批处理可以交互地运行或从一个文件中运行。提交给 SQL Server 的文件可以包含多个 SQL 批处理,但批处理之间都必须以 GO 命令终止。

【例 13.1】 一个批处理的例子。

代码如下:

```
USE STUMS
GO
CREATE VIEW js_info_view
AS
SELECT 教师编号,姓名,性别,学历,职称 FROM 教师
GO
SELECT * FROM js_info_view
GO
```

本例的 T-SQL 语句组包含了 3 个批处理。因为 CREATE VIEW 必须是一个批处理中的唯一语句,所以需要 GO 命令将 CREATE VIEW 语句与其上下的语句(USE 和 SELECT)隔离开来。

GO 命令不是 T-SQL 语句,而是用做 osql 和 isql 实用工具及 SQL Server 查询编辑器识别的命令。在查询编辑器中,用 GO 命令来通知 SQL Server 一批 T-SQL 语句的结束。GO 命令和 T-SQL 语句也不可写在同一行上,但在 GO 命令行中可包含注释。

【例 13.2】　一个无效批处理的例子。

代码如下：

```
USE STUMS
CREATE VIEW xs_info_view
AS
SELECT 学号,姓名 FROM 学生基本信息
INSERT INTO xs_info_view VALUES('0309881002','晶滢')
GO
```

在查询编辑器中执行上述代码,在结果窗口中将显示"在关键字'INSERT'附近有语法错误。"的信息,这说明第二个批处理是无效的。原因在于,在一个批处理中,CREATE VIEW 必须是其中唯一的语句。如果在 INSERT 命令之前加一个 GO 命令,则上述批处理就可以正常执行。

在建立批处理时,应该考虑以下问题：

- CREATE DEFAULT、CREATE PROCEDURE、CREATE RULE、CREATE TRIGGER 和 CREATE VIEW 语句不能与其他语句放在一个批处理中。
- 不能在删除一个对象后,在同一个批处理中再次引用这个对象。
- 不能在修改表中的一个字段名后,马上在同一个批处理中引用新的字段名。
- 不能在一个批处理中引用其他批处理定义的变量。
- 如果 EXECUTE 语句是批处理中的第一条语句,则可以省略 EXECUTE 关键字。 如果 EXECUTE 语句不是批处理中的第一条语句,则需要 EXECUTE 关键字。

在执行批处理时,如果出现编译错误(如语法错误)使执行计划无法编译,则会导致批处理中的任何语句均无法执行。如果运行时错误(如算术溢出或违反约束),则会产生以下两种影响之一：

- 大多数运行时错误将停止执行批处理中的当前语句和它之后的语句。
- 少数运行时错误(如违反约束)仅停止执行当前语句,而继续执行批处理中的其他所有语句。

假定在批处理中有 10 条语句,如果第五条语句有一个语法错误,则不执行批处理中的任何语句。如果编译了批处理,而第二条语句在执行时失败,则第一条语句的结果不受影响,因为它已经执行了。

【例 13.3】　利用查询编辑器执行两个批处理,用来显示"班级"表中的信息。

代码如下：

```
USE STUMS
GO
PRINT '班级表包括如下信息: '
SELECT * FROM 班级
GO
```

该例包含两个批处理,第一个批处理仅包含一个语句,用于打开 STUMS 数据库;第二个批处理包含两个句子,显示提示信息和显示"班级"表中的数据信息。执行结果如图 10-1 所示。

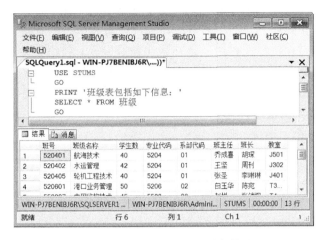

图 10-1 【例 13.3】批处理执行结果

2. 脚本

脚本是存储在文件中的一系列 T-SQL 语句。在 SQL Server 中可以通过生成一个或多个 SQL 脚本来编写现有数据库结构（称为架构）的文档。用户可以在 SQL Server Management Studio 查询编辑器中或使用任意文本编辑器来查看 SQL 脚本。

脚本中可以包含一个或多个批处理。GO 命令为批处理结束的标志。如果脚本没有 GO 命令，则将它作为单个批处理执行。

生成 SQL 脚本的架构可用于执行下列操作：

- 维护备份脚本，该脚本使用户能够重新创建所有用户、组、登录和权限。
- 创建或更新数据库开发代码。
- 从现有的架构创建测试或开发环境。
- 通过让新学员发现代码中的问题、了解代码或更改代码，从而快速对其进行培训。

SQL 脚本包含用于创建数据库及其对象的语句的描述。使用对象资源管理器可以快速创建整个数据库的脚本，也可以使用默认选项创建单个数据库对象的脚本。

- 生成整个数据库的脚本。在"对象资源管理器"窗口中展开"数据库"节点，右击某个数据库，在弹出的快捷菜单中选择"任务→生成脚本"命令。按照向导中的步骤，创建数据库对象的脚本。
- 编写某个对象脚本。在"对象资源管理器"窗口中找到该对象并右击，在弹出的快捷菜单中选择"编写脚本 <对象类型> 为→CREATE 到→新查询编辑器窗口"命令即可。

3. 注释

注释是程序代码中不执行的文本字符串（也称为注解）。注释可用于说明代码或暂时禁用正在进行诊断的部分 T-SQL 语句和批处理。使用注释对代码进行说明，可使程序代码更易于维护。注释通常用于记录程序名称、作者姓名和主要代码更改的日期。注释可用于描述复杂计算或解释编程方法。

SQL Server 支持两种类型的注释字符。

- --（双连字符）。该注释字符可与要执行的代码处在同一行，也可另起一行。从双连字符开始到行尾均为注释。对于多行注释,必须在每个注释行的开始使用双连字符。

- /＊……＊/(正斜杠、星号对)。该注释字符可与要执行的代码处在同一行,也可另起一行,甚至可在执行代码内。将开始注释对(/＊)到结束注释对(＊/)之间的内容视为注释部分。对于多行注释,必须使用开始注释字符对(/＊)开始注释,使用结束注释字符对(＊/)结束注释。注释行上不应出现其他注释字符。多行 /＊……＊/ 注释不能跨越批处理。

【例 13.4】 注释语句举例。

代码如下:

```
/＊ 注释语句应用示例 ＊/
USE STUMS
GO
SELECT ＊ FROM 教师    －－检索所有的教师信息
GO
```

任务①对照练习

① 基于"学生基本信息"表创建 xs_nt_view 视图,列出"南通"籍学生的学号、姓名和班号、并在代码中加入适当的注释。

② 创建 xs_nt_view 视图的脚本。

13.2　常量与变量

课堂任务②　学习 T-SQL 语言中的常量与变量(全局变量和局部变量)概念。

T-SQL 语言中有常量与变量之分。变量包含两种形式,一种是系统提供的全局变量,另一种是用户自己定义的局部变量。全局变量名称以两个@@字符开始,由系统定义和维护;局部变量名称以一个@字符开始,由用户自己定义和赋值。变量是 SQL Server 用来在语句间传递数据的方式之一。

13.2.1　常量

常量是表示特定数据值的符号。常量的格式取决于它所表示的值的数据类型。常量还称为字面量。常量根据不同的数据类型分为字符串常量、二进制常量、bit 常量、datetime(日期)常量、integer(整型)常量、decimal(浮点)常量、float 和 real(浮点)常量、money(货币)常量、uniqueidentifier(唯一标识)常量等。有关这些常量的使用如表 10-1 所示。

表 10-1　SQL Server 中的常用类型常量

常 量 类 型	数 据 类 型	使 用 说 明
字符串常量	char varchar Unicode	用单引号括起,并包含字母、数字字符(a~z、A~Z 和 0~9)及特殊字符,例如 'The level for job_id: %d should be between %d and %d.' 如果单引号中的字符串本身包含单引号,则可以使用两个单引号表示嵌入的一个单引号。例如 ''O''Brien' 空字符串用中间没有任何字符的两个单引号表示('') Unicode 字符串要加前缀 N,且 N 必须大写,例如 N'Michl'

续表

常 量 类 型	数 据 类 型	使 用 说 明
二进制常量	binary varbinary	用加前缀（Ox）的十六进制形式表示，注意，Ox 是两个字母，例如 Ox12A、OxBF 等
bit 常量	bit	bit 常量的值为 0 或 1。如果使用大于 1 的数字，则转换为 1
日期时间常量	datetime date time	用单引号括起来的特定格式的字符串，例如 'April 15,1998'、'04/15/ 98'、'14:30:24'等
数值常量	int decimal eloat real	int 由没有用引号括起来的数字表示，例如 1894、520 decimal 常量包含小数点，例如 1894.1204 、2.0 float 和 Real 常量使用科学记数法来表示，例如 101.5E5、0.5E-2
货币常量	money	以货币符号为前缀的整型或实型数值，例如 $12、$ 542023.14
唯一标识常量	uniqueidentifier	可存储 16 字节的二进制值，形式为字符串或十六进制常数，例如 0xff19966f868b11d0b42d00c04fc964ff、'6F9619FF-8B86-D011-B42D- 00C04FC964FF'

13.2.2 全局变量

SQL Server 使用全局变量来记录服务器的活动状态。它是一组由 SQL Server 事先定义好的变量，这些变量不能由用户参与定义，因此，它们对用户而言是只读的。全局变量可以用来反映 SQL Server 服务器当前活动状态的信息，但用户无法对它们进行修改或管理。

SQL Server 提供的全局变量共有 33 个，如表 10-2 所示。

表 10-2　SQL Server 中的全局变量

全 局 变 量	描　　　述	返 回 类 型
@@CONNECTIONS	返回自上次启动 SQL Server 以来连接或试图连接的 次数	integer
@@CPU_BUSY	返回自上次启动 SQL Server 以来 CPU 的工作时间，单 位为毫秒（基于系统计时器的分辨率）	integer
@@CURSOR_ROWS	返回连接上最后打开的游标中当前存在的合格行的 数量	integer
@@DATEFIRST	返回 SET DATEFIRST 参数的当前值，SET DATEFIRST 参数指明所规定的每周第一天：1 对应星期一，2 对应星 期二	tinyint
@@DBTS	为当前数据库返回当前 timestamp 数据类型的值。这一 timestamp 值保证在数据库中是唯一的	varbinary
@@ERROR	返回最后执行的 T-SQL 语句的错误代码	integer
@@FETCH_STATUS	返回被 FETCH 语句执行的最后游标的状态，而不是任 何当前被连接打开的游标的状态	integer
@@IDENTITY	返回最后插入的标识值	numeric
@@IDLE	返回 SQL Server 自上次启动后闲置的时间，单位为毫秒 （基于系统计时器的分辨率）	integer

全 局 变 量	描　　述	返 回 类 型
@@IO_BUSY	返回 SQL Server 自上次启动后用于执行输入和输出操作的时间,单位为毫秒(基于系统计时器的分辨率)	integer
@@LANGID	返回当前所使用语言的本地语言标识符(ID)	smallint
@@LANGUAGE	返回当前使用的语言名	nvarchar
@@LOCK_TIMEOUT	返回当前会话的当前锁超时设置,单位为毫秒	integer
@@MAX_CONNECTIONS	返回 SQL Server 上允许的同时用户连接的最大数,返回的数不必为当前配置的数值	integer
@@MAX_PRECISION	返回 decimal 和 numeric 数据类型所用的精度级别,即该服务器中当前设置的精度	tinyint
@@NESTLEVEL	返回当前存储过程执行的嵌套层次(初始值为 0)	integer
@@OPTIONS	返回当前 SET 选项的信息	integer
@@PACK_RECEIVED	返回 SQL Server 自上次启动后从网络上读取的输入数据包数目	integer
@@PACK_SENT	返回 SQL Server 自上次启动后写到网络上的输出数据包数目	integer
@@PACKET_ERRORS	返回自 SQL Server 上次启动后,在 SQL Server 连接上发生的网络数据包错误数	integer
@@PROCID	返回当前过程的存储过程标识符(ID)	integer
@@REMSERVER	当远程 SQL Server 数据库服务器在登录记录中出现时,返回它的名称	nvarchar (256)
@@ROWCOUNT	返回受上一语句影响的行数	integer
@@SERVERNAME	返回运行 SQL Server 的本地服务器名称	nvarchar
@@SERVICENAME	返回 SQL Server 正在其下运行的注册表键名。若当前实例为默认实例,则返回 MSSQLServer;若当前实例是命名实例,则该函数返回实例名	nvarchar
@@SPID	返回当前用户进程的服务器进程标识符(ID)	smallint
@@TEXTSIZE	返回 SET 语句 TEXTSIZE 选项的当前值,它指定 SELECT 语句返回的 text 或 image 数据的最大长度,以字节为单位	integer
@@TIMETICKS	返回一刻度的微秒数	integer
@@TOTAL_ERRORS	返回 Microsoft® SQL Server™ 自上次启动后所遇到的磁盘读/写错误数	integer
@@TOTAL_READ	返回 Microsoft® SQL Server™ 自上次启动后读取磁盘(不是读取高速缓存)的次数	integer
@@TOTAL_WRITE	返回 Microsoft® SQL Server™ 自上次启动后写入磁盘的次数	integer
@@TRANCOUNT	返回当前连接的活动事务数	integer
@@VERSION	返回 Microsoft® SQL Server™ 当前安装的日期、版本和处理器类型	nvarchar

【例 13.5】　利用全局变量查看 SQL Server 的版本、当前所使用的 SQL Server 服务器名称,以及到当前日期和时间为止试图登录的次数。

代码如下：

```
PRINT '当前所用的 SQL Server 版本信息如下：'
PRINT @@VERSION                               -- 显示版本信息
PRINT ''                                       -- 换行
PRINT '当前所用的 SQL Server 服务器：' + @@SERVERNAME    -- 显示服务器名称
PRINT GETDATE()
PRINT @@CONNECTIONS                            -- 登录的次数
```

在查询编辑器中输入并执行上述代码，执行结果如图 10-2 所示。

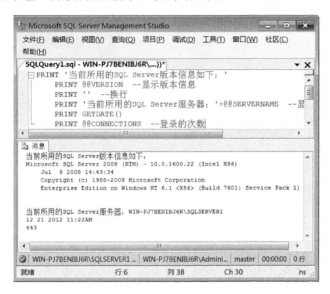

图 10-2 【例 13.5】的执行结果

13.2.3 局部变量

局部变量是可以保存特定类型的单个数据值的对象，可由用户自己定义。批处理和脚本中的变量通常用于以下情况。

* 作为计数器计算循环执行的次数或控制循环执行的次数。
* 保存数据值以供控制流语句测试。
* 保存由存储过程返回代码返回的数据值。

1. 局部变量的声明

在使用一个局部变量之前，必须先用 DECLARE 语句声明这个变量。DECLARE 语句的语法格式如下。

```
DECLARE @变量名 变量类型[,@变量名 变量类型…]
```

各参数说明如下。

* 变量名必须以@开头，局部变量名必须符合标识符规则。
* 变量类型是除 text、ntext 和 image 之外的任何由系统提供的或用户定义的数据类型。

在一个 DECLARE 语句中可以定义多个局部变量,但须用逗号分隔开。

【例 13.6】 声明局部变量 pub_id、au_date。

代码如下:

```
DECLARE @pub_id char(4),@au_date datetime
```

2. 局部变量赋值

第一次声明变量时,系统将此变量的值设置为 NULL。若要为变量赋值,则可使用 SET 语句,这是为变量赋值的较好的方法。一个 SET 语句一次只能给一个变量赋值。当初始化多个变量时,可为每个局部变量使用一个单独的 SET 语句。也可以通过 SELECT 语句的选择列表中当前所引用的值为变量赋值。语法如下:

```
SET @变量名 = 变量值
SELECT @变量名 = 变量值
```

【例 13.7】 创建变量@myvar1、@myvar2,并给它们赋值。

代码如下:

```
DECLARE @myvar1 char(20),@myvar2 char(4)
SET @myvar1 = 'This is a test'
SELECT @myvar2 = '0001'
GO
```

知识拓展:变量也可以通过选择列表中当前所引用的值对它们赋值。如果在选择列表中引用变量,则它应当被赋予标量值,或者 SELECT 语句应仅返回一行。如果 SELECT 语句返回多个值,则将返回的最后一个值赋给变量。如果 SELECT 语句没有返回行,则变量将保留当前值。

例如,下面的批处理声明了 3 个变量,通过选择列表中当前所引用的值对它们赋值,并在 SELECT 语句的 WHERE 子句中予以使用。

【例 13.8】 查询学号为 125901001 的学生的姓名和出生日期,并将其分别赋值给变量@name,@birth_date。

代码如下:

```
USE STUMS
GO
DECLARE @number char(9),@name char(8),@birth_date datetime
SET @number = '125901001'
SELECT @name = 姓名,@birth_date = 出生日期 FROM 学生基本信息
WHERE 学号 = @number          -- 引用变量
SELECT @name ,@birth_date     -- 显示变量的值
GO
```

在查询编辑中输入并执行上述代码,执行结果如图 10-3 所示。

任务②对照练习

① 利用全局变量查看当前所用语言名和当前 SET 选项的信息。

② 创建局部变量@X、@Y,用于接收从"教师"表中查询的教师编号和姓名。

图 10-3 使用 SELECT 语句为变量赋值示例

13.3 T-SQL 流程控制语句

课堂任务③ 学习 T-SQL 语言中程序流程控制语句。

13.3.1 BEGIN…END

BEGIN…END 用来定义一个语句块,位于 BEGIN…END 之间的 SQL 语句都属于这个语句块,可视作一个单元执行。

BEGIN…END 语句块的语法格式如下:

```
BEGIN
{T - SQL 语句组}
END
```

其中,T-SQL 语句组是任何有效的 T-SQL 语句或语句组。

BEGIN…END 语句块允许嵌套。

13.3.2 IF…ELSE

在 SQL Server 中,为了控制程序的执行方向,引进了 IF…ELSE 条件判断结构。

IF…ELSE 的语法格式如下:

```
IF 条件表达式
    {T - SQL 语句块 1}
[ELSE
    {T - SQL 语句块 2}]
```

其中,"条件表达式"是返回 TRUE 或 FALSE 值的各种表达式的组合。如果表达式中含有 SELECT 语句,则必须用圆括号将 SELECT 语句括起来。

当条件表达式的值为真(表达式返回 TRUE)时,执行 T-SQL 语句块 1。可选的 ELSE 关键字引入备用的 T-SQL 语句块 2。当条件表达式的值为假(表达式返回 FALSE)时,执行 T-SQL 语句块 2。

IF…ELSE 结构可以用在批处理中、存储过程中(经常使用这种结构测试是否存在某个参数),以及特殊查询中。

IF…ELSE 可以嵌套使用,对于嵌套层数没有限制。

【例 13.9】　使用 IF…ELSE 语句实现以下功能。如果存在政治面貌为共产党员的学生,则输出这些学生的学号、姓名、性别和出生日期,否则输出"没有共产党员的学生"的提示信息。

代码如下:

```
USE STUMS
GO
IF EXISTS(SELECT * FROM 学生基本信息 WHERE 政治面貌 = '共产党员')
  BEGIN
    PRINT '以下学生是共产党员'
    SELECT 学号,姓名,性别,出生日期 FROM 学生基本信息 WHERE 政治面貌 = '共产党员'
    END
  ELSE
    PRINT '没有共产党员的学生'
GO
```

执行上述代码后的结果如图 10-4 所示。

图 10-4　【例 13.9】的执行结果

13.3.3　CASE 结构

CASE 结构提供了较一般 IF…ELSE 结构更多的条件选择,且判断更方便、更清晰明了。CASE 结构用于多条件分支选择,可计算多个条件并为每个条件返回单个值。CASE

结构有两种格式：简单 CASE 表达式和搜索 CASE 表达式。

1. 简单 CASE 表达式

语法格式如下：

```
CASE 输入表达式
    WHEN 表达式值 1 THEN 结果表达式 1
    [WHEN 表达式值 2 THEN 结果表达式 2
    [ … ] ]
    [ELSE 结果表达式 n + 1]
END
```

执行过程：用输入表达式的值依次与每一个 WHEN 子句的表达式值进行比较，直到与一个表达式值完全相同时，则将该 WHEN 子句指定的结果表达式返回。如果没有一个 WHEN 子句的表达式值与输入表达式值相同，这时，如果存在 ELSE 子句，则将 ELSE 子句之后的结果表达式返回；如果不存在 ELSE 子句，则返回一个 NULL 值。

【例 13.10】 使用简单 CASE 表达式实现输出课程名，并在课程名后添加备注的功能。

代码如下：

```
USE STUMS
GO
SELECT 课程名,备注 =
CASE 课程名
WHEN '大学英语' THEN '基础课'
WHEN '关系数据库与 SQL 语言' THEN '专业基础课'
WHEN 'GMDSS 通信业务' THEN '专业课'
END
FROM 课程
GO
```

执行上述代码，结果如图 10-5 所示。

图 10-5 【例 13.10】的执行结果

2. 搜索 CASE 表达式

语法格式如下：

```
CASE
    WHEN 逻辑表达式 1 THEN 结果表达式 1
    [WHEN 逻辑表达式 2 THEN 结果表达式 2
    [ … ]]
    [ELSE 结果表达式 n+1]
END
```

执行过程：测试每个 WHEN 子句后的逻辑表达式，如果结果为 TRUE，则返回相应的结果表达式，否则检查是否存在 ELSE 子句。如果存在 ELSE 子句，便将 ELSE 子句之后的结果表达式返回；如果不存在 ELSE 子句，便返回一个 NULL 值。

【例 13.11】 使用搜索 CASE 表达式实现以下功能，根据学生的入学时间判断其年级。代码如下：

```
USE STUMS
GO
SELECT 学号,姓名,年级 =
CASE
WHEN year(入学时间) = '2010' THEN '三年级'
WHEN year(入学时间) = '2011' THEN '二年级'
WHEN year(入学时间) = '2012' THEN '一年级'
END
FROM 学生基本信息
GO
```

执行上述代码，结果如图 10-6 所示。

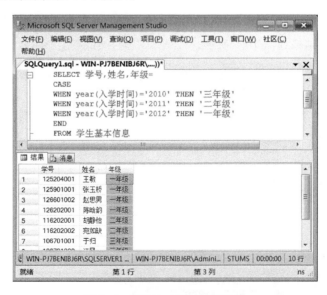

图 10-6 【例 13.11】的执行结果

13.3.4 WHILE 语句

WHILE 语句的功能是在满足条件的情况下重复执行同样的语句。通过逻辑表达式设置一个循环条件,当条件为真时,重复执行一个 SQL 语句块,否则退出循环,继续执行后面的语句。在循环内部可以使用 BREAK 和 CONTINUE 关键字控制 WHILE 循环的执行。

语法格式如下:

```
WHILE 逻辑表达式
/ * 循环体 * /
BEGIN
    {SQL语句或语句块 1}
    [BREAK]        -- 无条件地跳出循环,并开始执行 END 的后继语句
{SQL语句或语句块 2}
[CONTINUE]        -- 跳出本次循环,开始执行下一次循环
    {SQL语句或语句块 3}
END
```

执行过程:当逻辑表达式的值为真时,执行构成循环体的 T-SQL 语句或语句块,然后进行条件判断,重复上述操作,直到条件表达式的值为假时结束循环体的执行,执行 END 后面的语句。

各参数说明如下。

- BREAK 命令:强迫跳出循环,结束 WHILE 语句的执行。
- CONTINUE 命令:结束本次循环,回到 WHILE 循环的第一行,继续下一次循环。

【例 13.12】 用循环结构求 100 以内各奇数的和。

代码如下:

```
DECLARE @x int,@sum_x int                -- 声明局部变量@x 和@sum_x
SET @x = 1                               -- 给变量@x 赋初值
SET @sum_x = 0                           -- 给变量@sum_x 赋初值
WHILE @x < 100                           -- 当@x>=100 时终止循环
BEGIN
  SET @sum_x = @sum_x + @x               -- 求累加和并存入变量@sum_x 中
  SET @x = @x + 2                        -- 修改循环变量@ x 的值
END
PRINT '1 + 3 + 5 + … + 99 = ' + CONVERT(char,@sum_x) -- 输出计算结果
GO
```

执行上述代码,输出的结果为 $1+3+5+\cdots+99=2500$。

【例 13.13】 本次"材料力学"课程的考试成绩较差,要提分,以确保每人都通过。提分规则是先每人都加 2 分,看是否都通过,如果没有全部通过,每人再加 2 分,再看是否都通过,如此反复,直到所有人都通过为止。

编码思路:统计"材料力学"课程没通过的人数,如果有人没通过,加分,循环判断,直到所有人都通过,跳出循环。

代码如下:

```
DECLARE @n int
WHILE(1 = 1)    --循环条件永远成立
  BEGIN
  /*统计不及格的人数*/
    SELECT @n = COUNT( * ) FROM 选课
    WHERE 成绩< 60 AND 课程号
   = (SELECT 课程号 FROM 课程
    WHERE 课程名 = '材料力学')
    IF (@n > 0)
    /*选修了"材料力学"课程的加分*/
      UPDATE 选课
      SET 成绩 = 成绩 + 2
      WHERE 课程号 = (SELECT 课程号 FROM 课程 WHERE 课程名 = '材料力学')
    ELSE
      BREAK    --退出循环
  END
PRINT '调整后的[材料力学]成绩如下: '
SELECT * FROM 选课
WHERE 课程号 = (SELECT 课程号 FROM 课程 WHERE 课程名 = '材料力学')
GO
```

执行上述代码,输出的结果如图 10-7 所示。如果循环累加出现了大于 100 分的情况应该怎样处理? 如何修改上述程序? 请读者思考。

图 10-7 【例 13.13】的执行结果

13.3.5 其他控制语句

1. WAITFOR 语句

WAITFOR 为延迟执行语句,可设定触发语句块、存储过程或事务执行的时刻或需等待的时间间隔。其语法格式如下:

```
WAITFOR {DELAY 'time'|TIME 'time'}
```

各参数说明如下。

- DELAY 'time'：用于指定 SQL Server 必须等待的时间，最长可达 24 小时。time 可以用 datetime 数据格式指定，用单引号括起来，但在值中不能有日期部分，也可以用局部变量指定。
- TIME 'time'：指定 SQL Server 等待到某一时刻，time 值的指定同上。

说明：执行 WAITFOR 语句后，在到达指定的时间之前或指定的事件出现之前，将无法使用与 SQL Server 的连接。

【例 13.14】 使用 WAITFOR 语句指定在晚上 10:20 执行存储过程 update_all_stats。

代码如下：

```
BEGIN
    WAITFOR TIME '22:20'
    EXECUTE update_all_stats
END
```

2. PRINT 语句

PRINT 语句将用户定义的消息返回客户端。其语法格式如下：

```
PRINT '字符串'|@局部变量|@@全局变量|函数
```

【例 13.15】 检索"专业"表中是否存在"数控技术"专业，若没有，则给用户一个提示信息"不存在数控技术专业！"。

代码如下：

```
USE STUMS
GO
IF NOT EXISTS(SELECT 专业名称 FROM 专业 WHERE 专业名称 = '数控技术')
  PRINT '不存在数控技术专业！'
GO
```

3. GOTO 语句

GOTO 为无条件转移语句，可将执行流更改到标签处，可以让程序跳到一个指定的标签处并执行其后的语句。GOTO 语句和标签可以在过程、批处理和语句块中的任何位置使用，也可以嵌套使用，其语法格式如下：

```
GOTO label
```

GOTO 可出现在条件控制流语句、语句块或过程中，但它不能跳转到该批处理以外的标签。GOTO 分支可跳转到定义在 GOTO 之前或之后的标签。

【例 13.16】 将 GOTO 用做分支机制。

代码如下：

```
DECLARE @X int;
SET @X = 1;
WHILE @X < 10
BEGIN
```

```
    SET @X = @X + 1
    IF @X = 4 GOTO B1          /* 转去执行 B1 标签所示的语句 */
    IF @X = 5 GOTO B2          /* 转去执行 B2 标签所示的语句 */
END
B1:SELECT @X = @X * 2
    GOTO B3                    /* 转去执行 B3 标签所示的语句 */
B2:SELECT @x * 3
B3:SELECT @x
```

执行上述代码,输出的结果是 8。

4. RETURN 语句

RETURN 语句用于从查询或过程中无条件退出。RETURN 的执行是即时且完全的,可在任何时候从过程、批处理或语句块中退出。RETURN 之后的语句是不执行的。其语法如下:

```
RETURN [ integer_expression]
```

其中,integer_expression 为返回的整数值。存储过程可向执行调用的过程或应用程序返回一个整数值。

说明:

- 所有系统存储过程返回 0 值表示成功,返回非 0 值则表示失败。
- 如果用于存储过程,则 RETURN 不能返回空值。
- 如果某个过程试图返回空值(例如,使用 RETURN @status,而 @status 为 NULL),则将生成警告消息并返回 0 值。

【例 13.17】 在 STUMS 数据库中创建一个参数存储过程 find_name,其功能是根据姓名检索该学生的学号和班号。如果在执行 find_name 时没有给定姓名参数,则使用 RETURN 向屏幕发送一条消息后退出。

代码如下:

```
CREATE PROCEDURE [dbo].[find_name] @xm char(8)
AS
IF @xm IS NULL
    BEGIN
        PRINT '必须给出一个姓名'
        RETURN
    END
ELSE
    BEGIN
        SELECT 学号,班号
        FROM 学生基本信息
        WHERE 姓名 = @xm
    END
GO
EXEC find_name   /* 调用未给出姓名参数 */
```

执行上述代码,执行结果如图 10-8 所示。

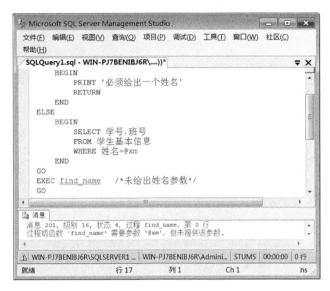

图 10-8 【例 13.17】的执行结果

5. TRY…CATCH 语句

异常捕捉与处理结构（TRY…CATCH）类似于 Microsoft Visual C♯ 和 Microsoft Visual C++ 语言中的异常处理的错误处理。T-SQL 语句组可以包含在 TRY 块中，如果 TRY 块内部发生错误，则会将控制传递给 CATCH 块中包含的另一个语句组处理。其语法格式如下：

```
BEGIN TRY
    {sql_statement|statement_block}
END TRY
BEGIN CATCH
    [{sql_statement|statement_block}]
END CATCH
```

各参数说明如下。

- sql_statement：任何 T-SQL 语句。
- statement_block：批处理或包含于 BEGIN…END 块中的任何 T-SQL 语句组。

【例 13.18】 应用 TRY…CATCH 语句屏蔽错误信息，并更正错误操作。

当前库是 master 数据库，从"学生基本信息"表中查询女生基本信息时，系统会给出有异常错误的提示，如图 10-9 所示。现在将查询语句放在 TRY 块内，应用 TRY…CATCH 语句进行处理。

代码如下：

```
BEGIN TRY
SELECT * FROM 学生基本信息 WHERE 性别 = '女'
END TRY
BEGIN CATCH
USE STUMS
SELECT * FROM 学生基本信息 WHERE 性别 = '女'
```

```
PRINT '查询操作成功！'
END CATCH
GO
```

图 10-9　在 master 中查询学生信息的错误提示

执行上述代码，"消息"窗口中显示出如图 10-10 所示的提示信息，表明 TRY 块内部发生错误，传递给 CATCH 块中处理了。

图 10-10　使用 TRY…CATCH 语句处理的结果

说明：

- TRY 块后必须紧跟相关联的 CATCH 块。在 END TRY 和 BEGIN CATCH 语句之间放置任何其他语句都将生成语法错误。
- TRY…CATCH 构造不能跨越多个批处理，不能跨越多个 T-SQL 语句块。

- TRY 块所包含的代码中没有错误,当执行完 TRY 块中最后一个语句后,则转去执行 END CATCH 语句之后的语句。
- 如果 TRY 块所包含的代码中有错误,则会将控制传递给相关联的 CATCH 块的第一个语句。
- TRY…CATCH 构造可以是嵌套式的。

任务③对照练习 编写程序,实现以下功能:

① 输出 1+2+…+ 100 的和;

② 求 10!。

课后作业

1. 什么是批处理? 简述其作用。
2. 试述变量的分类。
3. 简述局部变量是如何定义和赋值的。
4. BEGIN…END 结构在程序中有何作用?
5. RETURM 语句有何功能? 主要用在哪些结构和语句中?
6. 简述 WAITFOR 语句的作用。
7. 编写程序,求 2~500 之间的所有素数。

实训 11 图书借阅管理系统的 T-SQL 编程

1. 实训目的

(1) 掌握程序中的批处理、脚本、注释的基本概念和使用方法。

(2) 掌握流程控制语句的基本语法。

(3) 能够熟练使用这些流程控制语句(BEGIN…END、IF…ELSE、WHILE、BREAK、CONTINUE、WAITFOR、CASE 等)。

2. 实训准备

(1) 理解程序中的批处理、脚本和注释的语法规则。

(2) 掌握基本的 SQL 语句的使用方法。

(3) 了解流程控制语句的基本语法和使用。

3. 实训要求

(1) 完成下面的实训内容,并提交实训报告。

(2) 将所有的代码附上。

4. 实训内容

(1) 在 TSJYMS 数据库的"读者信息"表上查询网络班的读者信息。如果有网络班的读者,则给出这些读者的列表,否则给出一条提示信息"没有满足条件的读者!"。

(2) 使用简单 CASE 表达式实现以下功能。在"读者信息"表中,根据读者类型给出最大借书量说明。其中,教师是 15 本,学生是 5 本,其他是 8 本。

(3) 使用搜索 CASE 表达式实现以下功能。在"图书信息"表中,根据定价判断图书是否便宜。其中,定价低于 20 元的为便宜,定价高于或等于 20 元而低于 30 元的为中价,定价高于 30 元的为贵。

（4）使用循环结构实现以下功能。检查"图书信息"表中的定价,若有定价低于 25 元的,则将每本书的定价增加 1 元,直到所有书籍的定价都高于 25 元为止。

（5）显示"读者信息"表中读者类型为教师的信息,并且在显示之前暂停 1 分钟。

（6）应用 TRY…CATCH 结构屏蔽错误信息,并更正错误操作。

在 TSJYMS 数据库中创建一个名为 book 的数据表,再次使用命令创建同名的数据表 book,系统会给出有异常错误的提示,无法创建。现在将建表语句放在 TRY 块内,应用 TRY…CATCH 语句进行处理。

第 14 课　学生信息管理系统内置函数的应用

函数是一种封装的程序模块,用于完成特定的操作功能,其特点是可被反复调用。SQL Server 2008 的函数分为内置函数和用户定义函数。

在程序设计中常常使用函数,以提高数据的处理能力或获取系统的相关信息等。

14.1　SQL Server 内置函数概述

课堂任务① 了解 SQL Server 内置函数的类别和使用。

14.1.1　内置函数的类别

SQL Server 2008 提供了大量可用于执行特定操作的内置函数,可帮助用户获得系统的有关信息、执行有关计算、实现数据转换及统计功能等。

根据函数的操作对象与特点,可将 SQL Server 内置函数分为若干类。如表 10-3 所示为 SQL Server 内置函数的类别。

表 10-3　内置函数的类别

函 数 类 别	说　　　明
聚合函数	对一组值进行运算,返回一个汇总值
配置函数	是一种标量函数,可返回有关配置设置的信息
加密函数	支持加密、解密、数字签名和数字签名验证
游标函数	返回有关游标状态的信息
日期和时间函数	可以更改日期和时间的值
数学函数	执行三角、几何和其他数字运算
元数据函数	返回数据库和数据库对象的属性信息
排名函数	是一种非确定性函数,可以返回分区中每一行的排名值
行集函数	根据一组输入值,返回可在 SQL 语句中像引用表一样使用的数据集对象
安全函数	返回有关用户和角色的信息
字符串函数	可更改 char、varchar、nchar、nvarchar、binary 和 varbinary 的值
系统函数	对系统级的各种选项和对象进行操作或报告
系统统计函数	返回有关 SQL Server 性能的信息
文本和图像函数	可更改 text 和 image 的值

14.1.2 内置函数的使用

内置函数可用于或包括在以下方面：

- 使用 SELECT 语句查询的选择列表中，以返回一个值。
- 在 SELECT 或数据修改（SELECT、INSERT、DELETE 或 UPDATE）语句的 WHERE 子句搜索条件中，限制符合查询条件的行。
- 在视图的搜索条件（WHERE 子句）中，使视图在运行时与用户或环境动态地保持一致。
- 任意表达式中。
- 在 CHECK 约束或触发器中，在插入数据时查找指定的值。
- 在 DEFAULT 约束或触发器中，在 INSERT 语句未指定值的情况下提供一个值。

说明：

- 指定函数时应始终带上括号，即使没有参数也是如此。
- 用来指定数据库、计算机、登录名或数据库用户的参数是可选的。如果未指定这些参数，则默认将这些参数赋值为当前的数据库、主机、登录名或数据库用户。
- 函数可以嵌套。

14.2 常用内置函数

> 课堂任务② 学会使用 SQL Server 的常用内置函数对数据库对象、数据等进行处理。

下面介绍最常用的几类内置函数。

14.2.1 数学函数

SQL Server 的数学函数主要用来对数值表达式进行数学运算并返回数值运算结果。数学函数也可以对 SQL Server 提供的数值数据（decimal、integer、float、real、money、smallmoney、smallint 和 tinyint）进行处理。常用的数学函数如表 10-4 所示。

表 10-4 常用数学函数

函 数	语 法 格 式	功 能
ABS	ABS（numeric_expression）	返回给定数字表达式的绝对值
ACOS	ACOS(float_expression)	返回以弧度表示的角度值，该角度值的余弦为给定的 float 表达式，本函数亦称反余弦
ASIN	ASIN(float_expression)	返回以弧度表示的角度值，该角度值的正弦为给定的 float 表达式，亦称反正弦
ATAN	ATAN(float_expression)	返回以弧度表示的角度值，该角度值的正切为给定的 float 表达式，亦称反正切
CEILING	CEILING（numeric_expression）	返回大于或等于所给数字表达式的最小整数
COS	COS(float_expression)	返回给定表达式中给定角度（以弧度为单位）的三角余弦值
DEGREES	DEGREES（numeric_expression）	当给出以弧度为单位的角度时，返回相应的以度数为单位的角度

续表

函　　数	语 法 格 式	功　　能
EXP	EXP(float_expression)	返回所给的 float 表达式的指数值
FLOOR	FLOOR (numeric_expression)	返回小于或等于所给数字表达式的最大整数
LOG	LOG (float_expression)	返回给定 float 表达式的自然对数
PI	PI ()	返回 π 的常量值
POWER	POWER (numeric_expression, y)	返回给定表达式乘指定次方的值
RADIANS	RADIANS (numeric_expression)	对于在数字表达式中输入的度数值返回弧度值
RAND	RAND ([seed])	返回 0～1 之间的随机 float 值
ROUND	ROUND(numeric_expression, length [,function])	返回数字表达式,并四舍五入为指定的长度或精度
SIGN	SIGN (numeric_expression)	返回给定表达式的正(＋1)、零(0)或负(－1)号
SIN	SIN (float_expression)	以近似数字(float)表达式返回给定角度(以弧度为单位)的三角正弦值。
SQUARE	SQUARE (float_expression)	返回给定表达式的平方
SQRT	SQRT (float_expression)	返回给定表达式的平方根
TAN	TAN (float_expression)	返回输入表达式的正切值

有关数学函数的几点说明如下:

- 算术函数 ABS、CEILING、DEGREES、FLOOR、POWER、RADIANS 和 SIGN 返回与输入值具有相同数据类型的值。
- 三角函数和其他函数(EXP、LOG、LOG10、SQUARE 和 SQRT)将输入值转换为 float,并返回 float 值。
- RAND 函数用来产生一个随机数,主要用于事务模拟编程或游戏编程中。除 RAND 以外的所有数学函数都为确定性函数,仅当指定 RAND 种子(seed)参数时,RAND 才是确定性函数。

【例 14.1】　求绝对值。

```
SELECT ABS( -1.0),ABS(0.0),ABS(1.0)
```

下面是结果集:

```
1.0   0.0   1.0
```

【例 14.2】　显示使用 CEILING 函数的正数、负数和零值。

```
SELECT CEILING( $123.45), CEILING( $ -123.45), CEILING( $0.0)
```

下面是结果集:

```
124.00   -123.00   0.00
```

【例 14.3】　计算给定角度的 SIN 值。

```
DECLARE @angle float
```

```
SET @angle = 45.175643
SELECT 'The SIN of the angle is: ' + CONVERT(varchar,SIN(@angle))
```

下面是结果集:

```
The SIN of the angle is: 0.929607
```

【例 14.4】　使用 RAND 函数产生 4 个不同的随机值。

```
DECLARE @counter smallint
SET @counter = 1
WHILE @counter < 5
  BEGIN
    SELECT RAND(@counter) Random_Number
    SET NOCOUNT ON
    SET @counter = @counter + 1
    SET NOCOUNT OFF
  END
```

下面是结果集:

```
Random_Number
0.71359199321292355
Random_Number
0.7136106261841817
Random_Number
0.71362925915543995
Random_Number
0.7136478921266981
```

【例 14.5】　求半径为 1 英寸、高为 5 英寸的圆柱容积。

```
DECLARE @h float, @r float
SET @h = 5
SET @r = 1
SELECT PI() * SQUARE(@r) * @h AS '圆柱容积'
GO
```

下面是结果集:

```
圆柱容积
15.707963267948966
```

【例 14.6】　求 1.00～10.00 之间的数字的平方根。

```
DECLARE @myvalue float
SET @myvalue = 1.00
WHILE @myvalue < 10.00
  BEGIN
    SELECT SQRT(@myvalue)
    SELECT @myvalue = @myvalue + 1
    END
GO
```

下面是结果集：

```
1
1.4142135623731
1.73205080756888
2
2.23606797749979
2.44948974278318
2.64575131106459
2.82842712474619
3
```

【例 14.7】　计算给定 float 表达式的 LOG。

```
DECLARE @var float
SET @var = 5.175643
SELECT 'The LOG of the variable is: ' + CONVERT(varchar,LOG(@var))
GO
```

下面是结果集：

```
The LOG of the variable is: 1.64396
```

14.2.2　字符串函数

字符串函数可以对二进制数据、字符串和表达式执行不同的运算，然后返回一个字符串或数字值。大多数字符串函数只能用于 char 和 varchar 数据类型，少数几个字符串函数也可以用于 binary、varbinary 数据类型，还有某些字符串函数能够处理 text、ntext、image 数据类型的数据。常用的字符串函数如表 10-5 所示。

表 10-5　常用字符串函数

函　　数	语 法 格 式	功　　能
ASCII	ASCII(character_expression)	返回字符表达式最左端字符的 ASCII 码值
CHAR	CHAR(integer_expression)	将 int ASCII 代码转换为字符的字符串函数
CHARINDEX	CHARINDEX（expression1，expression2［,start_location］)	返回字符串中指定表达式的起始位置
DIFFERENCE	DIFFERENCE（character_expression，character_expression)	以整数返回两个字符表达式的 SOUNDEX 值之差
LEFT	LEFT（character_expression，integer_expression)	返回从字符串左边开始指定个数的字符
LEN	LEN(string_expression)	返回给定字符串表达式的字符（而不是字节）个数，其中不包含尾随空格
LOWER	LOWER(character_expression)	将大写字符数据转换为小写字符数据后返回字符表达式
LTRIM	LTRIM(character_expression)	删除起始空格后返回字符表达式
NCHAR	NCHAR(integer_expression)	根据 Unicode 标准所进行的定义，用给定整数代码返回 Unicode 字符

续表

函　数	语法格式	功　能
PATINDEX	PATINDEX('％pattern％',expression)	返回指定表达式中某模式第一次出现的起始位置；如果在全部有效的文本和字符数据类型中没有找到该模式，则返回零
QUOTENAME	QUOTENAME('character_string'[,'quote_character'])	返回带有分隔符的 Unicode 字符串，分隔符的加入可使输入的字符串成为有效的 SQL Server 分隔标识符
REPLACE	REPLACE('string_expression1','string_expression2','string_expression3')	用第三个表达式替换第一个字符串表达式中出现的所有第二个给定字符串表达式
REPLICATE	REPLICATE(character_expression,integer_expression)	以指定的次数重复字符表达式
REVERSE	REVERSE(character_expression)	返回字符表达式的反转
RIGHT	RIGHT(character_expression,integer_expression)	返回字符串中从右边开始指定个数的 integer_expression 字符
RTRIM	RTRIM(character_expression)	截断所有尾随空格后返回一个字符串
SOUNDEX	SOUNDEX(character_expression)	返回由 4 个字符组成的代码，(SOUNDEX)以评估两个字符串相似性
SPACE	SPACE(integer_expression)	返回由重复的空格组成的字符
STR	STR(float_expression[,length[,decimal]])	返回由数字数据转换来的字符数据
STUFF	STUFF(character_expression,start,length,character_expression)	删除指定长度的字符并在指定的起始点插入另一组字符
SUBSTRING	SUBSTRING(expression,start,length)	返回 binary、text 或 image 表达式的一部分
UNICODE	UNICODE('ncharacter_expression')	按照 Unicode 标准的定义，返回输入表达式的第一个字符的整数值
UPPER	UPPER(character_expression)	返回将小写字符数据转换为大写的字符表达式

　　所有内置字符串函数都是具有确定性的函数，即每次用一组特定的输入值调用它们时，都返回相同的值。

【例 14.8】 求字符串"A"和"AB"的 ASCII 码值。

```
SELECT ASCII('A') AS 'A',ASCII('AB') AS 'AB'
```

下面是结果集：

```
A    AB
65   65
```

【例 14.9】 使用 CHAR 函数将 ASCII 码 43、70 和 -1 转换为字符。

```
SELECT CHAR(43),CHAR(70),CHAR(-1)
```

下面是结果集：

```
+    F NULL
```

【例 14.10】 字符串大小写转换。

SELECT LOWER('ABC'),UPPER('xyz')

下面是结果集：

abcXYZ

【例 14.11】 把数值型数据转换为字符型数据。

SELECT STR(346),STR(346879,4),STR(-346.879,8,2),STR(346.8,5),STR(346.8)

下面是结果集：

346　　****　　-346.88　　347　　347

【例 14.12】 从字符串中截取子字符串。

SELECT LEFT('SQL Server',3), RIGHT('SQLServer',3),LEFT(RIGHT('SQL Server',6),4)

下面是结果集：

SQL　ver　Serv

【例 14.13】 字符串替换。

SELECT REPLACE('计算机网络','网络','通信理论'),STUFF('关系数据库理论',6,2,'与 SQL')

下面是结果集：

计算机通信理论　关系数据库与 SQL

14.2.3　日期和时间函数

日期和时间函数用于对日期和时间数据进行各种不同的处理和运算，然后返回字符串、数字或日期和时间值。

SQL Server 2008 提供的日期和时间函数如表 10-6 所示。

表 10-6　日期和时间函数

函　　数	语 法 格 式	功　　能
获取精度较高的系统日期和时间值的函数		
SYSDATETIME	SYSDATETIME ()	返回包含计算机日期和时间的 datetime2(7) 值，未包含时区偏移量
SYSDATETIMEOFFSET	SYSDATETIMEOFFSET()	返回包含计算机日期和时间的 datetimeoffset(7) 值，包含时区偏移量
SYSUTCDATETIME	SYSUTCDATETIME ()	返回包含计算机日期和时间的 datetime2(7) 值，以 UTC 时间(通用协调时间)返回
获取精度较低的系统日期和时间值的函数		
CURRENT_TIMESTAMP	CURRENT_TIMESTAMP	返回包含计算机日期和时间的 datetime2(7) 值，不包含时区偏移量
GETDATE	GETDATE ()	返回包含计算机日期和时间的 datetime2(7) 值
GETUTCDATE	GETUTCDATE ()	返回包含计算机日期和时间的 datetime2(7) 值，以 UTC 时间(通用协调时间)返回

续表

函　　数	语 法 格 式	功　　能
获取日期和时间部分的函数		
DATENAME	DATENAME（datepart, date)	返回表示指定 date 的指定 datepart 的字符串
DATEPART	DATEPART（datepart, date)	返回表示指定 date 的指定 datepart 的整数
DAY	DAY(date)	返回表示指定 date 的"日"部分的整数
MONTH	MONTH(date)	返回表示指定 date 的"月"份的整数
YEAR	YEAR(date)	返回表示指定 date 的"年"份的整数
获取日期和时间差的函数		
DATEDIFF	DATEDIFF（datepart, startdate,enddate)	返回两个指定日期之间所跨的日期或时间 datepart 边界的数目
修改日期和时间值的函数		
DATEADD	DATEADD（datepart, number,date)	通过将一个时间间隔与指定 date 的指定 datepart 相加,返回一个新的 datetime 值
SWITCHOFFSET	SWITCHOFFSET (DATETIMEOFFSET, time_zone)	SWITCHOFFSET 更改 DATETIMEOFFSET 值的时区偏移量,并保留 UTC 值
TODATETIMEOFFSET	TODATETIMEOFFSET (expression, time_zone)	TODATETIMEOFFSET 将 datetime2 值转换为 datetimeoffset 值。datetime2 值被解释为指定 time_zone 的本地时间
验证日期和时间值的函数		
ISDATE	ISDATE(expression)	确定 datetime 或 smalldatetime 输入表达式是否为有效的日期或时间值

表 10-6 中的参数 datepart 用于指定要返回新 date 的组成部分。如表 10-7 所示为所有有效的 datepart 参数。

表 10-7　datepart 参数

datepart	缩写	datepart	缩写	datepart	缩写
year	yy, yyyy	week	wk, ww	millisecond	ms
quarter	qq, q	weekday	dw	microsecond	mcs
month	mm, m	hour	hh	nanosecond	ns
dayofyear	dy, y	minute	mi, n	TZoffset	tz
day	dd, d	second	ss, s		

说明：如果 date 参数的数据类型没有指定的 datepart,将返回 datepart 的默认值。

【例 14.14】 获取系统日期函数和时间的年份、月份、日期。

```
SELECT GETDATE(),DAY(GETDATE()),MONTH(GETDATE()),YEAR(GETDATE())
```

下面是结果集：

```
2012-12-24 10:42:36.030  24  12  2012
```

【**例 14.15**】 返回当前月份。

```
SELECT DATEPART(month, GETDATE()) AS '月份'
GO
```

下面是结果集：

月份
12

【**例 14.16**】 返回指定日期加上额外日期后产生的新日期。

```
SELECT DATEADD(day,12,'12/18/2012'),DATEADD(month,2,'12/18/2012')
SELECT DATEADD(year,1,'10/18/2012')
GO
```

下面是结果集：

2012 − 12 − 30 00:00:00.000   2013 − 02 − 18 00:00:00.000
2013 − 10 − 18 00:00:00.000

【**例 14.17**】 计算两日期相隔的天数和周数。

```
SELECT DATEDIFF(day,'2011 − 12 − 24','2012 − 12 − 24') /*相隔天数*/
SELECT DATEDIFF(wk,'2011 − 12 − 24', '2012 − 12 − 24') /*相隔周数*/
GO
```

下面是结果集：

366
53

14.2.4 元数据函数

元数据函数返回有关数据库和数据库对象的信息。SQL Server 2008 提供了 32 个元数据函数，如表 10-8 所示为主要的元数据函数。

表 10-8   主要元数据函数

函　　数	语 法 格 式	功　　能
COL_LENGTH	COL_LENGTH('table', 'column')	返回列的定义长度（以字节为单位）
COL_NAME	COL_NAME(table_id, column_id)	根据指定的对应表标识号和列标识号返回列的名称
DB_ID	DB_ID (['database_name'])	返回数据库标识（ID）号
DB_NAME	DB_NAME (database_id)	返回数据库名
FILE_ID	FILE_ID('file_name')	返回当前数据库中给定逻辑文件名的文件标识(ID)号
FILE_NAME	FILE_NAME(file_id)	返回给定文件标识(ID)号的逻辑文件名
INDEX_COL	INDEX_COL('table', index_id,key_id)	返回索引列的名称
OBJECT_ID	OBJECT_ID('object')	返回架构范围内对象的数据库的对象标识号
OBJECT_NAME	OBJECT_NAME(object_id)	返回架构范围内对象的数据库的对象名称

【例 14.18】 返回列的长度和列的名称。

```
USE STUMS
GO
SELECT COL_LENGTH('班级','班级名称'),COL_NAME(OBJECT_ID('班级'), 1)
GO
```

下面是结果集：

```
20   班号
```

【例 14.19】 返回数据库标识号。

```
USE master
GO
SELECT name, DB_ID(name)
FROM sysdatabases
ORDER BY dbid
GO
```

下面是结果集：

```
master    1
tempdb    2
model     3
msdb      4
STUMS     5
TSJYMS    6
```

14.2.5　系统函数

系统函数对 SQL Server 中的值、对象和设置进行操作并返回有关信息。SQL Server 2008 提供了 48 个系统函数，如表 10-9 所示为主要系统函数。

表 10-9　主要系统函数

函　　数	语法格式	功　　能
APP_NAME	APP_NAME()	返回当前会话的应用程序名称（如果应用程序进行了设置）
CAST 和 CONVERT	CAST（expression AS data_type）CONVERT（data_type[（length）],expression[，style]）	将某种数据类型的表达式显式转换为另一种数据类型。CAST 和 CONVERT 提供相似的功能
COLLATIONPROPERTY	COLLATIONPROPERTY(collation_name, property)	返回给定排序规则的属性
CURRENT_TIMESTAMP	CURRENT_TIMESTAMP	返回当前的日期和时间。此函数等价于 GETDATE()
CURRENT_USER	CURRENT_USER	返回当前的用户。此函数等价于 USER_NAME()
DATALENGTH	DATALENGTH（expression)	返回任何表达式所占用的字节数
ERROR_MESSAGE	ERROR_MESSAGE()	返回导致 TRY...CATCH 语句的 CATCH 块运行错误的消息文本

续表

函　　数	语法格式	功　　能
ERROR_PROCEDURE	ERROR_PROCEDURE ()	返回在其中出现了导致 TRY…CATCH 语句的 CATCH 块运行的错误的存储过程或触发器的名称
GETANSINULL	GETANSINULL([′database′])	返回会话的数据库的默认为空性
HOST_ID	HOST_ID ()	返回工作站标识号
HOST_NAME	HOST_NAME ()	返回工作站名称
IDENT_CURRENT	IDENT_CURRENT(′table_name′)	返回为任何会话和任何作用域中的指定表最后生成的标识值
ISNUMERIC	ISNUMERIC(expression)	确定表达式是否为一个有效的数字类型
IDENTITY	IDENTITY (data_type [, seed, increment]) AS column_name	只用在带有 INTO 子句的 SELECT 语句中，才可以将标识列插入到新表中
NEWID	NEWID ()	创建 uniqueidentifier 类型的唯一值
NULLIF	NULLIF(expression,expression)	如果两个指定的表达式相等，则返回空值
PARSENAME	PARSENAME (′object_name′, object_piece)	返回对象名的指定部分。可以检索的对象部分有对象名、所有者名称、数据库名称和服务器名称
SERVERPROPERTY	SERVERPROPERTY(propertyname)	返回有关服务器实例的属性信息
SESSIONPROPERTY	SESSIONPROPERTY(option)	返回会话的 SET 选项设置
STATS_DATE	STATS_DATE (table_id,index_id)	返回最后一次更新指定索引统计的日期
SYSTEM_USER	SYSTEM_USER	当未指定默认值时，允许将系统为当前系统用户名提供的值插入表中
UPDATE	UPDATE (column)	返回一个布尔值，指示是否对表或视图的指定列进行了 INSERT 或 UPDATE 操作
USER_NAME	USER_NAME([id])	返回给定标识号的用户数据库用户名

表 10-9 中 CONVERT 函数的 data_type 参数取值如表 10-10 所示。

表 10-10　日期样式取值

不带世纪数位(yy)	带世纪数位(yyyy)	标　　准	输入/输出
	0 或 100	默认	mon dd yyyy hh:miAM(或 PM)
1	101	美国	mm/dd/yyyy
2	102	ANSI	yy. mm. dd
3	103	英国/法国	dd/mm/yyyy
4	104	德国	dd. mm. yy
5	105	意大利	dd-mm-yy
	9 或 109	默认设置＋毫秒	mon dd yyyy hh:mi:ss:mmmAM (或 PM)
10	110	美国	mm-dd-yy
11	111	日本	yy/mm/dd
12	112	ISO	yymmdd yyyymmdd
	13 或 113	欧洲默认设置＋毫秒	dd mon yyyy hh:mi:ss:mmm(24h)

【例 14.20】 使用 CURRENT_USER 返回当前用户名。

```
SELECT 'The current user is: '+ convert(char(30), CURRENT_USER)
```

下面是结果集：

```
The current user is: dbo
```

【例 14.21】 使用 SYSTEM_USER 返回当前系统用户名。

```
DECLARE @sys_usr char(30)
SET @sys_usr = SYSTEM_USER
SELECT 'The current system user is: '+ @sys_usr
GO
```

下面是结果集：

```
The current system user is: WIN-PJ7BENIBJ6R\Administrator
```

说明：如果当前用户使用 Windows 身份验证登录到 SQL Server，则 SYSTEM_USER 返回 Windows 登录标识名称。如果当前用户使用 SQL Server 身份验证登录到 SQL Server，则 SYSTEM_USER 返回 SQL Server 登录标识名称。

【例 14.22】 查找"系部"表中"系部名称"列的长度。

```
SELECT length = DATALENGTH(系部名称), 系部名称
FROM 系部
ORDER BY 系部名称
GO
```

下面是结果集：

```
length 系部名称
6 管理系
6 航海系
6 机电系
8 计算机系
10 交通工程系
8 人文艺术
```

14.2.6 聚合函数

聚合函数对一组值执行计算并返回单一的值。除 COUNT 函数之外，聚合函数忽略空值。聚合函数经常与 SELECT 语句的 GROUP BY 子句一同使用。

在下列项中，聚合函数允许作为表达式使用：

- SELECT 语句的选择列表（子查询或外部查询）。
- COMPUTE 或 COMPUTE BY 子句。
- HAVING 子句。

SQL Server 2008 提供的聚合函数如表 10-11 所示。

表 10-11 聚合函数

函　数	语法格式	功　能
AVG	AVG([ALL|DISTINCT] expression)	返回组中值的平均值。空值将被忽略
CHECKSUM_AGG	CHECKSUM_AGG([ALL | DISTINCT] expression)	返回组中各值的校验和。空值将被忽略
COUNT	COUNT({[ALL|DISTINCT] expression|*})	返回组中项目的数量
COUNT_BIG	COUNT_BIG({[ALL | DISTINCT] expression}|*)	返回组中的项数,包括 NULL 值和重复项
GROUPING	GROUPING(<column_expression>)	指示是否聚合 GROUP BY 列表中的指定列表达式
MAX	MAX([ALL|DISTINCT] expression)	返回表达式的最大值
MIN	MIN([ALL|DISTINCT] expression)	返回表达式的最小值
SUM	SUM([ALL|DISTINCT] expression)	返回表达式中所有值的和,或只返回 DISTINCT 值。SUM 只能用于数字列。空值将被忽略
STDEV	STDEV(expression)	返回给定表达式中所有值的统计标准偏差
STDEVP	STDEVP([ALL|DISTINCT] expression)	返回指定表达式中所有值的总体标准偏差
VAR	VAR(expression)	返回指定表达式中所有值的统计方差
VARP	VARP([ALL|DISTINCT] expression)	返回指定表达式中所有值的总体方差

【例 14.23】 统计各门课程的平均成绩。

```
USE STUMS
GO
SELECT 课程号,AVG(成绩) AS 平均成绩
FROM 选课
GROUP BY 课程号
GO
```

下面是结果集:

```
课程号 平均成绩
0001   80
0002   77
0110   77
0111   65
0302   60
0307   90
0310   63
0311   85
0706   73
```

【例 14.24】 统计"选课"表中的最高成绩。

```
USE STUMS
GO
SELECT MAX(成绩) AS 最高分
```

```
FROM 选课
GO
```

下面是结果集：

```
最高分
90
```

【例 14.25】 统计"选课"表中成绩的统计标准偏差。

```
USE STUMS
GO
SELECT STDEV(成绩)
FROM 选课
GO
```

下面是结果集：

```
13.4419795114712
```

【例 14.26】 使用 CAST 或 CONVERT 进行数据的往返转换（即从原始数据类型进行转换后又返回原始数据类型的转换）。

```
DECLARE @myval decimal(5,2)
SET @myval = 193.57
SELECT CAST(CAST(@myval AS varbinary(20)) AS decimal(10,5))
/* 使用 CONVERT 转换 */
SELECT CONVERT(decimal(10,5), CONVERT(varbinary(20), @myval))
```

下面是结果集：

```
193.57000
193.57000
```

任务②对照练习 在查询编辑器中调用一些函数进行数据处理，或对 STUMS 数据库对象进行操作，掌握常用内置函数的使用方法。

课后作业

1. 简述 SQL Server 内置函数的类别及使用。

2. 使用 CEILING 函数求大于 132.128 的最小整数，使用 FLOOR 函数求小于 132.128 的最大整数。

3. 使用 ROUND 函数求"选课"表中各课程的平均成绩。

4. 定义一个日期型的局部变量，利用函数获取系统日期并存入所定义的变量，最后以"系统日期是：XXXX 年 XX 月 XX 日 星期 X"的样式输出。

5. 使用元数据函数和系统函数查询并输出主机名称、主机标识号、STUMS 数据库的标识号、"学生基本信息"表的标识号和当前用户名称。

6. 利用 CONVERT 函数将"学生基本信息"表中的入学时间转换为字符型，输出格式为"yyyy.mm.dd"。

第15课　学生信息管理系统用户定义函数的应用

15.1　用户定义函数概述

课堂任务① 要求了解用户自定义函数的类型和相应的调用方法。

第14课中介绍了系统提供的常用内置函数,这大大方便了用户进行程序设计。用户在编程时,常常需要将一个或多个 T-SQL 语句组成子程序,并定义为函数,以便反复调用。SQL Server 允许用户根据需要自己定义函数。

15.1.1　用户定义函数

与编程语言中的函数类似,Microsoft SQL Server 中的用户定义函数可接收参数、执行操作(例如复杂计算)并将操作结果以值的形式返回。返回值可以是单个标量值或结果集。根据用户定义函数返回值的类型,可将用户定义函数分为 3 类。

1. 内联表值函数

用户定义函数返回 table 数据类型,表是单个 SELECT 语句的结果集,没有函数主体,这样的函数称为内联表值函数。

2. 多语句表值函数

如果用户定义函数在 BEGIN…END 语句块中包含一系列 T-SQL 语句,且这些语句可生成行并将其插入到返回的表中,则这样的函数称为多语句表值函数。

3. 标量函数

用户定义函数返回在 RETURNS 子句中定义的类型的单个数据值,这样的函数称为标量函数。对于内联标量函数,没有函数体,标量值是单个语句的结果。对于多语句标量函数,定义在 BEGIN…END 块中的函数体包含一系列返回单个值的 T-SQL 语句。

用户定义函数可以使用 T-SQL 或任何. NET 编程语言来编写。本课只讨论使用 T-SQL 语言编写。

在 T-SQL 语言中,可使用 CREATE FUNCTION 语句创建,使用 ALTER FUNCTION 语句修改,使用 DROP FUNCTION 语句除去用户定义函数。每个完全合法的用户定义函数名(database_name. owner_name. function_name)必须唯一。用户定义函数可接收零个或多个输入参数,不支持输出参数。

15.1.2　调用用户定义函数

与系统函数一样,用户定义函数可以从查询中唤醒并调用。也可以像存储过程一样,通过 EXECUTE 语句执行。

1. 标量函数的调用

当调用用户定义的标量函数时,必须提供至少由两部分组成的名称(所有者名. 函数名)。用户可按以下方式调用标量函数。

1) 使用 SELECT 语句调用

调用语法格式如下:

```
SELECT * , MyUser.MyScalarFunction()
FROM MyTable
```

2）利用 EXEC 语句调用

调用语法格式如下：

```
EXEC MyUser.MyScalarFunction()
```

2. 内联表值函数的调用

内联表值函数只能通过 SELECT 语句调用，调用时，可以仅使用函数名。调用内联表值函数的语法格式如下：

```
SELECT *
FROM MyTableFunction()
```

3. 多语句表值函数的调用

多语句表值函数的调用与内联表值函数的调用方法相同。

15.1.3 用户定义函数的优点

在 SQL Server 中使用用户定义函数有以下优点：

（1）允许模块化程序设计。

只需创建一次函数并将其存储在数据库中，便可以在程序中调用任意次。用户定义函数可以独立于程序源代码进行修改。

（2）执行速度更快。

与存储过程相似，T-SQL 用户定义函数通过缓存计划并在重复执行时重用它来降低 T-SQL 代码的编译开销，这意味着，每次使用用户定义函数时均无须重新解析和重新优化，从而缩短了执行时间。

与用于计算任务、字符串操作和业务逻辑的 T-SQL 函数相比，CLR 函数具有显著的性能优势。T-SQL 函数更适用于数据访问密集型逻辑。

（3）减少网络流量。

基于某种无法用单一标量的表达式表示的复杂约束来过滤数据的操作，可以表示为函数。然后，此函数便可以在 WHERE 子句中调用，以减少发送至客户端的数字或行数。

15.2 创建用户定义函数

> **课堂任务②** 学会创建用户定义函数的方法。

15.2.1 创建标量函数

创建标量函数的语法如下：

```
CREATE FUNCTION [ schema_name. ] function_name          -- 函数名定义部分
/ * 形参定义部分 * /
([ { @parameter_name [ AS ][ type_schema_name. ] parameter_data_type [ = default ][READONLY]}
[ ,…n]])
RETURNS return_data_type                                 -- 说明返回参数的数据类型
```

```
[ WITH < function_option >[,...n]]        -- 函数选项的定义
[ AS ]
BEGIN
  function_body                           -- 函数体部分
  RETURN scalar_expression                -- 返回语句
END[;]
```

各参数说明如下。

- schema_name：用户定义函数所属的架构的名称。

- function_name：用户定义函数的名称。函数名称必须符合标识符的规则，并且在数据库中及对其架构来说是唯一的。

- @parameter_name：用户定义函数中的参数。可声明一个或多个参数。一个函数最多可以有 2100 个参数。执行函数时，如果未定义参数的默认值，则用户必须提供每个已声明参数的值。使用@符号作为第一个字符来指定参数名称。参数名称必须符合标识符的规则。每个函数的参数仅用于该函数本身，相同的参数名称可以用在其他函数中。

- [type_schema_name.]parameter_data_type：参数的数据类型及其所属的架构，后者为可选项。对于 T-SQL 函数，允许使用除 timestamp 数据类型之外的所有数据类型（包括 CLR 用户定义类型和用户定义表类型）。对于 CLR 函数，允许使用除 text、ntext、image、用户定义表类型和 timestamp 数据类型之外的所有数据类型（包括 CLR 用户定义类型）。不能将非标量类型 cursor 和 table 指定为 T-SQL 函数或 CLR 函数中的参数数据类型。

- [＝default]：参数的默认值。如果定义了 default 值，则无须指定此参数的值即可执行函数。

- READONLY：不能在函数定义中更新或修改参数。如果参数类型为用户定义的表类型，则应指定 READONLY。

- function_body：是一系列 T-SQL 语句的集合，可完成标量值的计算。

- scalar_expression：指定标量函数返回的标量值。

【例 15.1】 定义标量函数 student_pass，统计学生考试是否合格的信息。

(1) 创建函数。

代码如下：

```
USE STUMS
GO
CREATE FUNCTION student_pass(@grade tinyint)
RETURNS char(8)
BEGIN
  DECLARE @info char(8)
  If @grade > = 60 set @info = '合格'
  else set @info = '不合格'
  RETURN @info
END
GO
```

在查询编辑器中输入和运行上述代码,即可创建用户定义函数 student_pass,如图 10-11
所示。

图 10-11　创建的 student_pass 函数

（2）调用该函数进行合格统计。

代码如下：

```
USE STUMS
GO
SELECT 学生基本信息.学号,姓名,课程名,dbo.student_pass(成绩)
FROM 学生基本信息,选课,课程
WHERE 学生基本信息.学号 = 选课.学号 and 选课.课程号 = 课程.课程号
GO
```

在查询编辑器中输入和运行上述代码,即可调用用户定义函数 student_pass,执行结果
如图 10-12 所示。

图 10-12　调用 student_pass 函数的执行结果

15.2.2　创建内联表值函数

内联表值函数是返回记录集的用户自定义函数,可用于实现参数化视图的功能。例如,有如下视图:

```
CREATE VIEW js_zc_view AS
SELECT 教师编号,姓名
FROM 教师
WHERE 职称 = '副教授'
GO
```

若希望设计更通用的程序,让用户能按自己感兴趣的内容查询,可将 WHERE 职称＝'副教授'改为 WHERE 职称＝@para,其中,@para 用于传递参数,但视图不支持 WHERE 子句中指定的搜索条件参数,为解决这一问题,可定义内联表值函数。

创建内联表值函数的语法如下:

```
CREATE FUNCTION [ schema_name. ] function_name -- 函数名定义部分
/ * 形参定义部分 * /
([ { @parameter_name [ AS ][ type_schema_name. ] parameter_data_type [ = default ] [ READONLY ] }
[ ,...n ] ])
RETURNS TABLE
[ WITH < function_option > [ [, ] ...n ] ]
[ AS ]
RETURN [ ( ] select - stmt [ ) ]
```

其中,select-stmt 是定义内联表值函数返回值的单个 SELECT 语句。

其他参数的含义与标量函数的参数含义相同。

【例 15.2】 定义内联表值函数 teacher_zc,根据参数返回教师职称的信息。

(1) 创建函数。

代码如下:

```
USE STUMS
GO
CREATE FUNCTION teacher_zc(@para char(10))
RETURNS TABLE
AS
RETURN( select 教师编号,姓名 from 教师
  where 职称 = @para)
```

在查询编辑器中输入和运行上述代码,即可创建 teacher_zc 函数,如图 10-13 所示。

(2) 使用该函数。

代码如下:

```
USE STUMS
GO
SELECT *
FROM teacher_zc('讲师')
GO
```

图 10-13　创建的 teacher_zc 函数

在查询编辑器中输入和运行上述代码,即用调用用户定义函数 teacher_zc,执行结果如图 10-14 所示。

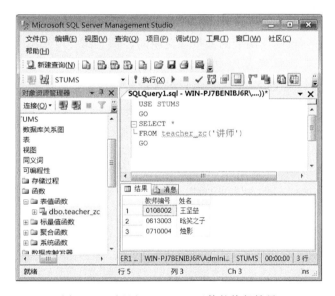

图 10-14　调用 teacher_zc 函数的执行结果

15.2.3　创建多语句表值函数

内联表值函数和多语句表值函数都返回表(记录集)。两者的不同之处是,内联表值函数没有函数主体,返回的表是单个 SELECT 语句的结果集;而多语句表值函数要在 BEGIN…END 块中定义函数主体,并将生成的数据行插入到表中,最后返回表(记录集)。

创建多语句表值函数的语法如下:

```
CREATE FUNCTION [ schema_name. ] function_name -- 函数名定义部分
/* 形参定义部分 */
([{@parameter_name[ AS ][ type_schema_name.]parameter_data_type[ = default ][ READONLY ]}[
,...n ]])
RETURNS @return_variable TABLE < table_type_definition >
[WITH < function_option >[[,]...n]]
[AS]
BEGIN
    function_body
    RETURN
END
< function_option >::=
{ENCRYPTION|SCHEMABINDING}
< table_type_definition >::=
({column_definition|table_constraint}[ ,...n])
```

各参数说明如下。

- @return_variable：表变量，用于存储作为函数值返回的记录。
- table_type_definition：定义返回的表结构。
- function_body：T-SQL 语句序列，在表变量 @return_variable 中插入记录行。
- ENCRYPTION：加密包含 CREATE FUNCTION 语句的文本。
- SCHEMABINDING：将函数绑定到它所引用的数据库对象。

其他参数含义与创建标量函数的参数含义相同。

【例 15.3】 在 STUMS 数据库中创建多语句表值函数 student_course，以学号为实参调用该函数，查询该学生的姓名、所选的课程名和取得的成绩。

（1）创建函数。

代码如下：

```
USE STUMS
GO
CREATE FUNCTION student_course(@student_id char(9))
RETURNS @student_list TABLE
(姓名 char(8),课程名称 varchar(20),成绩 smallint)
AS
BEGIN
INSERT @student_list
select 姓名,课程名,成绩
from 学生基本信息,选课,课程
where 学生基本信息.学号 = 选课.学号 and 课程.课程号 = 选课.课程号 and 学生基本信息.学号 =
@student_id
RETURN
END
GO
```

在查询编辑器中输入和运行上述代码，即可创建用户定义函数 student_course，如图 10-15 所示。

图 10-15　创建的 student_ course 函数

（2）使用该函数。

代码如下：

调用多语句表值函数

```
USE STUMS
SELECT *
FROM student_course('071071001')
GO
```

在查询编辑器中输入和运行上述代码，即可调用用户定义函数 student_ course，执行结果如图 10-16 所示。

图 10-16　调用 student_ course 函数的执行结果

用户定义函数的创建也可以使用 SSMS 完成,其操作过程如下:

(1) 启动 SSMS,在 SSMS 的"对象资源管理器"窗口中依次展开"数据库→STUMS→可编程性"节点,右击"函数"图标,在弹出的快捷菜单中选择"新建→内联表值函数"命令或"多语句表值函数"命令或"标量值函数"命令,如图 10-17 所示,打开用户定义函数模板编辑器。模板编辑器中包含用户定义函数的框架代码,如图 10-18 所示。

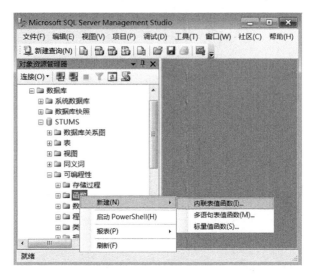

图 10-17　选择命令

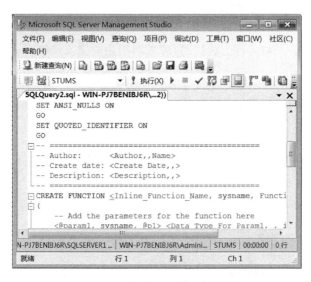

图 10-18　用户定义函数的框架代码

(2) 修改用户定义函数的框架代码,根据函数定义替换模板中的内容。

(3) 修改完毕后单击【分析】按钮,进行语法检查。

(4) 如果没有任何语法错误,单击【执行】按钮即可。

创建用户定义函数后,编程时可根据需要调用该函数。

任务②对照练习

① 编写一函数 bj_info,用于实现根据班级名称查询该班的有关信息。

② 根据"网络技术"实参调用 bj_info 函数。

15.3 修改和删除用户定义函数

课堂任务③ 学会修改和删除用户自定义函数的方法。

15.3.1 修改用户定义函数

1. 使用 ALTER FUNCTION 命令修改用户定义函数

更改先前由 CREATE FUNCTION 语句创建的现有用户定义函数后,不会更改权限,也不会影响相关的函数、存储过程或触发器。

1) 修改标量函数

修改标量函数的语法如下:

```
ALTER FUNCTION [ schema_name. ] function_name
([{@parameter_name[AS][type_schema_name.]parameter_data_type[ = default][READONLY]}[,...
n]])
RETURNS return_data_type
    [ WITH < function_option >[ ,...n ] ]
    [ AS ]
    BEGIN
        function_body
        RETURN scalar_expression
    END[ ; ]
```

其中,function_name 为要修改的用户定义函数的名称。

其他参数的含义与创建标量函数的参数含义相同。

2) 修改内联表值函数

修改内联表值函数的语法如下:

```
ALTER FUNCTION [ schema_name. ] function_name
([{@parameter_name[ AS ][type_schema_name.]parameter_data_type [ = default ][READONLY]}[,...
n]])
RETURNS TABLE
[WITH < function_option >[[,]...n]]
[ AS ]
RETURN[ ( ]select - stmt[ ) ]
```

其各参数含义与创建标量函数的参数含义相同。

3) 修改多语句表值函数

修改多语句表值函数的语法如下:

```
ALTER FUNCTION [ schema_name. ] function_name
([{@parameter_name [ AS ][ type_schema_name. ] parameter_data_type [ = default ] [ READONLY ]}
[ ,...n ]])
```

```
RETURNS @return_variable TABLE <table_type_definition>
[ WITH <function_option> [ [,] ...n ] ]
[ AS ]
BEGIN
    function_body
    RETURN
END
<function_option>:: =
{ENCRYPTION|SCHEMABINDING}
<table_type_definition>:: =
({column_definition|table_constraint}[ ,...n ])
```

各参数含义与创建标量函数的参数含义相同。

2．使用 SSMS 修改用户定义函数

从以上可以看出，修改用户定义函数与创建用户定义函数的语法极为相似，只要将创建用户定义函数中的 CREATE 改为 ALTER，再改写需调整的命令行即可。

用户也可以使用 SSMS 修改用户定义函数，右击需修改的函数，在弹出的快捷菜单中选择"修改"命令，打开需修改函数的代码编辑窗口，在此窗口中修改函数的语句代码并保存即可。

使用 SSMS 修改用户定义函数，要比使用 ALTER FUNCTION 命令修改快捷。

【例 15.4】 修改内联表值函数 teacher_zc，并根据学历返回教师的基本信息。

（1）修改函数。

代码如下：

```
USE STUMS
GO
ALTER FUNCTION teacher_zc((@para char(10))
RETURNS TABLE
AS
RETURN( select * from 教师 where 学历 = @para)
GO
```

在查询编辑器中输入并运行上述代码，即可修改 teacher_zc 函数。

（2）调用该函数。

代码如下：

```
USE STUMS
GO
SELECT *
FROM teacher_zc('大学本科')
GO
```

在查询编辑器中输入并运行上述代码，即可调用修改后的 teacher_zc 函数，执行结果如图 10-19 所示。

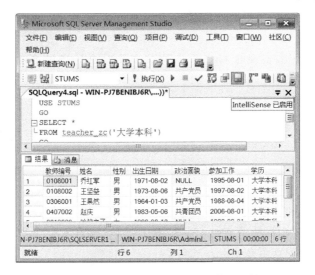

图 10-19　修改后的 teacher_zc 函数调用结果

15.3.2　删除用户定义函数

对于一个已创建的用户定义函数,可有两种方法删除。

1. 使用 DROP FUNCTION 命令删除用户定义函数

从当前数据库中删除一个或多个用户定义函数的语法格式如下:

```
DROP FUNCTION{[schema_name.]function_name}[,...n]
```

各参数说明如下。

- schema_name:用户定义函数所属的架构名称。
- function_name:要删除的用户定义函数的名称。可以选择是否指定架构名称,不能指定服务器名称和数据库名称。
- n:表示可以将多个用户定义函数予以删除。

【例 15.5】　删除多语句表值函数 student_course()。

代码如下:

```
USE STUMS
GO
DROP FUNCTION dbo.student_course()
GO
```

说明:

- 若要执行 DROP FUNCTION 语句,用户至少应对函数所属架构具有 ALTER 权限,或对函数具有 CONTROL 权限。
- 如果存在引用此函数并且已生成索引的计算列,则使用 DROP FUNCTION 语句删除用户定义函数将失败。

2. 使用其他方法删除用户定义函数

用户也可以通过 SSMS 的“对象资源管理器”窗口删除用户定义函数。方法是,找到需要删除的用户定义函数并右击该函数,在弹出的快捷菜单中选择“删除”命令,然后根据屏幕提示操作,即可完成用户定义函数的删除。

任务③对照练习

① 修改函数 bj_info,实现根据班号查询该班号对应的班级名称、学生数和班主任等信息。

② 根据 590101 实参调用 bj_info 函数。

③ 用 DROPFUNCTION 命令删除 bj_info 函数。

课后作业

1. 用户定义函数分几类?各有什么特征?

2. 简述使用 SSMS 创建用户定义函数的操作步骤。

3. 使用 T-SQL 语句创建用户定义函数的基本语法是什么?

4. 如何调用用户定义函数?

5. 创建一个标量函数 xs_jg_fun,统计"学生基本信息"表中各籍贯的人数。

6. 创建一个内联表值函数 xs_xk_fun,根据学号统计学生选修课程的信息。

7. 创建一个多语句表值函数 xs_cj_fun,返回高于给定成绩的学生的学号、姓名、课程名及成绩等信息。

8. 分别调用上述定义的函数,并进行函数功能的验证。

9. 修改标量函数 xs_jg_fun,统计"学生基本信息"表中男生、女生的人数。

10. 用 T-SQL 命令删除 xs_xk_fun 和 xs_cj_fun 用户定义函数。

实训 12   函数在图书借阅管理系统中的应用

1. 实训目的

(1) 熟练掌握 SQL Server 常用函数的使用方法。

(2) 熟练掌握 SQL Server 用户定义函数的创建方法。

(3) 熟练掌握 SQL Server 用户定义函数的修改和删除方法。

2. 实训准备

(1) 了解 SQL Server 常用函数的功能及其参数的意义。

(2) 了解 SQL Server 中 3 类用户定义函数的区别。

(3) 了解 SQL Server 中 3 类用户定义函数的语法。

(4) 了解对 SQL Server 用户定义函数进行修改和删除的语法。

3. 实训要求

(1) 完成下面的实训内容,并提交实训报告。

(2) 将所有的代码附上。

4. 实训内容

1) SQL Server 内置函数的应用

① 统计"读者信息"表中的教师数和学生数。

② 统计"图书入库"表中 2012 年入库的图书总数。

③ 使用 ROUND 函数求"图书信息"表中图书的平均定价、最高定价和最低定价。

④ 使用元数据函数和系统函数查询并输出主机名称、主机标识号、TSJYMS 数据库的标识号、"借还管理"表的标识号和当前用户名称。

⑤ 使用 CONVERT 函数将"借还管理"表中的借书日期转换为字符型,输出格式为美国标准格式"mm-dd-yyyy"。

2）SQL Server 用户定义函数的应用

① 创建一个标量函数 day_fun(),根据某读者证号计算该读者已借书的天数。

② 创建一个内联表值函数 book_info(),根据图书编号返回该书的书名、出版社和库存数。

③ 创建一个多语句表值函数 read_info(),根据借书证号返回该读者借书的情况(读者姓名、图书名称、借书日期)。

④ 对上述用户定义函数进行修改和删除,内容自定。

第11章

数据库的安全管理与维护

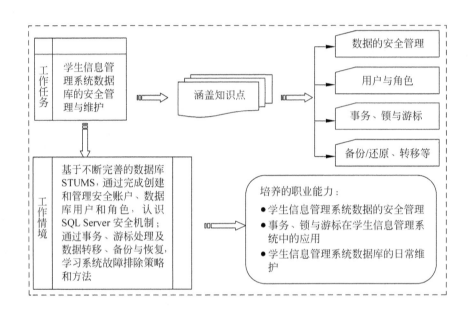

第16课　学生信息管理系统数据库的安全管理

　　安全管理是指对需要登录服务器的人员进行管理,这是数据库服务器应实现的重要功能之一。学生信息管理系统也要进行相应的安全性设置。安全性设置包含两个方面:一是允许具有访问权限的人访问数据库,对数据库对象实施各种权限范围内的操作;二是拒绝非授权用户的非法操作,防止数据库信息资源遭到破坏。

　　SQL Server 2008 提供了良好的安全管理机制。在 SQL Server 2008 中,安全管理可分为如下两层。

　　第一层是对用户登录进行身份认证。当用户登录到数据库系统时,系统对该用户的账号和口令进行认证,包括确认用户账号是否有效及能否访问数据库系统。

　　第二层是对用户的操作进行权限控制。当用户登录到数据库后,只能对数据库中的数据在允许的权限内进行操作。

16.1　SQL Server 的身份验证模式

课堂任务① 学习 SQL Server 的身份验证模式的相关知识。

在安装过程中，必须为数据库引擎选择身份验证模式。可供选择的模式有两种：Windows 身份验证模式和混合模式。Windows 身份验证模式会启用 Windows 身份验证，并禁用 SQL Server 身份验证。混合模式会同时启用 Windows 身份验证和 SQL Server 身份验证。Windows 身份验证始终可用，并且无法禁用。当用户对一个数据库执行任何操作或任务以前，SQL Server 必须对该用户进行身份验证。

16.1.1　Windows 身份验证模式

SQL Server 一般运行在 Windows 平台上，而这种操作系统本身就具有管理登录等安全性管理功能。当 SQL Server 配置与 Windows 安全性集成时，就可以利用 Windows 的安全性功能。

当用户通过 Windows 用户账户连接时，SQL Server 使用操作系统中的 Windows 主体标记验证账户名和密码，用户身份由 Windows 进行确认。这使用户不用直接提供单独的登录账户和口令就可以连接和登录 SQL Server。

Windows 身份验证是默认身份验证模式，并且比 SQL Server 身份验证更为安全。Windows 身份验证使用 Kerberos 安全协议，提供有关强密码复杂性验证的密码策略机制，还提供账户锁定支持，并且支持密码过期。通过 Windows 身份验证完成的连接有时也称为可信连接，这是因为 SQL Server 信任由 Windows 提供的凭据。

16.1.2　SQL Server 身份验证模式

SQL Server 本身也提供了用户登录的安全机制。当使用 SQL Server 身份验证时，在 SQL Server 中创建的登录名并不基于 Windows 用户账户，用户名和密码均通过 SQL Server 创建并存储在 SQL Server 中。在这种验证模式下，用户在连接 SQL Server 时必须提供登录名和登录密码，由 SQL Server 本身来执行认证处理，与 Windows 的登录账户无关。

当使用 SQL Server 身份验证时，必须为所有的 SQL Server 账户设置强密码。可供 SQL Server 登录名选择并使用的密码策略有以下 3 种。

（1）用户在下次登录时必须更改密码。

要求用户在下次连接时更改密码，更改密码的功能由 SQL Server Management Studio 提供。如果使用该选项，则第三方软件开发人员应提供此功能。

（2）强制密码过期。

对 SQL Server 登录名强制实施计算机的密码最长使用期限策略。

（3）强制实施密码策略。

对 SQL Server 登录名强制实施计算机的 Windows 密码策略，这包括密码长度和密码复杂性。此功能需要通过 NetValidatePasswordPolicy API 实现，该 API 只在 Windows Server 2003 和更高版本中提供。

使用 SQL Server 身份验证具有以下优点：

- 允许 SQL Server 支持那些需要进行 SQL Server 身份验证的旧版应用程序和由第三方提供的应用程序。
- 允许 SQL Server 支持具有混合操作系统的环境,在这种环境中,并不是所有的用户均由 Windows 域进行验证。
- 允许用户从未知的或不可信的域进行连接。例如,既定客户使用指定的 SQL Server 登录名进行连接,以接收其订单状态的应用程序。
- 允许 SQL Server 支持基于 Web 的应用程序,在这些应用程序中用户可创建自己的标识。
- 允许软件开发人员通过使用基于已知的预设 SQL Server 登录名的复杂权限层次结构来分发应用程序。

SQL Server 身份验证的不足之处是,SQL Server 身份验证无法使用 Kerberos 安全协议。SQL Server 登录名不能使用 Windows 提供的其他密码策略。

16.1.3 两种身份验证模式的比较及重新配置

1. 两种身份验证模式的比较

如表 11-1 所示是对 Windows 和 SQL Server 身份验证的安全性比较。

表 11-1　Windows 和 SQL Server 身份验证比较

Windows 身份验证	SQL Server 身份验证
当用户登录到 Windows 域时,用户名和密码在被传递到 Windows 域之前被加密	Windows 操作系统从不验证用户
支持复杂加密、密码的截至日期和最短长度等密码策略	不支持密码策略
支持账户锁定策略,在使用无效密码进行多次尝试后锁定账户	不支持账户锁定策略
在 Windows 98/ME 操作系统中不能使用	在 Windows 98/ME 操作系统可以使用

Windows 身份验证比 SQL Server 身份验证更加安全,应尽量使用 Windows 身份验证。

2. 重新配置身份验证模式

在 SQL Server 中,可以对身份验证模式进行重新配置。如果在安装过程中选择 Windows 身份验证,现要将 Windows 身份验证模式更改为混合模式身份验证并使用 SQL Server 身份验证,可以使用 SSMS 进行更改,其操作步骤如下:

(1) 在 SSMS 的"对象资源管理器"窗口中右击服务器,在弹出的快捷菜单中选择"属性"命令,如图 11-1 所示。

(2) 在打开的服务器属性窗口中,选中"安全性"选择页,如图 11-2 所示。在此选择页可以查看或修改服务器安全选项。

① 服务器身份验证。
- Windows 身份验证模式。
- SQL Server 和 Windows 身份验证模式。

② 登录审核。
- 无:关闭登录审核。
- 仅限失败的登录:仅审核未成功的登录。

图 11-1　选择"属性"命令

图 11-2　服务器属性窗口

- 仅限成功的登录：仅审核成功的登录。
- 失败和成功的登录：审核所有登录尝试。
③ 服务器代理账户。
- 启用服务器代理账户。启用供 xp_cmdshell 使用的账户。在执行操作系统命令时，代理账户可模拟登录、服务器角色和数据库角色。
- 代理账户。指定所使用的代理账户。
- 密码。指定代理账户的密码。

④ 选项。

- 启用 C2 审核跟踪。审查对语句和对象的所有访问尝试，并记录到文件中。对于默认 SQL Server 实例，该文件位于\MSSQL\Data 目录中；对于 SQL Server 命名实例，该文件位于\MSSQL＄实例名\Data 目录中。
- 跨数据库所有权链接。选中此复选框，将允许数据库成为跨数据库所有权链接的源或目标。

（3）在"安全性"选择页的"服务器身份验证"选项组中选择新的服务器身份验证模式，再单击【确定】按钮。

（4）在弹出的 SSMS 界面中单击【确定】按钮，以确认需要重新启动 SQL Server。

注意：修改验证模式后，必须首先停止 SQL Server 服务，然后重新启动 SQL Server，这样才能使新的设置生效。

最后必须指出，通过认证阶段并不代表用户能够访问 SQL Server 中的数据，还必须通过许可确认。用户只有在具有访问数据库的权限之后，才能够对服务器上的数据库进行权限许可下的各种操作，这种用户访问数据库权限的设置是通过用户账号来实现的。用户账户的数据库访问权限决定了用户在数据库中可以执行哪些操作。

任务①对照练习　重新设置服务器的身份验证模式。

16.2　创建和管理登录名

> **课堂任务②**　学习 SQL Server 登录名创建和管理的方法。

登录名（登录账户）是 SQL Server 授予用户访问服务器资源的一种身份标识，也是确保 SQL Server 服务器安全的基本手段。在 SQL Server 中，可使用 SSMS 工具创建和管理登录名，也可使用 T-SQL 语句创建和管理登录名。

16.2.1　创建登录名

如果将服务器配置成 Windows 身份验证模式，则不必在每次访问 SQL Server 实例时都提供 SQL Server 登录名。如果将服务器配置成混合模式身份验证（SQL Server 身份验证模式和 Windows 身份验证模式）模式，则必须提供 SQL Server 登录名和密码。

1. 创建 SQL Server 身份验证的登录名

1) 使用 SSMS 创建登录名

【例 16.1】　在 STUMS 数据库所在的服务器上创建 SQL Server 身份验证的登录名。

具体操作步骤如下：

（1）启动 SSMS，在"对象资源管理器"窗口中依次展开"服务器→安全性"节点，右击"登录名"图标，在弹出的快捷菜单中选择"新建登录名"命令，如图 11-3 所示。

（2）在打开的"登录名-新建"窗口中选择"常规"选项，打开"常规"选择页。

（3）在"登录名"文本框中输入 SQL Server 登录

图 11-3　选择"新建登录名"命令

名(如 SQL_Wang),选择"SQL Server 身份验证"单选按钮,在"密码"文本框中输入"123456",在"确认密码"文本框中再次输入"123456"。

(4) 取消选择"强制实施密码策略"复选框。

(5) 在"默认数据库"下拉列表框中选择连接时默认的数据库(STUMS)。

(6) 在"默认语言"下拉列表框中选择语言(默认值)。设置效果如图 11-4 所示。

(7) 设置完毕后,单击【确定】按钮,完成 SQL_Wang 登录名的创建。

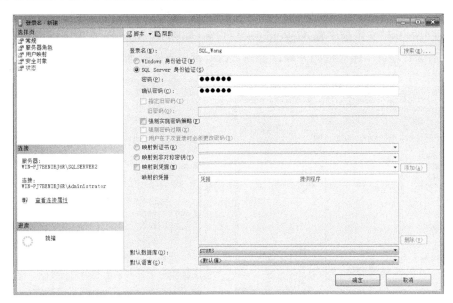

图 11-4　新建登录名参数设置

2) 使用 CREATE LOGIN 语句创建登录名

使用 CREATE LOGIN 语句创建 SQL Server 身份验证的登录名的基本语法格式如下:

```
CREATE LOGIN loginName
{WITH <{PASSWORD = 'password'}>[MUST_CHANGE], [DEFAULT_DATABASE = database]}
```

各参数说明如下。

- loginName:指定创建 SQL Server 的登录名。
- PASSWORD:指定正在创建的登录名的密码,仅适用于 SQL Server 登录名。
- MUST_CHANGE:仅适用于 SQL Server 登录名。如果选择此选项,则 SQL Server 将在首次使用新登录名时提示用户输入新密码。
- DEFAULT_DATABASE=database:指定将指派给登录名的默认数据库。如果未选择此选项,则 master 为默认数据库。

【例 16.2】　在 STUMS 数据库所在的服务器上,用 T-SQL 语句创建 SQL Server 身份验证的登录名 SQL_Li。

代码如下:

```
CREATE LOGIN SQL_Li
WITH PASSWORD = '123456',
DEFAULT_DATABASE = STUMS
```

执行上述代码,系统提示"命令已成功完成。",表明登录名 SQL_Li 创建成功。

2. 创建 Windows 身份验证的登录名

【例 16.3】 在 STUMS 数据库所在的服务器上,创建 Windows 身份验证的登录名。

具体操作步骤如下:

(1) 单击"开始"菜单,选择"控制面板→系统安全→管理工具→计算机管理"命令,打开"计算机管理"窗口,展开"系统工具→本地用户和组"节点,如图 11-5 所示。

(2) 右击"用户"图标,在弹出的快捷菜单中选择"新用户"命令,打开"新用户"对话框。

(3) 在"用户名"文本框中输入 Windows 用户名(如 WIN_Wand),在"描述"文本框中输入"STUMS 系统管理员",输入密码并确认密码,选择"密码永不过期"复选框,如图 11-6 所示。

图 11-5 在"计算机管理"窗口中展开节点　　　　图 11-6 Windows 新用户参数设置

(4) 设置完毕后,单击【创建】按钮,完成新用户的创建。

(5) 创建新用户的 Windows 登录。启动 SSMS,在"对象资源管理器"窗口中展开"服务器→安全性"节点,右击"登录名"图标,在弹出的快捷菜单中选择"新建登录名"命令,打开"登录名-新建"窗口。

(6) 单击【搜索】按钮,打开"选择用户或组"对话框,单击【高级】按钮,选择"一般性查询"选项卡,单击【立即查找】按钮,在搜索结果中选择 WIN_Wand 用户,单击【确定】按钮,返回"选择用户或组"对话框,如图 11-7 所示,再单击【确定】按钮,将刚建好的 Windows 新用户添加进来。

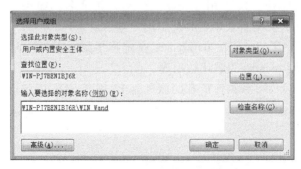

图 11-7 "选择用户或组"对话框

（7）在"登录名-新建"窗口串选择"Windows 身份验证"单选按钮，设置"默认数据库"为 STUMS。

（8）设置完毕，单击【确定】按钮，完成 Windows 登录名的创建。

除图形化操作外，也可以使用 CREATE LOGIN 语句创建 Windows 身份验证的登录名，详细介绍可参考 SQL Server 2008 联机帮助文档。

16.2.2 管理登录名

登录名的管理操作包括查看、修改、禁用/启用和删除等。用户可以使用 SSMS 完成这些操作，也可以使用 T-SQL 语句实现。本小节只介绍 SSMS 的操作方法。

1. 查看登录名

具体操作步骤如下：

（1）启动 SSMS，在"对象资源管理器"窗口中依次展开"服务器→安全性→登录名"节点，系统将列出当前服务器所有的登录名。

（2）若要查看某个特定登录名（如 SQL_Wang）的详细信息，选中并右击该登录名，然后从快捷菜单中选择"属性"命令，打开该登录名的登录属性窗口，从中可查看此登录名的属性，如图 11-8 所示。

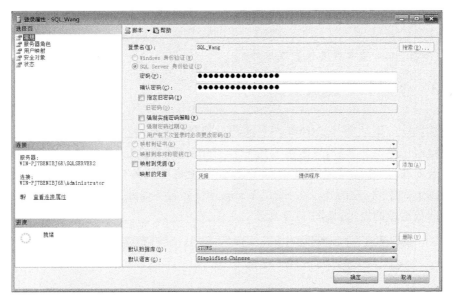

图 11-8 SQL_Wang 登录名属性窗口

2. 启用、禁用和解锁登录名

具体操作步骤如下：

（1）在登录属性窗口的左窗格中选择"状态"选择页。

（2）在"状态"选择页可以进行以下操作。

- 要启动登录，在"登录"选项组中选择"启用"单选按钮。
- 要禁用登录，在"登录"选项组中选择"禁用"单选按钮。
- 要解锁登录，取消选择"登录已锁定"复选框。

（3）最后单击【确定】按钮，完成操作。

3．修改登录名

具体操作步骤如下：

（1）在登录属性窗口的左窗格中选择"常规"选择页，在此选择页的"默认数据库"下拉列表框中可重新设置默认数据库。选择"用户映射"选择页，在此选择页可以为当前用户添加一个连接数据库，如 TSJYMS。

（2）最后单击【确定】按钮，完成修改操作。

4．删除登录名

对不再需要的登录名，可以将其删除，但不能删除正在使用的登录名或拥有安全对象的登录名。

使用 SSMS 删除登录名的操作步骤如下：

（1）启动 SSMS，在"对象资源管理器"窗口中依次展开"服务器→安全性→登录名"节点，系统将列出当前服务器所有的登录名。

（2）选中并右击要删除的登录名，然后从快捷菜单中选择"删除"命令，打开该登录名的"删除对象"窗口，单击【确定】按钮即可。

任务②对照练习

① 为 STUMS 数据库创建一个 SQL Server 登录名 SQL_new 和一个 Windows 登录名 WIN_new。

② 对 SQL_new 登录名进行管理操作。

16.3 创建和管理数据库用户

课堂任务③ 学习 SQL Server 数据库用户创建和管理的方法。

用户具有了登录名之后，只能连接到 SQL Server 服务器上，并不具有访问任何数据库的能力。若要获得对特定数据库的访问权限，还必须将登录名与数据库用户关联起来。例如，将在【例 16.1】中创建的登录名 SQL_Wang 连接到服务器并查看 TSJYMS 时，系统会给出无法访问数据库的提示，如图 11-9 所示。

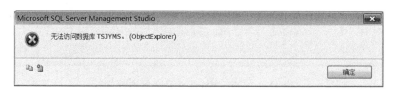

图 11-9　无法访问 TSJYMS 数据库的提示

登录名属于服务器的层面，它本身并不能让用户访问服务器中的数据库。当登录者要使用服务器中的数据库时，必须要有数据库用户账号才能够存取数据库，如同进公司时先刷卡（登录服务器），然后拿钥匙打开自己的办公室（进入数据库）一样。

数据库用户要在特定的数据库内创建，并关联一个服务器登录名（即当创建一个用户时，必须关联一个登录名）。数据库用户和登录名有着密切的联系，但它们毕竟是两个不同的概念。登录名只是通知 SQL Server，只表明通过了 Windows 认证或 SQL Server 认证，不能表明其可以对数据库及其对象进行某些操作。必须设置了数据库用户,才可以对数据库进行操作。

在 SQL Server 中,每个数据库都有两个默认的用户,即 dbo 用户和 guest 用户。

dbo 用户是特殊的数据库用户,是具有隐式权限的用户。它是数据库的所有者,可在数据库中完成所有的操作。

guest 用户与 dbo 用户一样,创建数据库之后会自动生成。授予 guest 用户的权限由在数据库中没有用户账户的用户继承,从而使登录者能够获得默认访问权限。

guest 用户是不能删除的,但可通过撤销该用户的 CONNECT 权限将其禁用。用户可以通过在 master 或 tempdb 以外的任何数据库中执行 REVOKE CONNECT FROM GUEST 来撤销 CONNECT 权限。

16.3.1 创建数据库用户

在 SQL Server 中,可使用 SSMS 工具和 T-SQL 语句创建数据库用户。

1. 使用 SSMS 创建数据库用户

【例 16.4】 在 STUMS 数据库中创建基于 SQL_Li 登录名的数据库用户 DB_User1。

具体操作步骤如下:

(1)启动 SSMS,在"对象资源管理器"窗口中依次展开"服务器→数据库→STUMS→安全性"节点,右击"用户"图标,在弹出的快捷菜单中选择"新建用户"命令,如图 11-10 所示。

图 11-10 选择"新建用户"命令

(2)在打开的"数据库用户-新建"窗口中选择"常规"选项,打开"常规"选择页。

(3)在"用户名"文本框中输入用户名(如 DB_User1),在"登录名"文本框中输入要关联的登录名(如 SQL_Li),也可单击"登录名"后的按钮,选择要关联的登录名,参数设置如图 11-11 所示。

(4) 设置完毕后,单击【确定】按钮,完成 DB_User1 用户的创建。

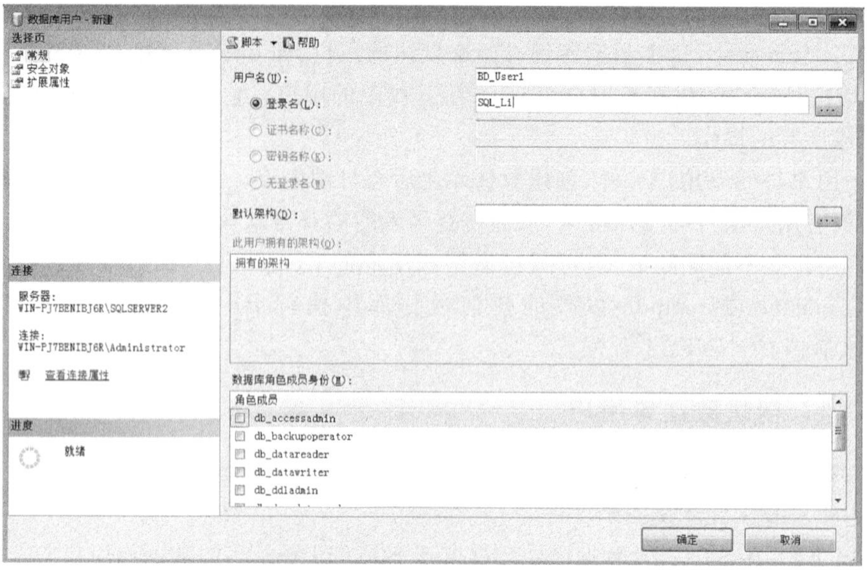

图 11-11　新建数据库用户参数设置

2. 使用 CREATE USER 语句创建数据库用户

使用 CREATE USER 语句创建数据库用户的基本语法格式如下:

```
CREATE USER user_name
[{FOR|FROM}LOGIN login_name|WITHOUT LOGIN]
[WITH DEFAULT_SCHEMA = schema_name]
```

各参数说明如下。

- user_name:新数据库用户的名称。
- {FOR|FROM}LOGIN:省略此子句,则新的数据库用户名和 SQL Server 登录名相同。
- login_name:服务器中有效的登录名。
- WITHOUT LOGIN:指定不应将用户映射到现有登录名。
- DEFAULT_SCHEMA:指定默认架构。如果未定义 DEFAULT_SCHEMA,则数据库用户将使用 dbo 作为默认架构。

【例 16.5】　在 STUMS 数据库中创建基于 SQL_Wang 登录名的数据库用户 DB_User2。

代码如下:

```
USE STUMS
GO
CREATE USER DB_User2
FOR LOGIN SQL_Wang
GO
```

在查询编辑器中输入并运行上述代码,系统会提示"命令已成功完成。",表明数据库用户 DB_User2 创建成功。

说明：

- 同一数据库中的用户名称必须唯一。
- 一个登录名在一个数据库中只能关联一个数据库用户名。

16.3.2　管理数据库用户

1. 查看数据库用户的信息

使用 SSMS 查看数据库用户信息的操作步骤如下：

（1）启动 SSMS，在"对象资源管理器"窗口中依次展开"服务器→数据库→STUMS→安全性→用户"节点，系统将列出当前数据库中所有的用户名。

（2）若要查看某个特定的用户（如 DB_User1）信息，可选中并右击该用户名，然后从快捷菜单中选择"属性"命令，打开"数据库用户-DB_User1"窗口。

（3）在此窗口的左窗格中，有"常规"、"安全对象"和"扩展属性"3 个选择页，通过选择不同的选择页，可以查看 DB_User1 用户的各类信息。

2. 修改数据库用户

修改数据库用户通常包含 3 方面的内容：重命名数据库用户、更改它的默认架构或更改登录名。修改数据库用户可以使用 ALTER USER 语句来实现。其语法格式如下：

```
ALTER USER userName
WITH < NAME = newUserName
    |DEFAULT_SCHEMA = schemaName
    |LOGIN = loginName > [,...n]
```

各参数说明如下。

- userName：指定要修改的数据库用户名称。
- newUserName：指定数据库用户新名称。newUserName 不能存在于当前数据库中。
- loginName：使用户重新映射的登录名。
- DEFAULT_SCHEMA＝schemaName：指定服务器在解析此用户的对象名时将搜索的第一个架构。

【例 16.6】　使用 ALTER USE 语句将用户 DB_User2 更名为 DB_UserTwo，将默认架构更改为 ABCD。

代码如下：

```
USE STUMS
ALTER USER DB_User2
WITH NAME = DB_UserTwo
GO
ALTER USER DB_UserTwo
WITH DEFAULT_SCHEMA = ABCD
GO
```

在查询编辑器中输入并运行上述代码，系统会提示"命令已成功完成。"，表明数据库用户 DB_User2 修改成功。

3. 删除数据库用户

可使用 SSMS 或 T-SQL 语句删除数据库用户。

1）使用 SSMS 删除数据库用户

在 SSMS 界面的"对象资源管理器"窗口中选择要删除的数据库用户并右击，在弹出的菜单中选择"删除"命令，即可完成数据库用户的删除操作。

2）使用 DROP 语句删除数据库用户

使用 DROP 语句删除数据库用户的基本语法格式如下：

```
DROP USER user_name
```

其中，user_name 为要删除的数据库用户的名称。

【例 16.7】 删除数据库用户 DB_UserTwo。

代码如下：

```
USE STUMS
GO
DROP USER DB_UserTwo
```

在查询编辑器中输入并运行上述代码，系统会提示"命令已成功完成。"，表明数据库用户 DB_UserTwo 删除成功。

说明：不能从数据库中删除拥有安全对象的数据库用户。必须先删除或转移安全对象的所有权，然后才能删除拥有这些安全对象的数据库用户。

任务③对照练习

① 基于 SQL_new 登录名，在 STUMS 数据库中创建一个新用户 user_new。

② 查看 user_new 用户信息，并更名为 STU_user。

16.4 角色管理

> **课堂任务④** 理解角色的概念，学习创建和管理角色方法。

为了保证数据库的安全性，还需要设置用户的权限。当用户数很多时，逐个设置用户权限将会变得烦琐。为了解决此类问题，在 SQL Server 中使用了角色（role）。角色是一种数据库对象，用来对服务器和数据库的权限进行分组和管理。当一些用户需要在某个特定的数据库中执行类似的操作时，就可以向该数据库中添加一个角色。这样，只要对角色进行权限设置，就可以实现对属于该角色的所有用户的权限设置。

SQL Server 2008 的角色用来集中管理数据库或者服务器的权限。数据库管理员将操作数据库的权限赋予角色，然后，数据库管理员再将角色赋给数据库用户或者登录账户，从而使数据库用户或者登录账户拥有相应的权限。在 SQL Server 2008 中，角色分为服务器级别角色和数据库级别角色。数据库级别角色又分为固定数据库角色和用户自定义数据库角色。

16.4.1 服务器级别角色

为便于管理服务器上的权限，SQL Server 提供了 8 种服务器级别角色。这些角色存在于服务器中，权限作用域为服务器范围，是服务器级别的安全主体。服务器级别角色的类别与每类角色的权限都是系统预定义的，不能增加、修改和删除。因此，服务器级别角色也称为固定服务器角色。

服务器级别角色主要用于用户登录时授予的在服务器范围内的安全特权。可以向服务器级别角色中添加登录账户,服务器级别角色的每个成员都可以向其所属角色添加其他登录名。SQL Server 2008 的服务器级别角色及其能够执行的操作如表 11-2 所示。

表 11-2　服务器级别角色及描述

服务器角色	说　明	权限与功能
sysadmin	系统管理员	权限最大的角色。可以在服务器上执行任何任务
serveradmin	服务器管理员	管理服务器。可以更改服务器范围的配置选项,可关闭服务器
securityadmin	安全管理员	管理与审核系统登录及其属性。可以授权、拒绝、撤销服务器级权限和数据库级权限,也可以重置 SQL Server 2008 登录名的密码
processadmin	进程管理员	管理 SQL Server 2008 系统进程。可以终止在 SQL Server 实例中运行的进程
setupadmin	安装管理员	管理服务器链接。可以增加、删除和配置链接服务器,并能控制启动过程
bulkadmin	批量数据输入管理员	管理大容量数据的输入。可以运行 BULK INSERT 语句,可从文本文件将大容量数据插入到 SQL Server 2008 数据库中
diskadmin	磁盘管理员	管理磁盘文件。可以镜像数据库和添加备份设备
dbcreator	数据库创建者	管理和创建数据库。可以创建、更改、删除和还原任何数据库。这不仅是适合助理 DBA 的角色,也是适合开发人员的角色

1. 为服务器级别角色添加成员

【例 16.8】　将登录名 SQL_Wang 添加为服务器级别角色 sysadmin 的成员。

使用 SSMS 为服务器级别角色添加成员的操作步骤如下:

(1) 启动 SSMS,在"对象资源管理器"窗口中依次展开"服务器→安全性→登录名"节点,系统将列出当前服务器所有的登录名。

(2) 选中并右击登录名 SQL_Wang,然后从快捷菜单中选择"属性"命令,打开该登录名的登录属性窗口。

(3) 在登录属性窗口的左窗格中,选择"服务器角色"选择页,打开"服务器角色"页面,在此页面的"服务器角色"列表框中选择 sysadmin 复选框,如图 11-12 所示。

(4) 单击【确定】按钮,完成添加成员的操作。

用户也可以使用系统存储过程 sp_addsrvrolemember 向服务器级别角色中添加成员,格式如下:

```
sp_addsrvrolemember[@loginname = ]'login', [@rolename = ]'role'
```

参数说明如下:

- [@loginname =]'login':添加到服务器级别角色中的登录名。login 可以是 SQL Server 登录或 Windows 登录。
- [@rolename=]'role':要添加登录的服务器角色的名称。

将【例 16.8】改用 T-SQL 语句实现。

代码如下:

```
sp_addsrvrolemember 'SQL_Wang', 'sysadmin'
```

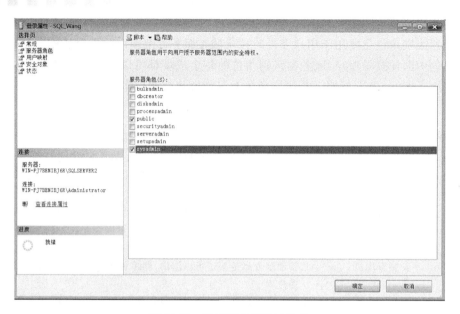

图 11-12　选择服务器级别角色

2. 查看服务器级别角色的成员信息

可以使用 SSMS 工具和系统存储过程查看服务器级别角色的成员信息。

1）使用 SSMS 查看服务器角色的成员

具体操作步骤如下：

（1）启动 SSMS，在"对象资源管理器"窗口中依次展开"服务器→安全性→服务器角色"节点，系统将列出所有的服务器级别角色。

（2）选择其中的一个服务器角色，如选择 sysadmin，然后右击，在弹出的快捷菜单中选择"属性"命令，打开"服务器角色属性-sysadmin"窗口，如图 11-13 所示。

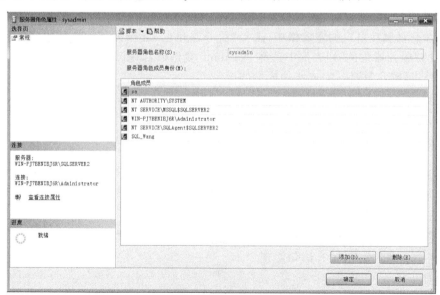

图 11-13　"服务器角色属性-sysadmin"窗口

（3）在此窗口中，可以查看 sysadmin 服务器级别角色的所有成员信息。

（4）单击窗口中的【添加】按钮，也可以为 sysadmin 服务器级别角色添加新成员。

（5）在"角色成员"列表框中选择要删除的角色成员，单击【删除】按钮，即可删除 sysadmin 服务器级别角色的成员。

用户也可以使用系统存储过程 sp_dropsrvrolemember 删除服务器角色中成员，格式如下：

```
sp_dropsrvrolemember[@loginname = ]'login',[@rolename = ]'role'
```

各参数说明如下。

- ［@loginname＝］'login'：服务器级别角色中要删除的登录名。
- ［@rolename＝］'role'：服务器角色的名称。

【**例 16.9**】　删除 sysadmin 服务器级别角色中的成员 SQL_Wang。

代码如下：

```
sp_dropsrvrolemember 'SQL_Wang', 'sysadmin'
```

注意：使用 sp_dropsrvrolemember 不能删除任何服务器级别角色中 sa 登录。

2）使用系统存储过程查看服务器级别角色的成员信息

可使用 sp_helpsrvrolemember 查看所有或指定服务器级别角色的成员信息，使用 sp_helpsrvrole 查看服务器级别角色，其语法格式如下：

```
sp_helpsrvrolemember[[@srvrolename = ]'role']
sp_helpsrvrole[[@srvrolename = ]'role']
```

其中，［@srvrolename＝］'role'为服务器级别角色的名称。

【**例 16.10**】　利用系统存储过程查看服务器级别角色的相关信息。

代码如下：

```
sp_helpsrvrolemember 'sysadmin'
GO
sp_helpsrvrole
GO
```

执行上述代码，结果如图 11-14 所示。

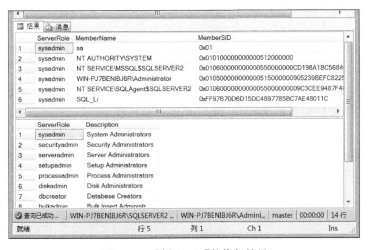

图 11-14　【例 16.10】的执行结果

16.4.2 数据库级别角色

1. 固定数据库角色

数据库级别角色可为某一用户或某一组用户授予不同级别的管理或访问数据库及数据库对象的权限。固定数据库角色是 SQL Server 内置的数据库级别角色。为便于数据库中的权限管理,SQL Server 提供了 10 种固定数据库角色。这些角色是在创建数据库之后,由系统自动生成并存储在于数据库中的,权限作用域为数据库范围,是数据库级别的安全主体。

固定数据库角色具有访问或管理数据库和数据库对象的权限,可用来向用户授予数据库级的管理权限。SQL Server 2008 的固定数据库角色及其能够执行的操作如表 11-3 所示。

表 11-3 固定数据库角色及描述

数据库角色	说　　明	权限与功能
public	特殊的公共角色	在 SQL Server 2008 中,每个数据库用户都自动属于 public 数据库角色的成员。当尚未对某个用户授予或者拒绝对安全对象的特定权限时,该用户将自动继承 public 角色的权限。public 角色不能被删除
db_owner	数据库所有者	可以在数据库中执行任何操作
db_accessadmin	数据库访问权限管理员	可以为登录名添加或删除数据库访问权限
db_securityadmin	数据库安全管理员	可以修改角色成员身份和管理权限
db_ddladmin	数据库 DDL 管理员	可以在数据库中运行任何数据定义语言(DDL)命令
db_backupoperator	数据库备份管理员	可以备份数据库
db_datareader	数据检索管理员	可以从所有用户表中读取所有数据
db_datawriter	数据维护管理员	可以在所有用户表中添加、删除或更改数据
db_denydatareader	禁止数据检索管理员	不能读取数据库内用户表中的任何数据
db_denydatawriter	禁止数据维护管理员	不能添加、修改或删除数据库内用户表中的任何数据

1) 为固定数据库角色添加成员

【例 16.11】 将 STUMS 数据库的用户 DB_User1 添加为 db_datareader 角色的成员。
使用 SSMS 的操作步骤如下:

(1) 在 SSMS 的"对象资源管理器"窗口中依次展开"服务器→数据库→STUMS→安全性→角色→数据库角色"节点。

(2) 从固定数据库角色列表中选中并右击 db_datareader 角色,然后从快捷菜单中选择"属性"命令,打开"数据库角色属性-db_datareader"窗口。

(3) 从中单击【添加】按钮,打开"选择数据库用户或角色"对话框,如图 11-15 所示。

(4) 单击【浏览】按钮,搜索并将 DB_User1 用户添加到"输入要选择的对象名称(示例)"列表框中,然后单击【确定】按钮,返回"数据库角色属性-db_datareader"窗口。

(5) 从中单击【确定】按钮,即可完成为 db_datareader 角色添加成员的操作。

用户也可以使用系统存储过程 sp_addrolemember 向数据库角色中添加成员,格式如下:

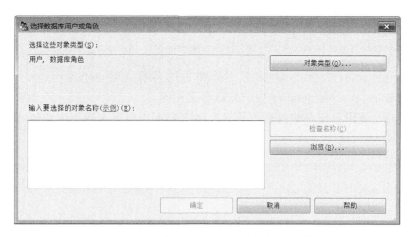

图 11-15 "选择数据库用户或角色"对话框

sp_addrolemember[@rolename =]'role',[@membername =]'security_account'

参数说明如下。

- [@rolename＝]'role'：当前数据库中的数据库角色的名称。
- [@membername＝]'security_account'：是添加到该角色的安全账户。security_account 可以是数据库用户、数据库角色、Windows 登录或 Windows 组。

将【例 16.11】改用 T-SQL 语句实现。

代码如下：

sp_addrolemember 'db_datareader', 'DB_User1'

注意：sp_addrolemember 不能向角色中添加固定数据库角色、固定服务器角色或 dbo。

2）查看及删除固定数据库角色成员信息

可以使用 SSMS 工具和系统存储过程查看固定数据库角色成员信息。

【例 16.12】 使用 SSMS 查看 STUMS 数据库中 db_owner 固定数据库角色的成员信息。

操作步骤如下：

（1）在 SSMS 的"对象资源管理器"窗口中依次展开"数据库→STUMS→安全性→角色→数据库角色"节点，系统将列出所有的数据库角色。

（2）选择 db_owner 数据库角色并右击，在弹出的快捷菜单中选择"属性"命令，打开"数据库角色属性-db_owner"窗口。

（3）在此窗口的"此角色的成员"列表框中，可以查看 db_owner 角色的所有成员信息。

（4）单击窗口中的【添加】按钮，也可以为 db_owner 角色添加新成员。

（5）在角色成员列表中，选择要删除的角色成员，单击【删除】按钮，即可删除 db_owner 角色的成员。

在 SQL Server 2008 中，可使用 sp_helprolemember 查看有关当前数据库中某个角色的成员信息，可使用 sp_helprole 查看当前数据库中有关角色的信息，可使用 sp_droprole 从当前数据库中删除数据库角色。其语法格式如下：

```
sp_helprolemember[[@rolename = ]'role']
sp_helprole[[@rolename = ]'role']
sp_droprolemember[@rolename = ]'role',[@membername = ] 'security_account'
```

其中,[@rolename=]'role'指定数据库角色的名称,[@membername=]'security_account'参数与 sp_addrolemember 中的参数含义相同。

【例 16.13】 使用系统存储过程查看 STUMS 数据库中固定数据库角色 db_datareader 的成员信息,并删除 DB_User1 成员。

代码如下:

```
sp_helprolemember 'db_datareader'                    /*查看 db_datareader 角色中的成员信息*/
GO
sp_helprole                                          /*查看当前数据库中的数据库角色信息*/
GO
sp_droprolemember 'db_datareader','DB_User1'         /*删除角色中的成员*/
GO
```

2. 用户自定义数据库角色

用户自定义数据库角色是为方便权限管理而由用户自行定义的数据库角色。例如,有些用户可能只需要数据库的选择、修改和执行权限,而固定数据库角色之中没有一个角色能提供这组权限,因此需要创建一个自定义的数据库角色。

创建自定义数据库角色,是先给该角色指派权限,然后将用户指派给该角色,这样,用户将继承该角色的任何权限。这不同于固定数据库角色,在固定数据库角色中不需要指派权限,只需要添加成员。

用户自定义数据库角色分为以下两种类型。

- 标准角色。标准角色通过对用户权限等级的认定将用户划分为不同的用户组,使用户总是相对于一个或多个角色,从而实现管理的安全性。所有的固定数据库角色或用户自定义的某一角色都是标准角色。标准角色是通过把用户加入到不同的角色当中而使用户具有相应的语句或对象权限的。
- 应用程序角色。应用程序角色是一种比较特殊的角色,用来控制应用程序存取数据。当某一用户使用了应用程序角色时,只能通过特定的应用程序间接地存取数据库中的数据。通过应用程序角色,能够以可控方式来限定用户的语句或者对象权限。应用程序角色默认情况下不包含任何成员。

1) 创建用户自定义数据库角色

下面介绍使用 SSMS 创建标准角色的步骤。

【例 16.14】 在 STUMS 数据库中创建标准角色 role_A,用户 DB_User1 是它的成员,拥有查询"学生基本信息"表的权限。

(1) 在 SSMS 的"对象资源管理器"窗口中依次展开"服务器→数据库→STUMS→安全性→角色"节点,右击"数据库角色"图标,从弹出快捷菜单中选择"新建数据库角色"命令,打开"数据库角色-新建"窗口。

(2) 在"常规"选择页的"角色名称"文本框中输入"role_A",在"所有者"文本框中输入"dbo",单击【添加】按钮,将数据库用户 DB_User1 添加到"此角色的成员"列表框中。

（3）单击"数据库角色-新建"窗口左窗格中的"安全对象"选项，打开"安全对象"选择页，进行权限设置。

- 单击【搜索】按钮，打开"添加对象"对话框，选择"特定对象"选项，单击【确定】按钮，打开"选择对象"对话框。
- 单击【对象类型】按钮，打开"选择对象类型"对话框，选择"表"复选框，单击【确定】按钮，返回"选择对象"对话框。
- 单击【浏览】按钮，打开"查找对象"对话框，选择"学生基本信息"复选框，单击【确定】按钮，返回"选择对象"对话框。
- 再单击【确定】按钮，返回"数据库角色-新建"窗口。在"dbo.学生基本信息 的权限"选项组中选择"选择"后面的"授予"列的复选框，如图 11-16 所示。

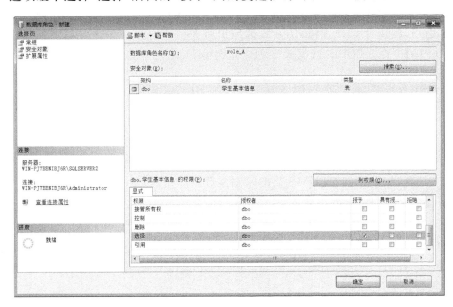

图 11-16　为新建角色分配权限

- 单击【列权限】按钮，还可以为该角色配置表中每一列的具体权限。

（4）权限设置完毕，单击【确定】按钮，即可创建角色 role_A。

（5）关闭所有程序，并重新登录为 SQL_Li（DB_User1 关联的登录名），可进行权限验证。展开"数据库→STUMS→表"节点，可以看到表节点下面只显示了拥有查看权限的"学生基本信息"表。

下面介绍使用 SSMS 创建应用程序角色。

【例 16.15】　在 STUMS 数据库中创建一个应用程序角色 role_proc1。

（1）在 SSMS 的"对象资源管理器"窗口中依次展开"服务器→数据库→STUMS→安全性→角色"节点，右击"应用程序角色"图标，从弹出快捷菜单中选择"新建应用程序角色"命令，打开"应用程序角色-新建"窗口。

（2）在"常规"选择页的"角色名称"文本框中输入"role_proc1"，将"默认架构"设置为 dbo，在"所有者"文本框中输入"dbo"，将密码设置为 123。

（3）选择"应用程序角色-新建"窗口左窗格的"安全对象"选项，打开"安全对象"页面。

单击【搜索】按钮,添加"学生基本信息"表为"安全对象"。在"dbo.学生基本信息 的权限"选项组中选择"选择"后面"授予"列的复选框。

（4）单击【列权限】按钮,还可以为该角色配置表中每一列的具体权限。

（5）权限设置完毕,单击【确定】按钮,即可创建应用程序角色 role_proc1。

下面介绍使用 CREATE ROLE 语句创建用户自定义数据库角色。

CREATE ROLE 语句的基本语法格式如下:

```
CREATE ROLE role_name [AUTHORIZATION owner_name]
```

参数说明如下。

- role_name:待创建角色的名称。
- AUTHORIZATION owner_name:将拥有新角色的数据库用户或角色。如果未指定用户,则执行 CREATE ROLE 的用户将拥有该角色。

【例 16.16】　在 STUMS 数据库中创建角色 role_B。

代码如下:

```
USE STUMS
GO
CREATE ROLE role_B
GO
```

执行上述代码,即可在 STUMS 数据库创建数据库角色 role_B。

2）为自定义数据库角色添加成员

为自定义数据库角色添加成员除了使用 SSMS 工具（见【例 16-14】）外,也可以使用系统存储过程 sp_addrolemember。

【例 16.17】　使用系统存储过程 sp_addrolemember 将用户 BD_User1 添加为角色 role_B 的成员。

代码如下:

```
USE STUMS
GO
sp_addrolemember 'role_B','DB_User1'
GO
```

3）查看及删除自定义数据库角色的成员

查看及删除自定义数据库角色成员的方法与查看及删除固定数据库角色成员的方法类似,这里不再举例说明。

4）删除自定义数据库角色

在 SQL Server 中只能删除用户自定义的数据库角色。删除的方法有两种,使用 SSMS 删除,或使用 T-SQL 语句删除。

下面介绍使用 SSMS 删除自定义数据库角色的方法。

【例 16.18】　从 STUMS 数据库中删除角色 role_B。

操作步骤如下:

（1）在 SSMS 的"对象资源管理器"窗口中依次展开"服务器→数据库→STUMS→安全

性→角色→数据库角色"节点。

（2）选择要删除的角色 role_B 并右击，从弹出快捷菜单中选择"删除"命令，打开"删除对象"窗口，单击【确定】按钮即可删除 role_B 角色。

下面介绍使用 DROP ROLE 语句删除自定义数据库角色。

使用 DROP ROLE 语句删除用户自定义数据库角色的语法格式如下：

```
DROP ROLE role_name
```

其中，role_name 为要从数据库中删除的角色名称。

【例 16.19】 从 STUMS 数据库中删除角色 role_A。

代码如下：

```
USE STUMS
GO
DROP ROLE role_A
GO
```

说明：不能使用 DROP ROLE 语句删除拥有安全对象的角色和拥有成员的角色。

任务④对照练习

① 将登录名 SQL_new 添加为服务器角色 dbcreator 的成员。

② 给 STUMS 数据库创建数据库角色 new_role，设置该角色拥有对"教师"表删除和插入的权限。

③ 将用户名 STU_new 添加为 new_role 角色的成员。

16.5 数据库权限管理

课堂任务⑤ 学习 SQL Server 有关权限的知识和使用 SSMS 设置权限的方法。

数据库权限管理的实质就是管理数据库访问的安全性。将一个登录名映射为数据库中的用户账户，并将该用户账户添加到某种数据库角色中，其实都是为了对数据库的访问权限进行设置，以便让各个用户能进行适合于其权限范围内的数据库操作。

16.5.1 权限分类

SQL Server 使用许可权限来加强数据库的安全性。用户登录到 SQL Server 后，SQL Server 将根据用户被授予的权限来决定用户能够对哪些数据库对象执行哪种操作。因此，必须明确地向用户授予一定的权限，以便他们能够访问数据库对象。SQL Server 包括 3 种类型的权限，即对象权限、语句权限和隐含权限。

1. 对象权限

对象权限是执行与表、视图和存储过程等数据库对象有关行为的权限。在 SQL Server 2008 中，所有对象权限都是可授予的。可以为特定的对象、特定类型的所有对象和所有属于特定架构的对象管理权限。数据库对象的所有者可以将对象权限授予指定的数据库用户。对象权限的具体内容如下。

- 对于表和视图，是否允许执行 SELECT、INSERT、UPDATE、DELETE 和 REFERENCES 语句。

- 对于表值函数,是否可以执行 SELECT、DELETE、INSERT、UPDATE、REFERENCES 语句。
- 对于标量函数,是否可以执行 EXECUTE、REFERENCES 语句。
- 对于*存储过程*,是否可以执行 EXECUTE、REFERENCES 语句。

2. 语句权限

语句权限表示对数据库的操作许可。也就是说,创建数据库或者创建数据库中的其他对象所需要的权限类型称为语句权限。语句权限包括以下几种。

- CREATE DATABASE:确定用户是否能在数据库中创建数据库。
- CREATE TABLE:确定用户是否能在数据库中创建表。
- CREATE VIEW:确定用户是否能在数据库中创建视图。
- CREATE PROCEDURE:确定用户是否能在数据库中创建存储过程。
- CREATE INDEX:确定用户是否能在数据库中创建索引。
- CREATE FUNCTION:确定用户是否能在数据库中创建用户定义的函数。
- BACKUP DATABASE:确定用户是否能备份数据库。
- BACKUP LOG:确定用户是否能备份事务日志。

3. 隐含权限

在 SQL Server 权限层次结构中,授予特定的权限可能隐含包括其他权限。隐含权限控制那些只能预定义系统角色的成员或数据库对象所有者执行的活动。

预定义服务器角色的成员有隐含的权限。角色的隐含权限不能被更改,但可以使登录账户成为这些角色的成员,从而给予这些账户相关的隐含权限。例如,sysadmin 服务器角色的成员自动继承在 SQL Server 中执行任何活动的权限。

数据库对象所有者也有隐含权限。这些权限允许他们操作数据库或他们拥有的对象等。例如,拥有表的用户能查看、添加、更改和删除数据,也能修改表的定义,还能控制其他用户对表具有的权限。

16.5.2　权限的命名约定及适用于特定安全对象的权限

1. 权限的命名约定

命名权限时遵循的一般约定如下。

① CONTROL。为被授权者授予类似所有权的功能。被授权者实际上对安全对象具有所定义的所有权限。

② ALTER。授予更改特定安全对象的属性(所有权除外)的权限。当授予对某个范围的 ALTER 权限时,也授予更改、创建或删除该范围内包含的任何安全对象的权限。

- ALTER ANY <服务器安全对象>。授予创建、更改或删除服务器安全对象的各个实例的权限。例如,ALTER ANY LOGIN 将授予创建、更改或删除实例中的任何登录名的权限。
- ALTER ANY <数据库安全对象>。授予创建、更改或删除数据库安全对象的各个实例的权限。

③ TAKE OWNERSHIP。允许被授权者获取所授予的安全对象的所有权。

④ IMPERSONATE <登录名>。允许被授权者模拟该登录名。

⑤ IMPERSONATE ＜用户＞。允许被授权者模拟该用户。

⑥ CREATE。允许创建对象。

- CREATE ＜服务器安全对象＞。授予被授权者创建服务器安全对象的权限。
- CREATE ＜数据库安全对象＞。授予被授权者创建数据库安全对象的权限。
- CREATE ＜包含在架构中的安全对象＞。授予创建包含在架构中的安全对象的权限。但是,若要在特定架构中创建安全对象,则必须对该架构具有 ALTER 权限。

⑦ VIEW DEFINITION。允许被授权者访问元数据。

2. 适用于特定安全对象的权限

① SELECT。对指定的安全对象中的数据进行检索。

② UPDATE。对指定的安全对象中的数据进行更新。

③ DELETE。对指定的安全对象中的数据进行删除。

④ INSERT。对指定的安全对象中的数据进行插入新数据。

⑤ EXECUTE。对指定的安全对象的执行操作。

⑥ REFERENCES。对指定的安全对象的引用操作。

16.5.3 使用 SSMS 设置权限

权限设置分为授予、撤销和拒绝 3 种状态。

- 授予权限(GRANT):允许用户或角色具有某种操作权限。
- 撤销权限(REVOKE):撤销以前授予或拒绝了的权限。
- 拒绝权限(DENY):拒绝为安全账户授予权限,并且可以防止安全账户通过其组或角色成员身份继承权限。

1. 服务器级的权限设置

下面以设置登录名 SQL_Wang 具有创建数据库的权限为例,介绍服务器级权限设置的操作步骤。

(1) 在"对象资源管理器"窗口中右击服务器,在弹出的快捷菜单中选择"属性"命令,打开服务器属性窗口。

(2) 选择服务器属性窗口左窗格中的"权限"选项,打开"权限"选择页,在"登录名或角色"列表框中选择要设置权限的对象 SQL_Wang,在"SQL_Wang 的权限"选项组的"显式"选项卡中,在"权限"列表的"创建任意数据库"权限的右侧选择"授予"复选框,如图 11-17 所示。

(3) 单击【确定】按钮,完成设置。

2. 数据库级的权限设置

下面以设置数据库用户 DB_User1 具有创建表的权限为例,介绍数据库级权限设置的操作步骤。

(1) 在"对象资源管理器"窗口中依次展开"服务器→数据库"节点,右击 STUMS 数据库,在弹出的快捷菜单中选择"属性"命令,打开"数据库属性-STUMS"窗口。

(2) 选择"数据库属性-STUMS"窗口左窗格中的"权限"选项,打开"权限"选择页,在"用户或角色"列表框中选择要设置权限的对象 DB_User1,在"DB_User1 的权限"选项组的

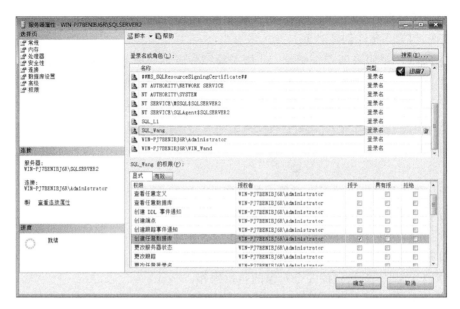

图 11-17 为 SQL_Wang 登录名设置权限

"显式"选项卡中,在"权限"列表的"创建表"权限的右侧选择"授予"复选框,如图 11-18 所示。

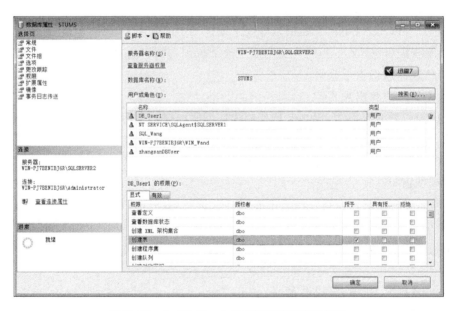

图 11-18 为 DB_User1 用户授予数据库级权限

(3) 单击【确定】按钮,完成设置。

3. 数据库对象的权限设置

下面以设置数据库用户 DB_User1 具有的选择和引用"教师"表的权限为例,介绍数据库对象权限设置的操作步骤。

(1) 在"对象资源管理器"窗口中依次展开"服务器→数据库→STUMS→表"节点,右击

"教师"表,在弹出的快捷菜单中选择"属性"命令,打开"表属性-教师"窗口。

(2) 选择"表属性-教师"窗口左窗格的"权限"选项,打开"权限"选择页,单击【搜索】按钮,打开"选择用户和角色"对话框,单击【浏览】按钮,打开"查找对象对话框",选择 DB_User1 复选框,单击【确定】按钮,再单击【确定】按钮,返回"表属性-教师"窗口。

(3) 在"DB_User1 的权限"选项组的"显式"选项卡中,在"权限"列表的"选择"权限右侧选择"授予"复选框,选择"引用"权限右侧的"授予"复选框,如图 11-19 所示。

(4) 单击【确定】按钮,完成设置。

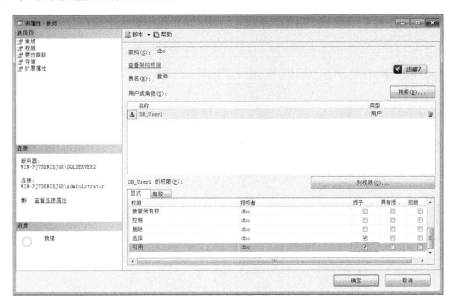

图 11-19　为 DB_User1 用户授予表级权限

16.5.4　使用 T-SQL 语句设置权限

在 SQL Server 中,可以使用 GRANT、REVOKE 和 DENY 语句完成权限的授予、撤销和拒绝。GRANT、REVOKE 和 DENY 语句的完整语法非常复杂。下面的语法经过了简化,以突出其结构。

1. 特定于对象权限的最简语法

- GRANT 权限名称[,…n] ON 表名|视图名|存储过程名 TO 用户名

该语句表示将安全对象的权限授予指定用户。

- REVOKE 权限名称[,…n] ON 表名|视图名|存储过程名 TO 用户名

该语句表示撤销授予或拒绝的用户的权限。

- DENY 权限名称 [,…n] ON 表名|视图名|存储过程名 TO 用户名

该语句表示拒绝授予用户权限。防止用户通过其组或角色成员身份继承权限。

2. 应用示例

【例 16.20】 授予数据库用户 SQL_Wang、DB_User1 创建表和创建视图的权限。

代码如下:

```
USE STUMS
```

```
GO
GRANT CREATE TABLE,CREATE VIEW TO SQL_Wang,DB_User1
GO
```

【例 16.21】　授予数据库用户 SQL_Wang、DB_User1 对"学生基本信息"表的所有权限。
代码如下：

```
USE STUMS
GO
GRANT INSERT,UPDATE,DELETE,SELECT ON 学生基本信息
TO SQL_Wang,DB_User1
GO
```

【例 16.22】　拒绝给用户 SQL_Wang、DB_User1 授予对"学生基本信息"表的更新权限。
代码如下：

```
USE STUMS
GO
DENY UPDATE ON 学生基本信息 TO SQL_Wang,DB_User1
GO
```

【例 16.23】　撤销数据库用户 SQL_Wang 创建表和创建视图的权限。
代码如下：

```
USE STUMS
GO
REVOKE CREATE TABLE, CREATE VIEW TO SQL_Wang
GO
```

【例 16.24】　撤销数据库用户 SQL_Wang、DB_User1 对"学生基本信息"表的所有权限。

```
USE STUMS
GO
REVOKE INSERT,UPDATE,DELETE,SELECT ON 学生基本信息
TO SQL_Wang,DB_User1
GO
```

说明：作为某个数据库的用户，对数据库对象（如数据库中的表）的访问权限也必须被授予，这些权限包括 SELECT、UPDATE、INSERT、DELETE 等。

任务⑤对照练习

① 设置登录名 SQL_new 具有创建数据库的权限。

② 设置用户 STU_new 具有创建表和创建视图的权限。

③ 设置用户 STU_new 对"教师"表具有删除和插入的权限。

课后作业

1. 登录 SQL Server 服务器的两种验证方法有何区别？如何实现两种登录方式的切换？

2. 什么是角色？服务器角色和数据库角色的区别是什么？

3. 结合学生信息管理系统数据库(STUMS),使用 SSMS 完成下列各题。

① 创建登录名 SQL_A、SQL_B 和 WIN_C,并创建对应的数据库用户 user1、user2 和 super。

② 为用户 user1 和 user 2 授予创建数据库和表的权限。

③ 为 public 角色授予 DELETE 权限(SELECT、DELETE、UPDATE),并将特定的权限授予用户 user1、user 2,使这些用户对"学生基本信息"表具有对应的权限。

④ 拒绝用户 user 1、user 2 使用 CREATE DATABASE 和 CREATE TABLE 语句。

⑤ 拒绝用户 user 2 对"学生基本信息"表具有 INSERT 和 UPDATE 的权限。

⑥ 撤销用户 user 1 的 CREATE TABLE 语句权限。

实训 13　图书借阅管理系统数据库的安全管理

1. 实训目的

(1) 熟悉 SQL Server 的身份验证模式。

(2) 掌握创建和管理登录名的方法。

(3) 掌握创建和管理数据库用法的方法。

(4) 掌握创建和管理角色的方法。

(5) 学会设置权限的方法。

2. 实训准备

(1) 了解 SQL Server 的身份验证模式。

(2) 了解登录名创建和管理的内容。

(3) 了解数据库用户创建和管理的内容。

(4) 了解角色创建和管理的内容。

(5) 了解权限的分类和权限的设置。

3. 实训要求

(1) 完成下面的实训内容,并提交实训报告。

(2) 将所有的代码附上。

4. 实训内容

(1) 重新设置服务器的身份验证模式为混合验证模式。

(2) 创建和管理登录名。

① 在 TSJYMS 数据库所在的服务器上,使用 SSMS 和 T-SQL 语句创建 SQL Server 身份验证的登录名 SQL_TS1 和 SQL_TS2。

② 在 TSJYMS 数据库所在的服务器上,创建 Windows 身份验证的登录名 WIN_TS3。

③ 查看、启用和禁用登录名 WIN_TS3。

④ 修改登录名 SQL_TS1,将其默认数据库指定为 TSJYMS。

⑤ 删除登录名 WIN_TS3。

(3) 创建和管理数据库用户。

① 在 TSJYMS 数据库中创建基于 SQL_TS1 登录名的数据库用户 DB_User1,创建基于 SQL_TS2 登录名的数据库用户 DB_User2。

② 使用 ALTER USE 语句将用户 DB_User2 更名为 DB_UserTwo,将默认架构更改为 Wxyz。

（4）创建和管理角色。

① 使用 SSMS 将登录名 SQL_TS1 添加为服务器角色 sysadmin 的成员。使用 sp_addsrvrolemember 将登录名 SQL_TS2 添加为服务器角色 dbcreator 的成员。

② 删除 sysadmin 服务器角色中的成员 SQL_TS1。

③ 在 TSJYMS 数据库中创建标准角色 TS_role1,用户 DB_User1 是它的成员,拥有查询"图书信息"表的权限。

④ 在 TSJYMS 数据库中创建一个应用程序角色 TSPRO_role,拥有查询"读者信息"表的权限。

⑤ 使用 CREATE ROLE 语句创建角色 TS_role2,使用系统存储过程 sp_addrolemember 将用户 BD_User1、BD_User2 添加为角色 TS_role2 的成员。

⑥ 从 TSJYMS 数据库中删除角色 TS_role2。

（5）管理权限。

① 设置登录名 SQL_TS1 具有创建数据库的权限,设置用户 DB_User1 具有创建表的权限。

② 授予用户 DB_user1、DB_UserTwo 对"图书信息"表具有所有的权限。

③ 拒绝用户 DB_user1 使用 CREATE DATABASE 和 CREATE TABLE 语句。

④ 拒绝用户 DB_UserTwo 对"读者信息"表具有 INSERT 和 UPDATE 的权限。

⑤ 撤销所有用户对"图书信息"表的查询权限。

第 17 课　学生信息管理系统事务、锁与游标的应用

17.1　事务

课堂任务①　了解事务的基本概念,学习事务处理的方法。

SQL Server 中的一个事务(Transaction)是由一系列的数据库查询操作和更新操作构成的,把这一系列操作作为单个逻辑工作单元执行,并且是不可分的。

例如,将 STUMS 数据库中"学生基本信息"表中的学号由 125204001 修改为 125204999。因为学号出现在"学生基本信息"表和"选课"表中,所以要将两个表中的学号都修改,而不能只修改其中的一个表。用户必须通知 SQL Server,通知的方法是,将两个表的更新定义成一个事务,通过事务来保证"学生基本信息"表和"选课"表的学号同时修改,以达到数据保持一致性的目的。

代码如下:

```
USE STUMS
GO
BEGIN TRAN stu_update_transaction          /*定义事务*/
UPDATE 学生基本信息 SET 学号 = '125204999' WHERE 学号 = '125204001'
UPDATE 选课 SET 学号 = '125204999' WHERE 学号 = '125204001'
```

```
COMMIT TRAN stu_update_transaction          /*提交事务*/
```

从用户的观点来看,根据业务规则,这些操作是一个整体,不能分割,即要么所有的操作都顺利完成,要么一个也不要做。绝不能只完成部分操作,另一部分操作没有完成。

事实上,事务是由一系列 T-SQL 语句组成的执行单元。如果某一事务成功,则在该事务中进行的所有数据修改均会提交,成为数据库中的永久组成部分。如果事务遇到错误且必须取消或回滚,则所有数据修改均被清除。SQL Server 的事务管理子系统负责事务的处理。

由于事务的执行机制,确保了数据能够正确地被修改,避免造成只修改一部分数据而导致数据不完整,或是在修改途中受到其他用户的干扰。

17.1.1 事务的特性和强制事务机制

1. 事务的特性

事务处理必须满足 ACID 原则,即原子性(A)、一致性(C)、隔离性(I)和持久性(D)。

- 原子性。一个事务中的所有操作是一个逻辑上不可分割的单位。事务必须作为工作的最小单位,即原子单位,其所进行的操作,要么全都执行,要么全都不执行。
- 一致性。事务在完成时,必须使所有的数据都保持一致状态。在相关数据库中,所有规则都必须应用于事务的修改,以保持所有数据的完整性。事务结束时,所有的内部数据结构(如 B 树索引或双向链表)都必须是正确的。
- 隔离性。一个事务的执行不能被另一个事务干扰。由并发事务所做的修改必须与任何其他并发事务所做的修改隔离。事务识别数据时,数据所处的状态要么是另一并发事务修改它之前的状态,要么是第二个事务修改它之后的状态,事务不会识别中间状态的数据。这称为可串行性,因为它能够重新装载起始数据,并且重播一系列事务,以使数据结束时的状态与原始事务执行的状态相同。
- 持久性。指一个事务一旦提交,则它对数据库中的数据进行的改变就应该是永久的。该修改即使出现系统故障也将一直保持。

ACID 原则保证了一个事务要么在提交后成功执行,要么在提交后失败回滚,因此它对数据的修改具有可恢复性。即当事务失败时,它对数据的修改会恢复到该事务执行前的状态。可以说,对数据库中数据的保护是围绕着实现事务的特性而实现的。

2. 强制事务机制

SQL 程序员要负责启动和结束事务,同时强制保持数据的逻辑一致性。程序员必须定义数据修改的顺序,使数据相对于其组织的业务规则保持一致。程序员将这些修改语句添加到一个事务中,使 SQL Server 数据库引擎能够强制该事务的物理完整性。

SQL Server 提供以下机制,以保证每个事务物理的完整性。

- 事务管理:强制保持事务的原子性和一致性。事务启动之后,就必须成功完成,否则数据库引擎实例将撤销该事务启动之后对数据所做的所有修改。
- 锁机制:锁定设备,强制保持事务的隔离性。
- 事务日志:记录设备,保证事务的持久性。即使服务器硬件、操作系统或数据库引擎实例自身出现故障,该实例也可以在重新启动时使用事务日志,将所有未完成的事务自动回滚到系统出现故障的点。

17.1.2 事务模式、事务定义语句及部分事务的回滚

1. 事务模式

SQL Server 以自动提交事务、显式事务、隐式事务和批处理级事务模式运行。

1）自动提交事务模式

自动提交事务模式是 SQL Server 数据库引擎默认的事务管理模式。每个 T-SQL 语句在完成时，都被提交或回滚。如果一个语句成功地完成，则提交该语句；如果遇到错误，则回滚该语句。只要没有显式事务模式或隐性事务模式覆盖自动提交事务模式，与数据库引擎实例的连接就以此模式操作。

2）显式事务模式

显式事务模式可以显式地在其中定义事务的启动和结束。显式事务也称为用户定义或用户指定的事务。

DB-Library 应用程序和 T-SQL 脚本使用 BEGIN TRANSACTION、COMMIT TRANSACTION、COMMIT WORK、ROLLBACK TRANSACTION 或 ROLLBACK WORK T-SQL 语句定义显式事务。

3）隐式事务模式

当前一个事务完成时，新事务隐式启动，但每个事务仍以 COMMIT 或 ROLLBACK 语句显式完成。当连接并以隐式事务模式进行操作时，SQL Server 数据库引擎实例将在提交或回滚当前事务后自动启动新事务。无须描述事务的开始，只需提交或回滚每个事务即可。隐性事务模式生成连续的事务链。

通过 set implicit_transaction on/off 可以将隐式事务模式打开或关闭。在为连接将隐式事务模式打开之后，当 SQL Server 首次执行下列任何语句时，都会自动启动一个事务。

- ALTER TABLE   · DROP   · INSERT   · SELECT
- CREATE   · FETCH   · OPEN   · TRUNCATE TABLE
- DELETE   · GRANT   · REVOKE   · UPDATE

4）批处理级事务模式

批处理级事务模式只能应用于多个活动结果集（MARS）。在 MARS 会话中启动的 T-SQL 显式事务或隐式事务变为批处理级事务。当批处理完成时，没有提交或回滚的批处理级事务自动由 SQL Server 进行回滚。

2. 事务定义语句

定义显式事务的语句有 BEGIN TRANSACTION、COMMIT TRANSACTION、COMMIT WORK、ROLLBACK TRANSACTION 或 ROLLBACK WORK。

1）BEGIN TRANSACTION 语句

BEGIN TRANSACTION 语句定义一个事务的开始，其语法格式如下：

```
BEGIN TRANSACTION [transaction_name|@tran_name_variable]
[WITH MARK['description']]
```

各参数说明如下。

- transaction_name：事务的名称，遵循标识符的命名规则，长度不应多于 32 个字符。

- @tran_name_variable：事务的变量，是用户定义的含有效事务名称的变量。
- WITH MARK：在日志中标记事务。
- description：描述该标记的字符串。

2）COMMIT TRANSACTION 语句

COMMIT TRANSACTION 是提交一个事务的语句，它将事务开始以来所执行的所有数据修改为数据库的永久部分，也标志一个事务的结束。其语法格式如下：

```
COMMIT TRANSACTION [transaction_name|@tran_name_variable]
```

标志一个事务的结束，也可以使用 COMMIT WORK，其语法格式如下：

```
COMMIT WORK
```

3）ROLLBACK TRANSACTION 语句

ROLLBACK TRANSACTION 是回滚事务语句。如果事务中出现错误，或者用户决定取消事务，可用该语句回滚该事务。它能使事务回滚到起点或指定的保存点处，也标志一个事务的结束，还可释放由事务占用的资源。其语法格式如下：

```
ROLLBACK TRANSACTION[transaction_name|@tran_name_variable
|@savepoint_variable]
```

其中，@savepoint_variable 为含有保存点名称的变量名。

若回滚到事务的起点，也可使用 ROLLBACK WORK。

【例 17.1】　使用事务删除学号为 125204999 学生信息。

代码如下：

```
USE STUMS
GO
DECLARE @tran_name varchar(32)
SELECT @tran_name = 'Transaction_delete'
BEGIN TRAN @tran_name         /*开始事务*/
DELETE 学生基本信息 WHERE 学号 = '125204999'
DELETE 选课 WHERE 学号 = '125204999'
COMMIT TRAN @tran_name        /*提交事务*/
GO
```

本例利用事务变量@tran_name 命名一个事务 Transaction_delete。提交该事务后，将删除"学生基本信息"表中学号为 125204999 的记录，同时也将"选课"表中该学号的记录删除，以保证两表数据的一致性。

3．部分事务回滚

保存点提供了一种机制，用于回滚部分事务。在不可能发生错误的情况下，保存点很有用。在很少出现错误的情况下使用保存点回滚部分事务，比让每个事务在更新之前测试更新的有效性更为有效。当更新和回滚操作代价很大，在遇到错误的可能性很小，而且预先检查更新的有效性的代价相对很高时，使用保存点才会非常有效。

创建保存点的语法如下：

```
SAVE TRAN[SACTION] {savepoint_name|@savepoint_variable}
```

各参数说明如下。

- savepoint_name：保存点的名称。保存点的名称必须符合标识符规则，但只使用前32 个字符。
- @savepoint_variable：是用户定义的含有有效保存点名称的变量的名称。必须用char、varchar、nchar 或 nvarchar 数据类型声明该变量。

使用 ROLLBACK TRANSACTION 语句可回滚到该保存点，无须回滚到事务的开始。

【例 17.2】 事务应用举例。

代码如下：

```
BEGIN TRANSACTION                                    /* 开始事务 */
INSERT INTO 课程(课程号,课程名,课程性质,学分)       /* 向"课程"表插入数据 */
VALUES( '0004','体育','A','4')
UPDATE 课程 SET 学分 = '5' WHERE 课程号 = '0004'     /* 修改课程号为 0004 的学分 */
SAVE TRAN ST1                                        /* 保存事务,保存点名为 ST1 */
DELETE 课程 WHERE 课程名 is null                     /* 删除"课程"表中课程名为空的数据行 */
SELECT * FROM 课程                                   /* 查询"课程"表的数据信息 */
SAVE TRAN ST1                                        /* 再次保存事务 */
INSERT INTO 专业                                     /* 向"专业"表插入数据 */
VALUES ('6203','国际航运','06')
IF @@error <> 0                                      /* 判断向"专业"表插入数据是否出错 */
ROLLBACK TRAN ST1                                    /* 如果有错,则回滚事务至保存点 */
ELSE
COMMIT TRAN                                          /* 提交事务 */
```

在上面的例子中，BEGIN TRANSACTION 命令指示事务的开始；COMINIT TRAN命令指示事务的结束；SAVE TRAN 命令用来生成保存点，ST1 是保存点的名称；@@error 是全局变量，可返回最后执行的 T-SQL 语句错误代码；当遇到错误时，ROLLBACK TRAN 命令将回滚事务到保存点位置。

在这个例子中有两个保存点，而且名称相同，ROLLBACK TRAN 命令使事务恢复到第二个保存点，第一个保存点由于名称被重用，所以被忽略了。

【例 17.3】 定义一事务，向"选课"表中输入数据，并检验某学号是否已选修了某课程。若某学号已选修了某课程，则回滚事务，即插入无效，否则成功提交。

代码如下：

```
USE STUMS
BEGIN TRANSACTION
DECLARE @xh char(9),@KCH char(4)
SET @xh = '106701001'
SET @KCH = '0005'
INSERT 选课(学号,课程号)VALUES(@xh,@KCH)
IF(SELECT COUNT( * ) FROM 选课
WHERE 选课.学号 = @XH AND 选课.课程号 = @KCH)> 1
  BEGIN
    PRINT'该课程已选,不能插入!'
    ROLLBACK TRANSACTION
  END
ELSE
```

```
    BEGIN
        PRINT'插入成功!'
        COMMIT TRANSACTION
    END
GO
```

17.1.3　事务控制与事务错误处理

1. 事务控制

事务是由应用程序通过指定事务启动和结束的时间来进行控制的。用户可以使用
T-SQL 语句或数据库应用程序编程接口(API)函数来指定。

- 使用 T-SQL 语句。可以使用 BEGIN TRANSACTION、COMMIT TRANSACTION、
  ROLLBACK TRANSACTION 等语句和 SET IMPLICIT_TRANSACTIONS 语句来描
  述事务。这些语句主要用于 DB 库应用程序和 T-SQL 脚本中。
- 使用 API 函数。数据库 API(如 ODBC、OLE DB、ADO 和 .NET Framework SQLClient
  命名空间)包含用于描述事务的函数或方法。这些是数据库引擎应用程序中用于控制
  事务的主要机制。

1) 启动事务

使用 API 函数和 T-SQL 语句,可以在 SQL Server 数据库引擎实例中将事务作为显式
事务、自动提交事务或隐式事务来启动。在 MARS 会话中,T-SQL 显式事务和隐式事务将
变成批处理级事务。

- 显式事务。通过 API 函数或通过发出 T-SQL BEGIN TRANSACTION 语句来显
  式启动事务。
- 自动提交事务。数据库引擎的默认模式。每个单独的 T-SQL 语句都在其完成后提
  交。不必指定任何语句来控制事务。
- 隐式事务。通过 API 函数或 T-SQL SET IMPLICIT_TRANSACTIONS ON 语句,
  将隐式事务模式设置为打开。下一条语句自动启动一个新事务。当该事务完成时,
  下一条 T-SQL 语句又将启动一个新事务。
- 批处理级事务。只适用于多个活动的结果集(MARS),在 MARS 会话中启动的
  T-SQL 显式事务或隐式事务将变成批处理级事务。当批处理完成时,如果批处理
  级事务还没有提交或回滚,SQL Server 将自动回滚该事务。

2) 结束事务

可以使用 COMMIT 或 ROLLBACK 语句,或者通过 API 函数来结束事务。

- COMMITI 如果事务成功,则提交。COMMIT 语句保证事务的所有修改在数据库
  中都永久有效。COMMIT 语句还释放事务使用的资源(例如锁)。
- ROLLBACK。如果事务中出现错误或用户决定取消事务,则回滚该事务。
  ROLLBACK 语句通过将数据返回到它在事务开始时所处的状态,来取消事务中的
  所有修改。ROLLBACK 语句还释放事务占用的资源。

注意:每个事务都必须只由其中的一种方法管理。对同一事务使用两种方法会出现不
确定的结果。

2. 事务错误处理

在事务的执行过程中,如果某个错误使事务无法成功完成,则 SQL Server 会自动回滚该事务,并释放该事务占用的所有资源。

1) 网络出现故障

如果客户端与数据库引擎实例的网络连接中断了,那么当网络向实例通知该中断后,该连接的所有未完成事务均会被回滚。

2) 客户端出现故障

如果客户端应用程序失败、客户端计算机崩溃或重新启动,也会中断连接,而且当网络向数据库引擎实例通知该中断后,该实例会回滚所有未完成的连接。如果客户端从该应用程序注销,则所有未完成的事务也会被回滚。

3) 批处理中的语句错误

如果批处理运行过程中出现语句错误(如违反约束),那么数据库引擎中的默认行为是只回滚产生该错误的语句。此时可以使用 SET XACT_ABORT 语句更改此行为。

当 SET XACT_ABORT 为 ON 时,任何运行时的语句错误都将导致整个事务终止并回滚。当 SET XACT_ABORT 为 OFF 时,有可能只回滚产生错误的 T-SQL 语句,而事务将继续进行处理。如果错误很严重,即使 SET XACT_ABORT 为 OFF,也可能回滚整个事务。但编译错误(如语法错误)不受 SET XACT_ABORT 的影响。

当出现错误时,纠正操作(COMMIT 或 ROLLBACK)应包括在应用程序代码中。处理错误(包括那些事务中的错误)的有效工具是 T-SQL TRY...CATCH 构造。

任务①对照练习　运用事务处理,将"计划"表中的 0110 课程号改为 1101。

提示　课程号出现在"课程"表、"选课"表、"教师任课"表中,这些表都要修改。

17.2　锁

课堂任务②　了解 SQL Server 的锁机制、死锁的检测,以及 DEADLOCK-PRIORITY、LOCK_TIMEOUT 的设置。

同时访问一种资源的用户被视为并发访问资源。并发数据访问需要锁机制,以防止多个用户试图修改其他用户正在使用的资源,从而产生负面影响。

17.2.1　并发问题

在没有上锁的前提下,多个用户同时访问一个数据库,此时,当他们的事务同时使用相同的数据时可能会发生问题。这些问题包括以下几种情况。

1. 丢失更新

当两个或多个事务选择同一行,然后基于最初选定的值更新该行时,会发生丢失更新问题。每个事务都不知道其他事务的存在,最后的更新将重写由其他事务所做的更新,这将导致数据更新丢失。

例如,有两个用户同时访问 STUMS 数据库的"学生基本信息"表,并读入同一数据进行修改,然后保存修改的结果。这样,后保存其修改结果的用户就覆盖了第一个用户所做的更新,破坏了第一个用户提交的结果,导致第一个用户的更新丢失。如果在第一个用户完成之后第二个用户才能进行更改,则可以避免该问题。

2. 脏读

脏读是指事务 1 修改某数据后,事务 2 读取了这一数据,事务 1 又由于某种原因撤销其修改,将修改过的数据恢复原值,这样,事务 2 读到的数据就与数据库中的数据不一致了,称事务 2 为"脏读",称读取的数据为"脏"数据。

例如,第一个用户正在修改 STUMS 数据库的"教师"表中"职称"列的数据,在更改过程中,第二个用户读取了"教师"表的数据。此后,第一个用户发现"职称"列的数据修改错了,于是撤销了所做的修改,将其恢复到原数据并保存,这样,第二个用户读到的数据包含不再存在的修改内容,并且这些修改内容应认为从未存在过,即"脏读"。如果第一个用户确定最终更改前任何人都不能读取更改的数据,则可以避免该问题。

3. 不可重复读

不可重复读是指事务 1 读取数据后,事务 2 执行了更新操作,使事务 1 无法再现第一次读取的结果。针对插入、修改和删除的更新操作,不可重复读有下列 3 种情况:

- 事务 1 按一定条件从数据库中读取了某些数据记录之后,事务 2 插入了一些记录,当事务 1 再次按相同条件读取数据时,发现多了一些数据记录。
- 事务 1 读取了某一数据记录之后,事务 2 对其做了修改,当事务 1 再次读取这一数据时,得到与前一次不同的值。
- 事务 1 按一定条件从数据库中读取了某些数据记录之后,事务 2 删除了其中部分记录,当事务 1 再次按相同条件读取数据时,发现某些数据记录不见了。

例如,一个用户两次读取 STUMS 数据库的"选课"表中记录信息,但在两次读取之间,另一用户正在进行选修课成绩的输入操作,重写了该文档。当第一个用户再次读取"选课"表中的数据时,其数据信息已被更改,使第一次读取不可重复。如果进行输入操作的用户全输入部完成后,再让其他用户访问"选课"表数据,则可以避免该问题。

4. 幻像读

幻像读属于不可重复读的特例。当对某行执行插入或删除操作,而该行属于某个事务正在读取的行的范围时,会发生幻像读问题。事务第一次读的行范围显示出其中一行已不存在于第二次读或后续读中,因为该行已被其他事务删除。同样,由于其他事务的插入操作,事务的第二次或后续读会显示有一行已不存在于原始读中。

例如,学生处正通过学生信息管理系统统计应届毕业生数,而此时教务处却因某毕业班的某学生考试作弊而将其开除,并将该考生的信息从数据库中删除。这样,就产生了幻像读问题,导致学生处的统计数据不正确。如果在数据删除工作完成后,再让学生处访问STUMS 数据库,则可以避免该问题。

发生上述并发问题的主要原因是并发操作破坏了事务的隔离性。那么,SQL Server 是如何解决这类问题的呢?SQL Server 数据库引擎使用锁定机制确保事务的完整性和保持数据库的一致性,事务通过请求锁定数据块来达到此目的。

17.2.2 SQL Server 中的锁定

锁定可以防止用户读取正在由其他用户更改的数据,并可以防止多个用户同时更改相同的数据。如果不使用锁定,则数据库中的数据可能在逻辑上不正确,并且数据的查询可能会产生意想不到的结果。

　　SQL Server 数据库引擎具有多粒度锁定,允许一个事务锁定不同类型的资源。为了尽量减少锁定的开销,数据库引擎自动将资源锁定在适合任务的级别。锁定在较小的粒度(例如行)可以提高并发度,但开销较高,因为如果锁定了许多行,则需要持有更多的锁。锁定在较大的粒度(例如表)会降低并发度,因为锁定整个表限制了其他事务对表中任意部分的访问,但其开销较低,因为需要维护的锁较少。数据库引擎可以锁定的资源如表 11-4 所示。

表 11-4　SQL Server 可以锁定的资源

资　源	描　述	资　源	描　述
RID	用于锁定堆中的单个行的行标识符	FILE	数据库文件
KEY	索引中用于保护可序列化事务中的键范围的行锁	APPLICATION	应用程序专用的资源
PAGE	数据库中的 8KB 页,例如数据页或索引页	METADATA	元数据锁
EXTENT	一组连续的 8 页,例如数据页或索引页	ALLOCATION_UNIT	分配单元
HoBT	用于保护没有聚集索引的表中的 B 树(索引)或堆数据页的锁	DATABASE	整个数据库
TABLE	包括所有数据和索引的整个表		

　　SQL Server 数据库引擎使用不同的锁模式锁定资源,这些锁模式确定了并发事务访问资源的方式。以下是数据库引擎使用的资源锁模式。

　　1. 共享锁

　　共享锁(S 锁)允许并发事务读取(SELECT)一个资源。当资源上存在共享锁时,任何其他事务都不能修改锁定的数据。共享锁用于只读操作,一旦已经读取数据便立即释放资源上的共享锁,除非将事务隔离级别设置为可重复读或更高级别,或者在事务生存周期内用锁定提示保留共享锁。

　　2. 排他锁

　　排他锁(X 锁)可以防止并发事务对资源进行访问。使用排他锁(X 锁)时,任何其他事务都无法修改数据,仅在使用 NOLOCK 提示或未提交读隔离级别时才会进行读取操作。

　　数据修改语句(如 INSERT、UPDATE 和 DELETE)合并了修改和读取操作。语句在执行所需的修改操作之前首先执行读取操作,以获取数据。因此,数据修改语句通常请求共享锁和排他锁。例如,UPDATE 语句可能根据与一个表的联接修改另一个表中的行。在此情况下,除了请求更新行上的排他锁之外,UPDATE 语句还将请求在联接表中读取的行上的共享锁。

　　3. 更新锁

　　更新锁(U 锁)可以防止常见的死锁。在可重复读或可序列化事务中,此事务读取数据获取资源(页或行)的共享锁,然后修改数据,此操作要求锁转换为排他锁。如果两个事务获得了资源上的共享锁,然后试图同时更新数据,则一个事务尝试将锁转换为排他锁。共享锁到排他锁的转换必须等待一段时间,因为一个事务的排他锁与其他事务的共享锁不兼容,发生锁等待,第二个事务试图获取排他锁以进行更新。由于两个事务都要转换为排他锁,并且每个事务都等待另一个事务释放共享锁,因此发生死锁。

若要避免这种潜在的死锁问题,可使用更新锁。一次只有一个事务可以获得资源的更新锁。如果事务修改资源,则更新锁转换为排他锁。

4. 意向锁

数据库引擎使用意向锁来保护共享锁或排他锁放置在锁层次结构的底层资源上。意向锁之所以如此命名,是因为在较低级别锁前可获取它们,因此会通知意向将锁放置在较低级别上。

意向锁有两种用途:

- 防止其他事务以使较低级别的锁无效的方式修改较高级别的资源。
- 提高数据库引擎在较高的粒度级别检测锁冲突的效率。

例如,在该表的页或行上请求共享锁之前,在表级请求共享意向锁。在表级设置意向锁,可防止另一个事务随后在包含那一页的表上获取排他锁。意向锁可以提高性能,因为数据库引擎仅在表级检查意向锁来确定事务是否可以安全地获取该表上的锁,而不需要检查表中每行或每页上的锁以确定事务是否可以锁定整个表。

意向锁包括意向共享(IS)、意向排他(IX)及意向排他共享(SIX)。

5. 架构锁

数据库引擎在表数据定义语言(DDL)操作(例如添加列或删除表)的过程中使用架构修改锁(Sch-M 锁)。保持该锁期间,Sch-M 锁将阻止对表进行并发访问,即阻止所有外围操作。某些数据操作语言(DML)的操作(例如表截断)使用 Sch-M 锁阻止并发操作访问受影响的表。

数据库引擎在编译和执行查询时使用架构稳定性锁(Sch-S 锁)。Sch-S 锁不会阻止某些事务锁,其中包括排他锁。因此,在编译查询的过程中,其他事务(包括那些针对表使用 X 锁的事务)将继续运行。但是,无法针对表执行获取 Sch-M 锁的并发 DDL 操作和并发 DML 操作。

6. 大容量更新锁

数据库引擎在将数据大容量复制到表中时使用了大容量更新锁(BU 锁),并指定了 TABLOCK 提示或使用 sp_tableoption 设置了 table lock on bulk load 表选项。大容量更新锁允许多个线程将数据并发地大容量加载到同一表,同时防止其他不进行大容量加载数据的进程访问该表。

7. 键范围锁

在使用可序列化事务隔离级别时,对于 T-SQL 语句读取的记录集,键范围锁可以隐式保护该记录集中包含的行范围。键范围锁可防止幻像读。键范围锁可保护行之间键的范围,还可防止对事务访问的记录集进行幻像插入或删除。

17.2.3 SQL Server 的锁定提示

1. 锁定提示

可以在 SELECT、INSERT、UPDATE 及 DELETE 语句中为单个表引用指定锁提示。

提示指定 SQL Server 数据库引擎实例用于表数据的锁类型或行版本控制。SQL Server 的锁定提示及意义如表 11-5 所示。

表 11-5　SQL Server 的锁定提示

锁 定 提 示	描　　述
HOLDLOCK	保持共享锁直到事务完成
NOLOCK	不加任何锁，有可能发生"脏读"
PAGLOCK	对数据页加共享锁
REPEATABLEREAD	事务在 REPEATABLEREAD 隔离级别运行时，使用相同的锁定语义执行一次扫描
ROWLOCK	当采用页锁或表锁时，采用行锁
TABLOCK	对表采用共享锁并让其一直持有，直至语句结束
TABLOCKX	对表采用排他锁。若还指定了 HOLDLOCK，则会一直持有该锁直至事务完成
UPDLOCK	采用更新锁并保持到事务完成
XLOCK	采用排他锁并保持到事务完成

说明：SQL Server 查询优化器会自动做出正确的决定，建议在必要时再使用表级锁定提示更改默认的锁定行为。

【例 17.4】　为"学生基本信息"表加一个共享锁，并且保持到事务结束时释放。
代码如下：

```
USE STUMS
GO
SELECT * FROM 学生基本信息 (TABLOCK HOLDLOCK)
GO
```

【例 17.5】　修改"选课"表"学分列"数据，为"选课"表加一个更新锁，并且保持到事务结束时释放。
代码如下：

```
USE STUMS
GO
UPDATE 选课 WITH(UPDLOCK HOLDLOCK)
SET 学分 = 3 WHERE 成绩> = 60
GO
```

2. 查看锁定信息

SQL Server 2008 提供了多种方法来获取有关 SQL Server 数据库引擎实例中的当前锁活动的信息。

- Locks 事件类别：通过使用 SQL Server Profiler，指定用来捕获有关跟踪中锁事件信息的锁事件类别。
- SQL Server Locks 对象：在系统监视器中，可以从锁对象指定计数器来监视数据库引擎实例中的锁级别。
- sys.dm_tran_locks(Transact-SQL)：可以通过查询 sys.dm_tran_locks 动态管理视图，获得有关数据库引擎实例中锁当前状态的信息。

- EnumLocks：使用 SQL Server 管理对象（SMO）API 的应用程序，可以使用 Server 类的 EnumLocks 方法获取数据库引擎实例中的活动锁列表。使用 SMO API 的应用程序可以使用 Database 类的 EnumLocks 方法获得特定数据库中的活动锁列表。

数据库引擎具有向后兼容性，因此还支持以下方法获得有关早期版本的 SQL Server 中可用锁的信息。

- EnumLocks Method：使用 SQL 分布式管理对象（DMO）API 的应用程序，可以使用 SQL Server 类的 EnumLocks 方法获得数据库引擎实例中的活动锁列表。对于 SQL Server 2005，则使用服务器对象的 SMO Enum Locks 方法。
- sp_lock（T-SQL）：此系统存储过程返回有关数据库引擎实例中的活动锁的信息。对于 SQL Server 2005 及更高版本，可使用 sys.dm_tran_locks 动态管理视图。
- sys.syslockinfo（T-SQL）：此兼容性视图返回有关数据库引擎实例中的活动锁的信息。对于 SQL Server 2005 及更高版本，可使用 sys.dm_tran_locks 动态管理视图。

下面只介绍使用 sys.dm_tran_locks 动态管理视图查看锁定信息方法。

sys.dm_tran_locks 返回有关当前活动的锁管理器资源的信息。向锁管理器发出的已授予锁或正等待授予锁的每个当前活动请求分别对应一行。结果集中的列大体分为两组：资源组和请求组。资源组说明正在进行锁请求的资源，请求组说明锁请求。有关这方面的详细信息，请阅读 SQL Server 2008 联机帮助文档。

【例 17.6】　使用 sys.dm_tran_locks 视图查看 STUMS 数据库当前持有的所有锁的信息。

代码如下：

```
SELECT resource_database_id,request_mode,request_type,
request_status,request_reference_count
FROM sys.dm_tran_locks
WHERE resource_database_id = DB_ID('STUMS')
```

各参数说明如下。

- resource_database_id：数据库的 ID。
- request_mode：请求的模式。已授予的请求为已授予模式；等待的请求为正在请求的模式。
- request_type：请求类型。该值为 LOCK。
- request_status：该请求的当前状态。可能值为 GRANTED（锁定）、CONVERT（转换）或 WAIT（阻塞）。
- request_reference_count：返回同一请求程序已请求该资源的近似次数。

执行上述代码后，执行结果如图 11-20 所示。

【例 17.7】　使用 sys.dm_tran_locks 视图查看 SQL Server 系统当前持有的所有锁的信息。

代码如下：

```
SELECT resource_database_id,
request_mode,request_type, request_status,request_reference_count
FROM sys.dm_tran_locks
```

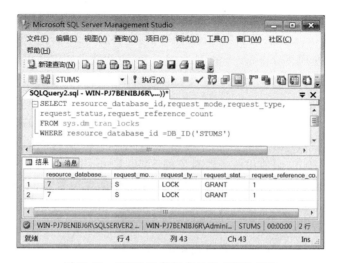

图 11-20　STUMS 数据库的所有锁的信息

17.2.4　死锁

在两个或多个任务中,如果某个任务锁定了其他任务试图锁定的资源,此时会造成这些任务永久阻塞,从而出现死锁。

死锁是一种可能发生在任何多事务中的状态。例如,事务 A 获取了行 1 的共享锁,事务 B 获取了行 2 的共享锁。现在,事务 A 请求行 2 的排他锁,但在事务 B 完成并释放其对行 2 持有的共享锁之前被阻塞。现在,事务 B 请求行 1 的排他锁,但在事务 A 完成并释放其对行 1 持有的共享锁之前被阻塞。事务 B 完成之后事务 A 才能完成,但是事务 B 由于事务 A 阻塞。此时会造成这些任务永久阻塞,从而出现死锁。这种现象也称为循环依赖关系,事务 A 依赖于事务 B,事务 B 通过对事务 A 的依赖关系关闭循环。

1. 死锁检测

死锁检测是由锁监视器线程执行的,该线程定期搜索数据库引擎实例的所有任务。以下是锁监视器搜索进程的几点处理方法:

- 默认时间间隔为 5s。
- 如果锁监视器线程查找死锁,则根据死锁的频率,死锁检测时间间隔将从 5s 开始减小,最小为 100ms。
- 如果锁监视器线程停止查找死锁,则数据库引擎将两个搜索的时间间隔增加到 5s。
- 如果刚刚检测到死锁,则假定必须等待锁的下一个线程正进入死锁循环。检测到死锁后,第一对锁等待将立即触发死锁搜索,而不是等待下一个死锁检测时间间隔。例如,如果当前时间间隔为 5s 且刚刚检测到死锁,则下一个锁等待将立即触发死锁检测器。如果锁等待是死锁的一部分,则会立即检测它,而不是在下一个搜索期间才检测。

通常,数据库引擎会定期执行死锁检测。因为系统中遇到的死锁数通常很少,定期进行死锁检测有助于减少系统中死锁检测的开销。

2. 结束死锁

如果检测到循环依赖关系的死锁,则将选择其中一个任务作为牺牲品,然后终止其事务并提示错误。这样,其他任务就可以完成其事务。对于事务以错误终止的应用程序,它还可以重试该事务,但通常要等到与它一起陷入死锁的其他事务完成后执行。在应用程序中使用特定编码约定,可以减少应用程序导致死锁的机会。

默认情况下,数据库引擎选择运行回滚开销最小的事务的会话作为死锁牺牲品。此外,用户也可以使用 SET DEADLOCK_PRIORITY 语句指定死锁情况下会话的优先级。如果两个会话的死锁优先级不同,则会选择优先级较低的会话作为死锁牺牲品。如果两个会话的死锁优先级相同,则会选择回滚开销最低的事务的会话作为死锁牺牲品。如果死锁循环中会话的死锁优先级和开销都相同,则会随机选择死锁牺牲品。

1) SET DEADLOCK_PRIORITY 语句

SET DEADLOCK_PRIORITY 语句指定当前会话与其他会话发生死锁时继续处理的相对重要性。其语法格式如下:

```
SET DEADLOCK_PRIORITY{LOW|NORMAL|HIGH|< numeric - priority >|
@deadlock_var|@deadlock_intvar}
< numeric - priority > :: = { - 10| - 9| - 8| … |0| … |8|9|10}
```

各参数说明如下。

- LOW:如果当前会话发生死锁,并且死锁链中涉及的其他会话的死锁优先级为 NORMAL、HIGH 或大于−5 的整数值,则当前会话将成为死锁牺牲品。如果其他会话的死锁优先级设置为小于−5 的整数值,则当前会话将不会成为死锁牺牲品。如果其他会话的死锁优先级设置为 LOW 或−5,则当前会话将可能成为死锁牺牲品。
- NORMAL:如果死锁链中涉及的其他会话的死锁优先级设置为 HIGH 或大于 0 的整数值,则当前会话将成为死锁牺牲品。如果其他会话的死锁优先级设置为 LOW 或小于 0 的整数值,则当前会话将不会成为死锁牺牲品。它还指定,如果其他会话的死锁优先级设置为 NORMAL 或 0,则当前会话将可能成为死锁牺牲品。
- HIGH:如果死锁链中涉及的其他会话的死锁优先级设置为大于 5 的整数值,则当前会话将成为死锁牺牲品。如果其他会话的死锁优先级设置为 HIGH 或 5,则当前会话可能成为死锁牺牲品。
- < numeric-priority >:提供 21 个死锁优先级别的整数值范围(−10~10)。LOW 对应于−5,NORMAL 对应于 0,HIGH 对应于 5。
- @ deadlock_var:指定死锁优先级的字符变量。此变量必须设置为 LOW、NORMAL 或 HIGH 中的一个。
- @ deadlock_intvar:指定死锁优先级的整数变量。此变量必须设置为−10~10 范围中的一个整数值。

【例 17.8】 使用 SET DEADLOCK_PRIORITY 语句设置死锁优先级。

代码如下:

```
/* 使用变量将死锁优先级设置为 LOW */
DECLARE @deadlock_var NCHAR(3)
SET @deadlock_var = N'LOW'
SET DEADLOCK_PRIORITY @deadlock_var
```

```
GO
/ * 将死锁优先级设置为 NORMAL * /
SET DEADLOCK_PRIORITY NORMAL;
GO
```

2）SET LOCK_TIMEOUT 语句

LOCK_TIMEOUT 指定语句等待锁释放的毫秒数。当对 LOCK_TIMEOUT 进行设置后，当语句的等待时间超过了 LOCK_TIMEOUT 设置的时间时，SQL Server 会自动地取消此等待事务。

LOCK_TIMEOUT 语句的语法格式如下：

```
SET LOCK_TIMEOUT timeout_period
```

参数 timeout_period 表示在 Microsoft SQL Server 返回锁定错误前经过的毫秒数。值为−1（默认值）时表示没有超时期限（即无限期等待）。当锁等待超过超时值时，将返回错误。值为 0 时表示根本不等待，一遇到锁就返回消息。

【例 17.9】　将锁超时期限设置为 1800ms。

代码如下：

```
SET LOCK_TIMEOUT 1800
GO
```

任务②对照练习

① 为"教师"表加一个共享锁，并且保持到事务结束时释放。

② 查看 STUMS 数据库中当前所有锁的信息。

③ 使用 SET DEADLOCK PRIORITY 设置会话的优先级。

17.3　游标

课堂任务③　了解游标的概念，掌握游标的使用方法。

由 SELECT 语句检索返回的结果往往是一个行集，包括满足该语句的 WHERE 子句条件的所有行。关系数据库中的操作会对整个行集起作用。但实际应用中，并不需要将整个行集作为一个单元来处理，而是希望每次处理一行或一部分行。在 SQL Server 中是使用游标来解决此类问题的。

17.3.1　游标概述

1. 游标概念

在数据库中，游标是一个十分重要的概念。游标提供了一种对从表中检索出的数据进行操作的灵活手段。就本质而言，游标是一种数据访问机制，它允许用户访问单独的数据行，而并非对整个行集合进行操作。游标包括以下两个部分。

- 游标结果集（Cursor Result Set）：由定义该游标的 SELECT 语句返回的行的集合（可以是零行、一行或多行）。
- 游标位置（Cursor Position）：指向游标结果集中某一行的当前指针。

使用游标能够遍历结果集的所有行，而一次只指向一行。

游标的优点如下：

- 允许定位在结果集的特定行。
- 从结果集的当前位置检索一行或一部分行。
- 支持对结果集中当前位置的行进行数据修改。
- 为其他用户对显示在结果集中的数据库数据所做的更改提供不同级别的可见性支持。
- 提供脚本、存储过程和触发器中用于访问结果集中的数据的 T-SQL 语句。

2．请求游标

SQL Server 支持两种请求游标的方法。

1）使用 T-SQL 请求游标

T-SQL 语言支持在 ISO 游标语法之后制定的用于使用游标的语法。

2）使用数据库应用程序编程接口（API）游标函数请求游标

SQL Server 支持以下数据库 API 的游标功能：

- ADO（Microsoft ActiveX 数据对象）。
- OLE DB。
- ODBC（开放式数据库连接）。

应用程序不能混合使用这两种请求游标的方法。已经使用 API 指定游标行为的应用程序不能再执行 T-SQL DECLARE CURSOR 语句请求一个 T-SQL 游标。应用程序只有将所有的 API 游标特性设置为默认值后，才可以执行 DECLARE CURSOR。

如果既未请求 T-SQL 游标，也未请求 API 游标，则默认情况下，SQL Server 将向应用程序返回一个完整的结果集，这个结果集称为默认结果集。

3．游标的类型

ODBC 和 ADO 定义了 Microsoft SQL Server 支持的 4 种游标类型。这 4 种游标类型分别是静态游标、动态游标、由键集驱动的游标和只进游标。

- 静态游标在滚动期间很少或根本检测不到变化，消耗的资源相对较少。
- 动态游标在滚动期间能检测到所有变化，但消耗的资源却较多。
- 由键集驱动的游标介于静态游标和动态游标之间，能检测到大部分变化，与动态游标相比，能消耗更少的资源。
- 只进游标可作为能应用到静态游标、由键集驱动的游标和动态游标的选项。

17.3.2　使用游标

利用 T-SQL 语句使用游标的操作包括声明游标、打开游标、提取数据、利用游标更新和删除数据、关闭游标和释放游标。这些操作既接收基于 ISO 标准的语法，也接收 T-SQL 扩展的语法，本小节只介绍 ISO 语法结构。

1．声明游标

游标在使用之前必须先声明，声明游标使用 DECLARE CURSOR 语句，其语法格式如下：

```
DECLARE cursor_name [INSENSITIVE] [SCROLL] CURSOR FOR select_statement
[FOR{READ ONLY|UPDATE[OF column_name [,...n]]}]
```

各参数说明如下。

- cursor_name：所定义的 T-SQL 服务器游标名称。cursor_name 必须符合标识符规则。
- INSENSITIVE：定义一个游标，把提取出来的数据存入一个在 tempdb 数据库中创建的临时表中。任何通过这个游标进行的操作，都在这个临时表中进行，所有对基表进行的更改都不会在用游标进行的操作中体现出来。如果省略 INSENSITIVE，则所有用户对基表的删除和更新操作会反映在后面的提取操作中。
- SCROLL：指定以下提取方式均可用。
  - ◇ FIRST：提取第一行数据。
  - ◇ LAST：提取最后一行数据。
  - ◇ PRIOR：提取前一行数据。
  - ◇ NEXT：提取后一行数据。
  - ◇ RELATIVE：按相对位置提取数据。
  - ◇ ABSOLUTE：按绝对位置提取数据。

如果声明游标时没有使用 SCROLL 关键字，则所声明的游标只具有默认的 NEXT 功能。

- select_statement：定义游标结果集的标准 SELECT 语句。在游标声明的 select_statement 中不允许使用关键字 COMPUTE、COMPUTE BY、FOR BROWSE 和 INTO。
- READ ONLY：定义只读游标，禁止通过该游标进行更新。
- UPDATE[OF column_name[,…n]]：定义游标中可更新的列。如果指定了 OF column_name [,…n]，则只允许修改所列出的列。如果指定了 UPDATE，但未指定列的列表，则可以更新所有列。

2. 打开游标

游标声明之后，在操作之前必须将其打开。打开游标使用 OPEN 语句，其语法格式如下：

```
OPEN{{[GLOBAL]cursor_name}|cursor_variable_name}
```

各参数说明如下。

- GLOBAL：指定 cursor_name 是全局游标。
- cursor_name：已声明的游标的名称。如果全局游标和局部游标都使用 cursor_name 作为其名称，且语法中指定了 GLOBAL，则 cursor_name 指的是全局游标；否则，cursor_name 指的是局部游标。
- cursor_variable_name：游标变量的名称，该变量引用一个游标。

当执行打开游标的语句时，服务器将执行声明游标时使用的 SELECT 语句。如果使用了 INCENSITIVE 关键字，则服务器会在 tempdb 中建立一个临时表，存放游标将要进行操作的结果集的副本。

3. 提取数据

在利用 OPEN 语句打开游标并从数据库中执行了查询之后，就可以利用 FETCH 语句

从查询结果集中提取数据了。使用 FETCH 语句一次可以提取一条记录,其语法格式如下:

```
FETCH[[NEXT|PRIOR|FIRST|LAST|ABSOLUTE{n|@nvar}
|RELATIVE{n|@nvar}]FROM]
{{[GLOBAL]cursor_name}|@cursor_variable_name}
[INTO@variable_name[,...n]]
```

各参数说明如下。

- FETCH NEXT:提取上一个提取行的后面的一行。如果 FETCH NEXT 为对游标的第一次提取操作,则返回结果集中的第一行。NEXT 为默认的游标提取选项。
- FETCH PRIOR:提取上一个提取行的前面的一行。如果 FETCH PRIOR 为对游标的第一次提取操作,则没有行返回,并且游标置于第一行之前。
- FETCH FIRST:提取结果集中的第一行。
- FETCH LAST:提取结果集中的最后一行。
- FETCH ABSOLUTE{n|@nvar}:如果 n 或@nvar 为正,则返回从游标头开始向后的第 n 行,并将返回行变成新的当前行。如果 n 或@nvar 为负,则返回从游标末尾开始向前的第 n 行,并将返回行变成新的当前行。如果 n 或@nvar 为 0,则不返回行。n 必须是整数常量,并且@nvar 的数据类型必须为 smallint、tinyint 或 int。
- RELATIVE{n|@nvar}:如果 n 或@nvar 为正,则返回从当前行开始向后的第 n 行,并将返回行变成新的当前行。如果 n 或@nvar 为负,则返回从当前行开始向前的第 n 行,并将返回行变成新的当前行。如果 n 或@nvar 为 0,则返回当前行。在对游标进行第一次提取时,如果在将 n 或@nvar 设置为负数或 0 的情况下指定 FETCH RELATIVE,则不返回行。n 必须是整数常量,@nvar 的数据类型必须为 smallint、tinyint 或 int。
- GLOBAL:指定 cursor_name 是全局游标。
- cursor_name:要从中进行提取的打开的游标的名称。
- @cursor_variable_name:游标变量名,引用要从中进行提取操作的打开的游标。
- INTO@variable_name[,...n]:允许将提取操作的列数据放到局部变量中。列表中的各个变量从左到右与游标结果集中的相应列相关联。各变量的数据类型必须与相应的结果集列的数据类型匹配,或是结果集列数据类型所支持的隐式转换。变量的数目必须与游标选择列表中的列数一致。

4. 使用游标更新和删除数据

如果将游标声明为可更新游标,则定位在可更新游标中的某行上时,可以执行更新或删除操作,这些操作是针对用于在游标中生成当前行的基表行的,称为"定位更新"。利用游标更新和删除数据的步骤如下:

(1) 使用 DECLARE 语句声明游标。

(2) 使用 OPEN 语句打开游标。

(3) 使用 FETCH 语句定位到某一行。

(4) 使用 Where Current Of 子句执行 UPDATE 或 DELETE 语句。

5. 关闭游标

游标打开之后,服务器会专门为游标开辟一定的内存空间存放游标操作的数据结果集。

同时,使用游标也会对某些数据进行封锁。当不用游标时,一定要关闭游标,通知服务器释放游标所占用的资源。关闭游标使用 CLOSE 语句,其语法格式如下:

```
CLOSE{{[GLOBAL]cursor_name}|cursor_variable_name}
```

各参数的含义与 OPEN 语句中的参数含义相同。

说明:游标关闭之后,可以再次打开,在一个处理过程中可以多次打开和关闭游标。

6. 释放游标

使用完游标之后应该将其释放,以释放被游标占用的资源。释放游标使用 DEALLOCATE 语句。DEALLOCATE 语句删除游标与游标名称或游标变量之间的关联,其语法格式如下:

```
DEALLOCATE{{[GLOBAL]cursor_name}|@cursor_variable_name}
```

各参数的含义与 OPEN 语句中的参数含义相同。

注意:游标释放之后,如果要重新使用游标,必须重新执行声明游标的语句。

【例 17.10】 声明一个游标 js_cursor,该游标从"教师"表中检索姓王的所有数据行。通过本例可熟悉从声明游标到最后释放游标的基本过程。

代码如下:

```
USE STUMS
GO
DECLARE js_cursor CURSOR FOR          --声明游标 js_cursor
SELECT 姓名 FROM 教师
WHERE 姓名 LIKE '王%'
ORDER BY 姓名
OPEN js_cursor                        --打开游标 js_cursor
FETCH NEXT FROM js_cursor             --从 js_cursor 游标中提取数据
/*使用@@FETCH_STATUS,利用 WHILE 循环处理游标中的行*/
WHILE @@FETCH_STATUS = 0
BEGIN
    FETCH NEXT FROM js_cursor
END
CLOSE js_cursor                       --关闭游标 js_cursor
DEALLOCATE js_cursor                  --释放游标 js_cursor
GO
```

执行结果如图 11-21 所示。

【例 17.11】 声明一个 SCROLL 游标 cj_cursor,检索学生的学习成绩,并使用 FETCH 的 LAST、PRIOR、RELATIVE 和 ABSOLUTE 选项实现全部滚动功能。

代码如下:

```
USE STUMS
GO
DECLARE cj_cursor SCROLL CURSOR FOR
SELECT 学生基本信息.学号,姓名,课程名,成绩 FROM 学生基本信息,选课,课程
WHERE 学生基本信息.学号 = 选课.学号 AND 选课.课程号 = 课程.课程号
ORDER BY 成绩 DESC
OPEN cj_cursor
```

图 11-21　使用游标检索的结果

```
FETCH LAST FROM cj_cursor              -- 检索最后一行
FETCH PRIOR FROM cj_cursor             -- 检索当前行的前一行,即倒数第 2 行
FETCH ABSOLUTE 2 FROM cj_cursor        -- 检索从游标头开始的第 2 行
FETCH RELATIVE 3 FROM cj_cursor        -- 检索当前行之后的第 3 行,即第 5 行
FETCH RELATIVE - 2 FROM cj_cursor      -- 检索当前行之前的第 2 行,即第 3 行
CLOSE cj_cursor
DEALLOCATE cj_cursor
GO
```

执行结果如图 11-22 所示。

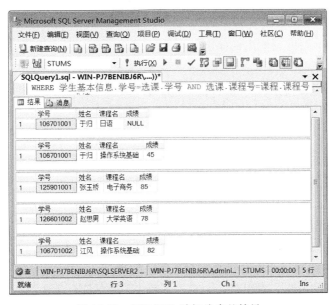

图 11-22　SCROLL 游标检索的结果

【例 17.12】 使用游标更新和删除当前行的内容示例。

如果在定义游标语句中没有指定 READ ONLY 参数,就可以基于游标指针的当前位置对游标数据的源表进行数据的修改或删除。

代码如下:

```
USE STUMS
GO
DECLARE Depart_Cursor CURSOR                          -- 声明 Depart_Cursor 游标
FOR SELECT 系部代码,系部名称 FROM 系部
OPEN Depart_Cursor                                    -- 打开 Depart_Cursor 游标
FETCH FROM Depart_Cursor                              -- 提取 Depart_Cursor 游标中的数据
UPDATE 系部 SET 系部代码 = '99' WHERE CURRENT OF Depart_Cursor   -- 更新当前行
CLOSE Depart_Cursor                                   -- 关闭 Depart_Cursor 游标
OPEN Depart_Cursor                                    -- 再次打开 Depart_Cursor 游标
FETCH FROM Depart_Cursor                              -- 提取 Depart_Cursor 游标中的数据
DELETE 系部 WHERE CURRENT OF Depart_Cursor            -- 删除当前行
CLOSE Depart_Cursor                                   -- 关闭 Depart_Cursor 游标
DEALLOCATE Depart_Cursor                              -- 释放 Depart_Cursor 游标
GO
```

游标使用技巧及注意事项如下:

① 当利用 ORDER BY 改变游标中行的顺序时,应该注意的是,只有在查询的 SELECT 子句中出现的列才能作为 ORDER BY 子句列,这一点与普通的 SELECT 语句不同。

② 当语句中使用了 ORDER BY 子句后,将不能用游标来执行定位更新(DELETE/UPDATE)。若要执行更新,建议首先在基表上创建索引,然后在创建游标时指定使用此索引来实现。

③ 在游标中可以将计算好的值作为列。

④ 可使用@@Cursor_Rows 确定游标中的行数。

17.3.3　游标函数

在 SQL Server 中,可以使用@@CURSOR_ROWS 和@@FETCH_STATUS 标量函数返回有关游标的信息。

1. @@CURSOR_ROWS

可通过调用@@CURSOR_ROWS 来确定当其被调用时检索了游标符合条件的行数,其语法格式如下:

```
@@CURSOR_ROWS
```

返回值类型为 integer。

返回值有以下几种。

—m:游标被异步填充。返回值(—m)是键集中当前的行数。

—1:游标为动态游标。因为动态游标可反映所有更改,所以游标符合条件的行数不断变化。因此,永远不能确定已检索到所有符合条件的行。

0:没有已打开的游标。对于上一个打开的游标,没有符合条件的行,或上一个打开的游标已被关闭或被释放。

n：游标已完全填充。返回值（n）是游标中的总行数。

【例 17.13】　声明一个 xs_Cursor 游标，并且使用 SELECT 显示@@CURSOR_ROWS 的值。

```
USE STUMS
GO
SELECT @@CURSOR_ROWS
DECLARE xs_Cursor CURSOR FOR
SELECT 姓名,@@CURSOR_ROWS
FROM 学生基本信息
OPEN xs_Cursor
FETCH NEXT FROM xs_Cursor
SELECT @@CURSOR_ROWS
CLOSE xs_Cursor
DEALLOCATE xs_Cursor
GO
```

执行结果如图 11-23 所示。在游标打开前，该设置的值为 0，值为 −1 表示游标键集被异步填充。

图 11-23　【例 17.13】的执行结果

2. @@FETCH_STATUS

通过检测@@Fetch_Status 的值，可以获得 FETCH 语句的状态信息。该状态信息用于判断该 FETCH 语句返回数据的有效性。其语法格式如下：

```
@@FETCH_STATUS
```

返回值类型为 integer。当执行一条 FETCH 语句之后，@@Fetch_Status 可能出现以下 3 种值。

0：表示 FETCH 语句成功。

−1：表示 FETCH 语句失败或行不在结果集中。

－2：表示提取的行不存在。

说明：由于@@FETCH_STATUS对于在一个连接上的所有游标都是全局性的，所以要谨慎使用@@FETCH_STATUS。在执行一条FETCH语句后，必须对另一游标执行另一FETCH语句前测试@@FETCH_STATUS。在此连接上出现任何提取操作之前，@@FETCH_STATUS的值没有定义。

【例17.14】 声明一个xs_Cursor游标，并且使用@@FETCH_STATUS控制一个WHILE循环中的游标活动。

代码如下：

```
USE STUMS
GO
DECLARE xs_Cursor CURSOR FOR
SELECT 学号,姓名,出生日期
FROM 学生基本信息
WHERE 性别 = '女'
OPEN xs_Cursor
FETCH NEXT FROM xs_Cursor
WHILE @@FETCH_STATUS = 0
  BEGIN
    FETCH NEXT FROM xs_Cursor
  END
CLOSE xs_Cursor
DEALLOCATE xs_Cursor
GO
```

执行结果如图11-24所示。

图11-24 【例17.14】的执行结果

任务③对照练习 声明一个游标xscj_cursor，用于检索学生的学习成绩，并使用FETCH的NEXT和LAST选项检索最高分和最低分的信息。

课后作业

1. 什么是事务？事务有何特性？
2. SQL Server 的事务模式有几种？每一种模式有何特点？
3. 并发问题会产生哪些现象？请举例说明。
4. 什么是共享锁？什么是排他锁？
5. 什么是死锁？如何解除死锁？
6. 什么是游标？简述使用游标的过程。
7. 按照题目要求在查询编辑器中输入 SQL 命令，并进行调试：

① 定义一个事务，向"选课"表输入新的数据，如果所输入的学号不在"学生基本信息"表中，则回滚事务，否则提交完成。

② 修改"选课"表中的数据，将课程号为 0310 的成绩乘以 1.3。为避免脏读，请为"选课"表加排他锁，直到事务结束。

③ 使用 sys.dm_tran_locks 动态管理视图查看 SQL Server 中当前所有锁的信息。

④ 使用 LOCK_TIMEOUT 选项将锁超时期限设置为 1000ms。

⑤ 使用 SET DEADLOCK_PRIORITY 语句设置会话的优先级。

⑥ 声明一个游标 ntxs_cursor，该游标从"学生基本信息"表中检索"南京"籍的所有数据行。

⑦ 声明一个 SCROLL 游标 jsrk_cursor，检索教师任课的情况，并使用 FETCH 的 LAST、PRIOR、RELATIVE 和 ABSOLUTE 选项实现全部滚动功能。

第 18 课　学生信息管理系统数据库的日常维护

数据库的日常维护涉及多方面的知识与操作，其中数据库的备份与还原、数据的导入与导出、创建数据库快照是最基本、最常用的操作。

18.1　数据库的备份与还原

课堂任务① 学习 SQL Server 备份与还原的基本知识及操作。

18.1.1　备份与还原的基本概念

尽管在 STUMS 数据库系统中采取了各种保护措施来保证 STUMS 数据库数据的安全性和完整性，但系统在使用的过程中难免会出现各种形式的故障，如硬件故障、软件错误、病毒、误操作或恶意的破坏等。而这些故障会造成系统运行的异常中断，甚至会破坏数据库，使数据库中的数据部分或全部丢失。在各种故障发生后，为了保证数据库中的数据可以从错误状态还原到某一正确的状态，数据库系统应具有数据库备份和还原的功能。

数据库备份是指在某种存储介质上（如磁盘、光盘等）制作数据库结构、对象和数据的副本，以便在数据遭到破坏时修复数据。

数据库还原是指将数据库的备份加载到服务器中的过程，把数据库从错误状态还原到某一正确状态。

　　SQL Server 的备份和还原组件使用户能够创建数据库的副本,并可将此副本存储在某个位置。一旦运行 SQL Server 的服务器出现故障,或由于其他原因使数据库遭到某种程度的损坏,就可以使用备份副本还原或重新创建数据库。

　　另外,备份和还原数据库也可用于其他目的,如备份一台计算机上的数据库,再将该数据库还原到另一台计算机上,便可实现数据库从一台服务器到另一台服务器的转移。

1. 备份

　　数据库备份前,需要对备份的内容、备份设备和备份频率进行计划。

1) 备份内容

　　备份内容主要包括系统数据库、用户数据库和事务日志。

　　(1) 系统数据库记录了重要的系统信息,它们是确保 SQL Server 系统正常运行的重要依据。如 master 数据库记录 SQL Server 系统的所有系统级别信息,并记录所有的登录账户和系统配置设置。model 数据库则提供了创建用户数据库的模板信息。msdb 数据库用于 SQL Server 代理计划警报和作业。因此,这些系统数据库要进行备份。

　　(2) 用户数据库存储了用户的数据信息。用户可根据实际需要,对一些重要的数据进行备份。

　　(3) 事务日志记录了用户对数据的各种操作。利用事务日志备份可以将数据库恢复到特定的即时点(如输入不想要的数据之前的那一点)或故障发生点。在媒体恢复策略中应考虑利用事务日志备份。

2) 备份设备

　　备份设备是指备份数据库的载体,通常是指磁带机或操作系统提供的磁盘文件。在 SQL Server 2008 中,可以将备份数据写入 1~64 个备份设备。如果备份数据需要多个备份设备,则所有设备必须对应于一种设备类型(磁盘或磁带)。备份设备类型有以下几种。

　　(1) 磁盘备份设备。磁盘备份设备是指包含一个或多个备份文件的硬盘或其他磁盘存储媒体。这是最常用的备份设备,由于容量大,可用来备份本地文件和网络文件。

　　(2) 磁带备份设备。磁带备份设备的用法类似于磁盘备份设备,但不支持备份到远程磁带设备上,一般用来进行本地文件的备份。在 SQL Server 的以后版本中将不再支持磁带备份设备。

　　(3) 逻辑备份设备。逻辑备份设备是物理备份设备的别名,通常比物理备份设备更能简单、有效地描述备份设备的特征。通过逻辑备份设备,可以在引用相应的物理备份设备时使用间接寻址。

　　(4) 镜像备份媒体集。镜像备份媒体集可减小备份设备故障的影响。由于备份是防止数据丢失的最后防线,因此,备份设备出现故障的后果是非常严重的。镜像备份媒体集通过提供物理备份设备冗余来提高备份的可靠性。

3) 备份频率

　　备份频率是指备份的时间间隔,也就是说相隔多长时间进行一次备份。备份频率一般取决于数据库更新的频繁程度和系统执行的事务量。如果系统为联机事务处理,则要经常备份数据库。对于系统数据库和用户数据库,其备份时机是不同的。

　　一般说来,在正常使用阶段,系统数据库的修改不会十分频繁,只有在某些操作导致 SQL Server 对系统数据进行了修改后,才备份系统数据库。当在用户数据库中执行了更新操作(插入、修改和删除)时,就要备份用户数据库。如果清除了事务日志,也应该备份用户数据库。

2. 还原

还原可以看成是备份的逆操作。当数据库系统在运行时出现故障后,可通过还原操作将备份的数据库加载到系统中,从而使数据库还原到备份时的正确状态。

系统还原的过程如下。

1) 安全性检查

在进行还原时,系统先执行安全性检查、重建数据库及其相关文件等操作,以保证数据库能安全地还原。当系统在安全性检查过程中发现下列情况时,还原将被终止。

* 指定的数据库已存在,但备份文件中记录的数据库与其不同。
* 服务器上的数据库文件集与备份中的数据库文件集不一致。
* 未提供还原数据库所需的所有文件和文件组。

2) 验证备份设备

还原数据库时,还要验证备份设备,以获取数据库备份的信息。这些信息包括备份文件或备份集名及描述信息、备份的设备类型、备份的方法、备份的日期、备份集的大小、数据库文件和日志文件的逻辑文件名和物理文件名。

3) 还原数据库

可以使用 SSMS 或 T-SQL 语句执行还原操作。

3. 恢复模式

恢复模式是数据库的属性,用于控制数据库备份和还原操作的基本行为。在 SQL Server 2008 中,有 3 种恢复模式:简单恢复模式、完整恢复模式和大容量日志恢复模式。

1) 简单恢复模式

简单恢复模式不备份事务日志,可最大程度地减少事务日志的管理开销。使用简单恢复模式只能将数据库恢复到最后一次的备份状态。最后一次备份之后的更改是不受保护的,如果数据库损坏,则简单恢复模式将面临极大的工作丢失风险。因此,在简单恢复模式下,备份间隔应尽可能短,以防止大量丢失数据。

2) 完整恢复模式

完整恢复模式需要日志备份。此模式可完整记录所有事务,并将事务日志记录保留到对其备份完毕为止。如果能够在出现故障后备份日志尾部,则可以使用完整恢复模式将数据库恢复到故障点。完整恢复模式也支持还原单个数据页。

3) 大容量日志恢复模式

大容量日志恢复模式仍需要日志备份。与完整恢复模式相同,大容量日志恢复模式也将事务日志记录保留到对其备份完毕为止。对于某些大规模、大容量的操作(如大容量导入或索引创建),暂时切换到大容量日志恢复模式可提高性能并减少日志空间使用量。

由于大容量日志恢复模式不支持时点恢复,因此必须在增大日志备份与增加工作丢失风险之间进行权衡。通常,大容量日志恢复模式用做完整恢复模式的补充。

4. 查看或更改恢复模式

下面以查看或更改 STUMS 数据库的恢复模式为例,介绍其操作步骤。

(1) 在"对象资源管理器"窗口中依次展开"服务器→数据库"节点,右击 STUMS 数据库,在弹出的快捷菜单中选择"属性"命令,打开"数据库属性-STUMS"窗口。

(2) 在左窗格中选择"选项"选项,打开"选项"选择页,在右窗格的"恢复模式"下拉列表框中可以看到当前的恢复模式。用户可以从下拉列表中选择不同的模式来更改恢复模式，可供选择的选项有"完整"、"大容量日志"或"简单"，如图 11-25 所示。

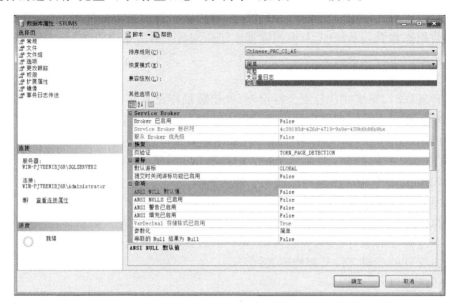

图 11-25　STUMS 数据库的恢复模式

18.1.2　SQL 备份与还原机制

数据库的备份和还原涉及两个关键问题：一是如何建立备份数据；二是如何利用这些备份数据实施数据库还原。

SQL Server 是一种高效的网络数据库管理系统，它具有比较强大的数据备份和还原功能。

1. 数据库备份类型

SQL Server 支持以下数据库备份类型。

1）完整数据库备份

完整数据库备份是将数据库中的所有数据文件全部复制，将所有的用户数据、数据库对象和事务日志复制在一个文件里。当系统出现故障时，可以恢复到最近一次数据库完整备份时的状态。

需要指出的是，在对数据库进行完整备份时，所有未完成的事务或者发生在备份过程中的事务都不会被备份。

完整数据库备份的主要优点是数据库备份简单，易于操作。对于可以快速备份的小数据库而言，最佳方法就是使用完整数据库备份。但是，随着数据库的不断增大，完整数据库备份需花费更多的时间才能完成，并且需要更多的存储空间。因此，对于大型数据库而言，可以用差异备份来补充完整数据库备份。

注意：当数据库进行第一次备份时，应进行完整数据库备份。

2）差异数据库备份

差异数据库备份只记录自上次完整数据库备份后更改的数据，此完整备份称为"差异基准"。差异数据库备份比完整数据库备份工作量小，而且备份速度快。因此，对于经常修改的数据库，采用差异数据库备份策略，可以减少备份和还原的时间。对于大型数据库，差异数据库备份的间隔可以比完整数据库备份的间隔更短,这也将降低工作丢失风险。

使用差异数据库备份时,最好要遵循以下原则:

- 在每次完整数据库备份后,定期安排差异数据库备份。例如,可以每 4 小时执行一次差异数据库备份,对于活动性较高的系统,此频率可以更高。
- 在确保差异数据库备份不会太大的情况下,定期安排新的完整数据库备份。例如,可以每周备份一次完整数据库。

3) 事务日志备份

事务日志备份仅适用于使用完整恢复模式或大容量日志恢复模式的数据库。

事务日志备份是指对数据库发生的事务进行备份,包括从上次进行事务日志备份、差异数据库备份和完全数据库备份之后,所有已经完成的事务。使用事务日志备份可将数据库恢复到特定的即时点(如输入多余数据前的那一点)或恢复到故障点。

在创建第一个日志备份之前,必须先创建完整备份(如数据库备份或一组文件备份中的第一个备份)。此后,必须定期备份事务日志。这不仅能最小化工作丢失风险,还有助于事务日志的截断。

4) 文件备份

SQL Server 2008 支持下列类型的文件备份。

- 部分备份:备份主文件组、所有读/写文件组及任何指定的只读文件或文件组中的所有完整数据。只读数据库的部分备份仅包含主文件组。
- 部分差异备份:仅包含自同一组文件组的最新部分备份以来发生了修改的数据区。

文件备份的设计目的在于,为在简单恢复模式下对包含一些只读文件组的数据库的备份工作提供更多的灵活性。当可用的备份时间不足以支持完整数据库备份时,则可以使用文件备份,从而在不同的时间备份数据库的子集。

2. 数据库还原方案

数据库还原方案是指从一个或多个备份还原数据,继而恢复数据库的过程。SQL Server 支持的还原方案取决于数据库的恢复模式和 SQL Server 的版本。如表 11-6 所示为不同恢复模式所支持的可行还原方案。

表 11-6 还原方案

还原方案	在简单恢复模式下	在完整/大容量日志恢复模式下
数据库完整还原	这是基本的还原策略,可还原和恢复整个数据库,并且数据库在还原和恢复操作期间处于脱机状态。数据库不能还原到特定备份中的特定时间点	这是基本的还原策略,可还原和恢复整个数据库,并且数据库在还原和恢复操作期间处于脱机状态。数据库可以还原到特定时间点
文件还原	可还原损坏的只读文件,但不能还原整个数据库。仅在数据库至少有一个只读文件组时才可以进行文件还原	可还原和恢复一个数据文件或一组文件,而不能还原整个数据库。在文件还原过程中,包含正在还原的文件的文件组一直处于脱机状态
页面还原	不适用	可还原一个或多个损坏的页,而不能还原整个数据库。只有读/写文件组支持页面还原,可以在数据库处于脱机状态时执行页面还原
段落还原	按文件组级别,从主文件组和所有读写辅助文件组开始,分阶段还原和恢复数据库	按文件组级别,从主文件组开始,分阶段还原和恢复数据库

使用文件还原或页面还原方式,还原数据量少,可以缩短复制和恢复数据的时间。无论以何种方式还原数据,在恢复数据库前,SQL Server 数据库引擎都会保证整个数据库在逻辑上的一致性。

18.1.3　SQL Server 备份与还原的实现

1. 创建备份设备

进行数据库备份时,首先必须创建和指定备份设备。备份设备是指用来存储备份内容的存储介质,可以是磁盘、磁带、逻辑备份设备和镜像备份媒体集。创建备份设备有以下两种方法。

1) 使用 SSMS 创建备份设备

下面以为 STUMS 数据库在 D 盘的根目录下创建 STU_BF 备份设备为例,说明使用 SSMS 创建备份设备的操作过程。

(1) 启动 SSMS,在"对象资源管理器"窗口中依次展开"服务器→服务器对象"节点,右击"备份设备"图标,从弹出的快捷菜单中选择"新建备份设备"命令,打开新建备份设备窗口。

(2) 在"设备名称"文本框中输入设备的名称"STU_BF"。

(3) 选中"文件名"单选按钮,单击【....】按钮,选择备份设备的存储位置(D:\),并输入文件名"STU_BF",定义完毕的界面如图 11-26 所示。

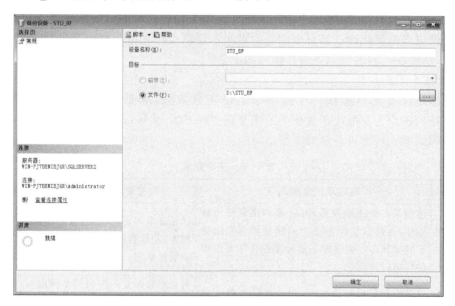

图 11-26　创建备份设备 STU_BF 完毕的界面

(4) 单击【确定】按钮,完成 STU_BF 备份设备的创建。

2) 使用系统存储过程创建备份设备

用户可以在查询编辑器中使用 sp_addumpdevice 系统存储过程创建备份设备,其基本语法如下:

```
sp_addumpdevice [@devtype = ]'device_type'
, [ @logicalname = ]'logical_name'
, [@physicalname = ]'physical_name'
```

各参数说明如下。

- [@devtype＝]'device_type'：备份设备的类型，device_type 的数据类型为 varchar (20)，没有默认设置，可以是 disk(硬盘)或 tape(磁带)。
- [@ logicalname ＝] 'logical_name'：备份设备的逻辑名称，该逻辑名称用于 BACKUP 和 RESTORE 语句中。
- [@physicalname＝]'physical_name'：备份设备的物理名称。物理名称必须遵照操作系统文件名称的规则或者网络设备的通用命名规则，并且必须包括完整的路径。physical_name 的数据类型为 nvarchar(260)，无默认值，且不能为 NULL。

【例 18.1】 在硬盘 d:\SQL 目录中创建一个备份设备 teacher_backup。

代码如下：

```
EXEC sp_addumpdevice 'disk', 'teacher_backup', 'd:\SQL\teacher_backup.bak'
```

在查询编辑器中运行上述命令，结果窗口中会显示"命令已成功完成。"的提示信息，表明备份设备创建成功。

2. 删除备份设备

1) 使用 SSMS 删除备份设备

在"对象资源管理器"窗口中展开"服务器对象→备份设备"节点，右击要删除的备份设备，在弹出的快捷菜单中选择"删除"命令，确认删除即可。

2) 使用系统存储过程删除备份设备

使用 sp_dropdevice 系统存储过程删除备份设备的语法如下：

```
sp_dropdevice[@logicalname = ]'device'[,[@delfile = ]'delfile']
```

各参数说明如下。

- [@logicalname＝]'device'：数据库设备或备份设备的逻辑名称。
- [@delfile＝]'delfile'：指出是否应该删除物理备份设备文件。delfile 的数据类型为 varchar(7)。如果将其指定为 delfile，可删除物理备份设备磁盘文件。

【例 18.2】 删除备份设备 teacher_backup。

代码如下：

```
EXEC sp_dropdevice 'teacher_backup'
```

在查询编辑器中运行上述命令，结果窗口中会显示"设备已除去。"的提示信息，表明备份设备删除成功。

3. 数据库的备份

备份设备创建后，就可以通过 SSMS 或 T-SQL 语句命令进行数据库的备份。

1) 使用 SSMS 进行数据库备份

下面以创建 STUMS 完整数据库备份为例，介绍使用 SSMS 进行备份的全过程。

(1) 在"对象资源管理器"窗口中依次展开"服务器→数据库"节点，右击 STUMS 数据库,在弹出的快捷菜单中选择"任务→备份"命令,如图 11-27 所示,打开"备份数据库-STUMS"窗口。

图 11-27 选择"任务→备份"命令

(2) 在"常规"选择页的"备份类型"下拉列表框中选择"完整"类型。

(3) 在"目标"选项下,如果没出现备份目的地,则单击【添加】按钮,打开"选择备份目标"对话框,选择"备份设备"单选按钮,在"备份设备"下拉列表框中选择已创建好的备份设备 STU_BF,如图 11-28 所示,然后单击【确定】按钮,返回"备份数据库-STUMS"窗口。

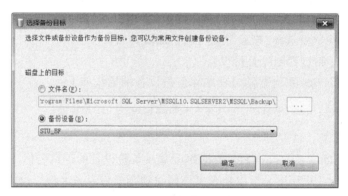

图 11-28 选择备份设备

(4) 在左窗格中选择"选项"选项,打开"选项"选择页,根据需要,可以设置数据库备份的其他备份参数。

(5) 设置完毕后,单击【确定】按钮,系统启动备份数据库的进程,将按照所选的设置对 STUMS 数据库进行备份。

(6) 如果没有发生错误,将弹出备份成功的对话框,单击【确定】按钮,完成备份操作。

说明:

在步骤(2)的"备份类型"下拉列表框中,若选择"差异"选项,可创建差异数据库备份;若选择"事务日志"选项,可创建事务日志备份。其创建过程和创建完整备份的操作步骤相同。

2) 使用 T-SQL 语句进行数据库备份

在 SQL Server 中备份整个数据库,或者备份一个或多个文件或文件组可使用

BACKUP DATABASE 语句。在完整恢复模式或大容量日志恢复模式下备份事务日志可使用 BACKUP LOG 语句。备份类型不同,备份语句的语法格式也有所不同。下面介绍的是使用 BACKUP DATABASE 备份完整数据库的基本语法。

```
BACKUP DATABASE{database_name|@database_name_var}
  TO < backup_device > [,...n]
  [< MIRROR TO < backup_device >[,...n]>][next - mirror - to]
  [WITH < DIFFERENTIAL >]
```

各参数说明如下。

- database_name:指定要备份的数据库名称。
- @database_name_var:以字符串常量指定要备份的数据库名称。
- backup_device:指定用于备份操作的逻辑备份设备或物理备份设备,采用"备份设备类型=设备名"的形式。
- MIRROR TO<backup_device>[,...n]:将要镜像 TO 子句中指定备份设备的一个或多个备份设备。
- [next-mirror-to]:表示一个 BACKUP 语句除了包含一个 TO 子句外,最多还可包含 3 个 MIRROR TO 子句。
- WITH 子句:指定要用于备份操作的选项。有关某些基本 WITH 选项的信息,请参阅联机丛书。
- DIFFERENTIA:指定本次备份是差异数据库备份。

【例 18.3】　用 BACKUP DATABASE 语句为 STUMS 数据库作一个完整备份,备份设备为 STU_BF。

代码如下:

```
USE STUMS
GO
BACKUP DATABASE STUMS
TO DISK = 'D:\STU_BF.Bak'
/ * 覆盖所有备份集 * /
WITH INIT,
/ * 指定备份集的名称 * /
NAME = 'Full Backup of STUMS'
GO
```

执行上述代码,结果如图 11-29 所示。

【例 18.4】　先在 STUMS 数据库中创建一个任意结构的数据表 ABC,再使用 BACKUP DATABASE 语句为 STUMS 数据库进行差异数据库备份。

代码如下:

```
USE STUMS
GO
BACKUP DATABASE STUMS TO STU_BF
WITH DIFFERENTIAL        -- 进行差异数据库备份
GO
```

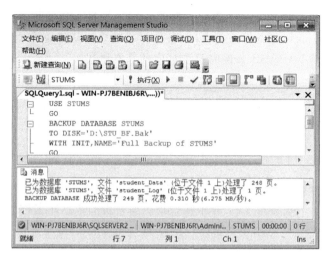

图 11-29　用 T-SQL 语句备份数据库的执行结果

备份过程中的并发限制如下：

- 当数据库仍在使用时，SQL Server 可以使用联机备份过程来备份数据库。
- 在执行备份操作期间，可以使用 INSERT、UPDATE 或 DELETE 语句进行多个操作。
- 如果在正在创建或删除数据库文件时尝试启动备份操作，则备份操作将等待，直到创建或删除操作完成或者备份超时。

4. 数据库的还原

数据库备份后，一旦系统发生崩溃或执行了数据库的误操作，用户就可以通过 SSMS 或 T-SQL 语句从备份文件中还原数据库。

1）使用 SSMS 还原数据库

使用 SSMS 还原数据库的主要操作步骤如下：

（1）在"对象资源管理器"窗口中依次展开"服务器→数据库"节点，右击 STUMS 数据库，在弹出的快捷菜单中选择"任务→还原→数据库"命令，打开"还原数据库-STUMS"窗口，如图 11-30 所示。

（2）在"还原的目标"选项组中，如果要还原的数据库名称与显示的目标数据库名称不同，则可在其中进行输入或选择。

（3）选择"源设备"单选按钮，单击右侧的【……】按钮，打开"指定备份"对话框，如图 11-31 所示。

（4）在"备份媒体"下拉列表框中选择"备份设备"选项，并单击【添加】按钮，打开"选择备份设备"对话框。

（5）选择备份设备 STU_BF，单击【确定】按钮返回"指定备份"对话框，再单击【确定】按钮返回"还原数据库-STUMS"窗口。

（6）在"选择用于还原的备份集"列表框中，选择用于还原的备份。

（7）在左窗格中选择"选项"选项，打开"选项"选择页，在右窗格中选择"覆盖现有数据库"复选框。

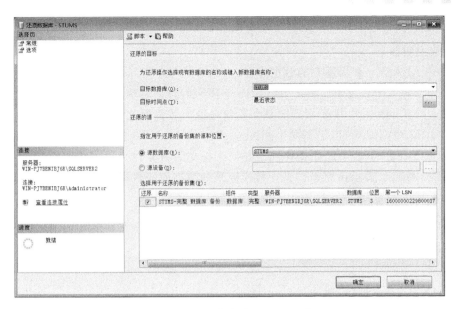

图 11-30 "还原数据库-STUMS"窗口

图 11-31 "指定备份"对话框

(8) 设置完毕后,单击【确定】按钮,系统启动还原数据库的进程,此时将按照所选的设置对 STUMS 数据库进行还原。

(9) 如果没有发生错误,将弹出还原成功的对话框,单击【确定】按钮,完成还原操作。

2) 使用 T-SQL 语句还原数据库

在 SQL Server 中,可使用 RESTORE 命令还原用 BACKUP 命令所进行的备份。RESTORE DATABASE 命令用于还原数据库,RESTORE LOG 命令用于还原事务日志。下面介绍的是使用 RESTORE DATABASE 实现完整还原的基本语法,语法格式如下:

```
RESTORE DATABASE {database_name|@database_name_var}
< file_or_filegroup >[,...n]
[FROM< backup_device >[,...n]]
```

```
[WITH[[,]NORECOVERY|RECOVERY][[,]REPLACE]]
```

各参数说明如下。

- DATABASE：表示还原的数据库。
- database_name|@database_name_var：还原的数据名称或变量。
- file_or_filegroup：用于指定要从备份集还原的数据库文件或文件组。
- NORECOVERY：指定不发生回滚。
- RECOVERY：表示还原操作回滚任何未提交的事务，默认为 RECOVERY。
- REPLACE：表示还原操作是否替换原来的数据库或数据文件、文件组。

【例 18.5】　用 RESTORE 语句还原 STUMS 数据库。

代码如下：

```
/ * 删除 STUMS 数据库 * /
DROP DATABASE STUMS
GO
/ * 还原 STUMS 数据库 * /
RESTORE DATABASE STUMS
FROM DISK = 'D:\STU_BF.bak'
WITH NORECOVERY
GO
```

执行上述代码，结果如图 11-32 所示。

图 11-32　使用 RESTORE 还原 STUMS 数据库的执行效果

注意：对于使用完全恢复模式或大容量日志恢复模式的数据库，在还原前应备份日志尾部，否则还原失败。

任务①对照练习

① 创建备份设备 BACKUP_01，其物理设备名称为 d:\ BACKUP_01.BAK。

② 使用 BACKUP_01 备份设备备份 STUMS 数据库，然后在 STUMS 数据库的"选课"表中增加任意一条记录，再对 STUMS 进行差异数据库备份。

③ 删除 STUMS 数据库，再使用备份还原 STUMS 数据库。

18.2 数据的导入与导出

> **课堂任务②** 学习使用 SQL Server 导入和导出向导进行数据交换的方法。

导入和导出是 SQL Server 数据库管理系统与外部系统之间进行数据交换的手段。通过导入和导出操作,可以轻松地实现 SQL Server 和其他异类数据源(如电子表格 Excel 或 Oracle 数据库)之间的数据传输。

导入是指将数据从数据文件加载到 SQL Server 表。导出是指将数据从 SQL Server 表复制到数据文件。SQL Server 2008 为用户提供了多种导入和导出数据的方法,其中,导入和导出向导是一种从源数据向目标数据复制数据的最简便的方法,可以在 SQL Server、文本文件、Access、Excel 和其他 OLE DB(是一种数据技术标准接口)访问接口数据格式之间进行转换,还可以创建目标数据库和插入数据表。

18.2.1 导入数据

在 SQL Server 2008 的 SSMS 中,使用导入和导出向导工具可以完成从其他数据源向 SQL Server 数据库导入数据的操作。

【例 18.6】 将 Excel 文件 book1.xls 的工作表 flash_CJ$ 中的数据全部导入到 SQL Server 数据库 STUMS 中。

将 Excel 数据导入到 SQL Server 具体操作步骤如下:

(1) 启动 SSMS,在"对象资源管理器"窗口中展开"数据库"节点,右击 STUMS 图标,在弹出的快捷菜单中选择"任务→导入数据"命令,如图 11-33 所示。

图 11-33 选择"任务→导入数据"命令

(2) 此时启动导入和导出向导,进入"选择数据源"界面,选择数据源。在"数据源"下拉列表框中选择 Microsoft Excel 选项,单击【浏览】按钮,选择导入数据文件的路径与文件名(C:\Users\Administrator\Desktop\Book1.xls),选择"首行包含列名称"复选框,如图 11-34 所示。

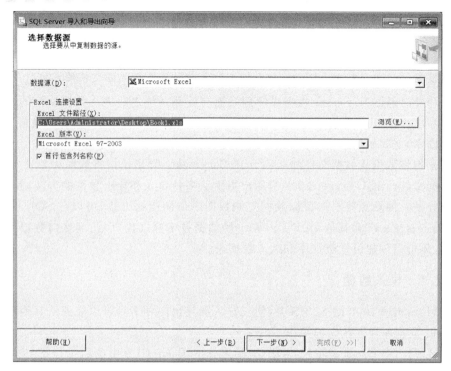

图 11-34 在"选择数据源"界面中进行参数设置

(3) 单击【下一步】按钮,进入"选择目标"界面,选择导入数据的目标。在"目标"下拉列表框中选择 SQL Server Native Client 10.0 选项,其余各项取默认即可,如图 11-35 所示。

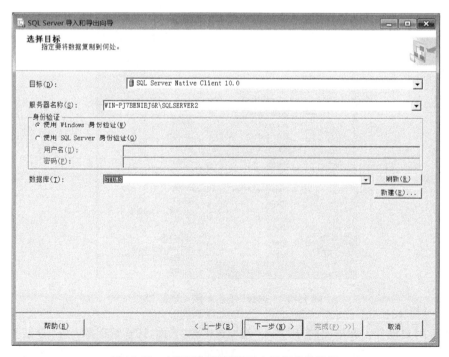

图 11-35 在"选择目标"界面中进行参数设置

（4）单击【下一步】按钮，进入"指定表复制或查询"界面，指定数据导入的方式。本例选择"复制一个或多个表或视图的数据"单选按钮，如图 11-36 所示。

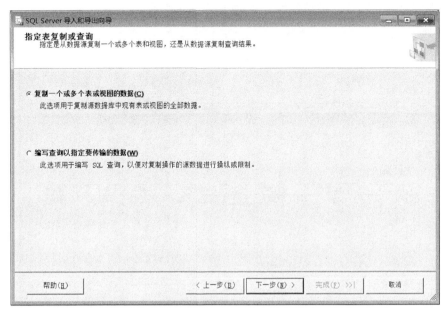

图 11-36　在"指定表复制或查询"界面中进行参数设置

（5）单击【下一步】按钮，进入"选择源表和源视图"界面，在"表和视图"列表框中选中要导入的工作表 Flash_CJ $ ，如图 11-37 所示。

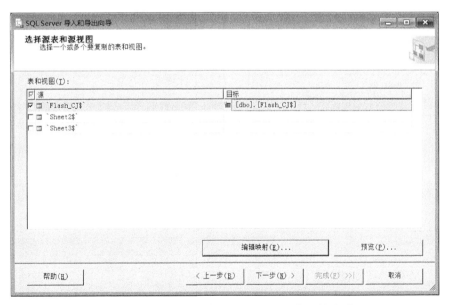

图 11-37　在"选择源表和源视图"界面中选择选项

- 编辑映射：单击【编辑映射】按钮，打开"列映射"对话框，从中可对导入的表或视图的列名称、数据类型和长度等进行查看与修改。

- 预览：单击【预览】按钮，打开"预览数据"对话框，从中可预览导入的数据内容。

（6）单击【下一步】按钮，进入"查看数据类型映射"界面，从中可查看导入的工作表列数据类型映射到目标表的数据类型匹配方式，如图 11-38 所示。

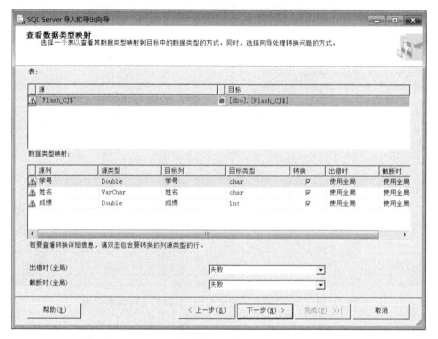

图 11-38　在"查看数据类型映射"界面中进行参数设置

（7）单击【下一步】按钮，进入"保存并运行包"界面，从中可选择是否需要保存以上操作所设置的 SSIS 包。本例选择"立即运行"复选框，如图 11-39 所示。

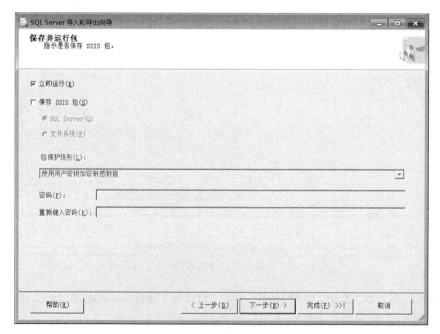

图 11-39　在"保存并运行包"界面中进行参数设置

（8）单击【下一步】按钮，进入"完成该向导"界面，从中可以看到当前导入操作的配置信息，如图11-40所示。

图 11-40 "完成该向导"界面

（9）单击【完成】按钮，进入"正在执行操作"界面，系统按上述配置执行导入操作。完成后，弹出"执行成功"界面，其中显示了执行过程的详细信息，如图11-41所示。

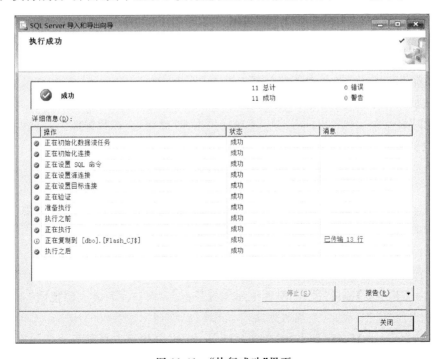

图 11-41 "执行成功"界面

（10）单击【关闭】按钮，结束数据导入操作。

在"对象资源管理器"窗口中展开 STUMS 节点，刷新并展开"表"节点，可以看到 Flash_
CJ＄数据表，打开此表可以查看导入的数据内容，如图 11-42 所示。

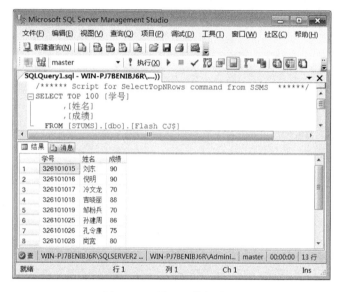

图 11-42　导入的数据内容

18.2.2　导出数据

在 SQL Server 2008 的 SSMS 中，可使用导入和导出向导工具导入数据，也可用此方法
导出数据。

【例 18.7】　将 STUMS 数据库中的"课程"表导出到纯文本文件"课程表.txt"中。

将 SQL Server 数据导出到文本文件的具体操作步骤如下：

（1）启动 SSMS，在"对象资源管理器"窗口中展开"数据库"节点，右击 STUMS 图标，
在弹出的快捷菜单中选择"任务→导出数据"命令。

（2）此时启动导入和导出向导，进入"选择数据源"界面，选择数据源。这里保持系统的
默认选项数据源为 SQL Server Native Client 10.0，数据库为 STUMS。

（3）单击【下一步】按钮，进入"选择目标"界面，选择导出的数据的目标。在"目标"下拉
列表框中选择平面文件目标，单击【浏览】按钮，在弹出的对话框中选择导出数据文件的路径
与文件名（C:\Users\Administrator\Desktop\课程表.txt），在"格式"下拉列表框中选择"带
分隔符"选项，选中"在第一个数据行中显示列名称"复选框。

（4）单击【下一步】按钮，进入"指定表复制和查询"界面，指定数据导出的方式。本例选
择"复制一个或多个表或视图的数据"单选按钮。

（5）单击【下一步】按钮，进入"配置平面文件目标"界面，在"源表或源视图"下拉列表框
中选择要导出的"课程"表，其余均取默认值，如图 11-43 所示。

（6）单击【下一步】按钮，进入"保存并运行包"界面，从中可选择是否需要保存以上操作
所设置的 SSIS 包。本例选择"立即运行"复选框。

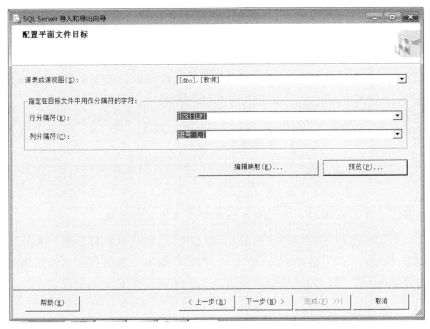

图 11-43　在"配置平面文件目标"界面中进行参数设置

（7）单击【下一步】按钮，进入"完成该向导"界面，显示当前导出操作的配置信息。

（8）单击【完成】按钮，进入"正在执行操作"界面，系统按上述配置执行导出操作。

（9）完成后，弹出"执行成功"界面，其中显示了执行过程的详细信息。

（10）单击【关闭】按钮，结束数据导出操作。

使用 Word 打开"课程表.txt"文件，可以查看导出的数据内容，如图 11-44 所示。

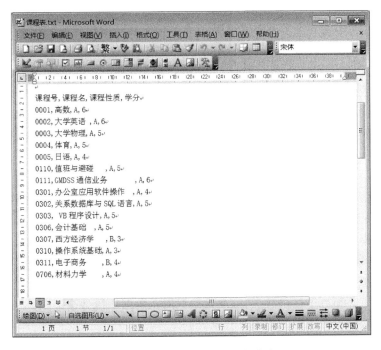

图 11-44　课程表.txt 的数据内容

知识拓展：数据的导入与导出，不仅可以实现与其他异类数据进行数据交换，也可以起到备份数据库数据的作用。

任务②对照练习

① 将 TSJYMS 数据库中的"读者信息"表中的数据导出到文本文件"读者信息.txt"，再将文本文件"读者信息.txt"中的数据导入到 STUMS 数据库中。

② 将 STUMS 数据库中的"教师"表中的数据导出到 Excel 的 book1.xls 的"教师"表中，然后将其数据导入到 TSJYMS 数据库中。

18.3　数据库快照

> **课堂任务③**　学习 SQL Server 2008 创建数据库快照的方法。

数据库快照是数据库(源数据库)的只读、静态视图，也可理解成是数据库的一个只读副本。只有 SQL Server 2005 Enterprise Edition 和更高版本才提供数据库快照功能。所有恢复模式都支持数据库快照。创建数据库快照是也是保证数据安全的手段之一。

18.3.1　数据库快照概述

数据库快照与源数据库相关，多个数据库快照可以位于一个源数据库中，数据库快照必须与数据库在同一服务器实例上。创建快照时，每个数据库快照在事务上应与源数据库一致。在被数据库所有者显式删除之前，快照始终存在。此外，如果数据库因某种原因而不可用，则它的所有数据库快照也将不可用。创建数据库快照具有以下用处。

- 数据库快照提供了一个静态的视图，可用来维护历史数据以生成报表。
- 使用带有数据库镜像的数据库快照，用户能够访问镜像服务器上的数据以生成报表。
- 使用数据库快照能够在源数据库进行大容量更新或架构更改时受到保护。
- 定期创建数据库快照，可以减轻重大用户错误(例如，删除的表)的影响。为了更好地保护数据，可以创建时间跨度足以识别和处理大多数用户错误的一系列数据库快照。
- 数据库快照可用来恢复数据库，而且相比备份恢复，其速度会大大提高。
- 数据库快照可作为测试环境或数据变更前的备份，在管理测试数据库方面也十分有用。应用程序开发人员或测试人员在测试前做一个快照，如果出现问题，则可以利用快照恢复到快照建立时的状态。

但是，数据库快照对源数据库也存在着一定的限制。

- 不能对数据库进行删除、分离或还原，可以备份源数据库，这方面将不受数据库快照的影响。
- 源数据库的性能将会受到影响。由于每次更新页时都会对快照执行"写入时复制"操作，从而导致源数据库上的 I/O 增加。
- 不能从源数据库或任何快照中删除文件。
- 源数据库必须处于联机状态，除非该数据库在数据库镜像会话中是镜像数据库。
- 不能将源数据库配置为可缩放共享数据库。
- 若要在镜像数据库中创建数据库快照，则数据库必须处于同步镜像状态。

由于快照的这些限制会拖累数据库性能,所以数据库不宜存在过多快照。

18.3.2　创建和删除数据库快照及利用数据库快照恢复数据库

1. 创建数据库快照

任何能创建数据库的用户都可以创建数据库快照。SSMS 不支持创建数据库快照,只能通过 T-SQL 语句创建。在创建数据库快照之前,首先要知道数据库分布在几个文件上,因为快照需要对每一个文件进行 copy-on-writing(写入时复制技术)操作。

下面以创建 STUMS 数据库快照为例,说明使用 T-SQL 语句创建快照的步骤。

(1) 使用系统存储过程 sp_helpdb 获取数据库信息。

代码如下:

```
EXEC sp_helpdb STUMS
```

执行后的结果如图 11-45 所示。

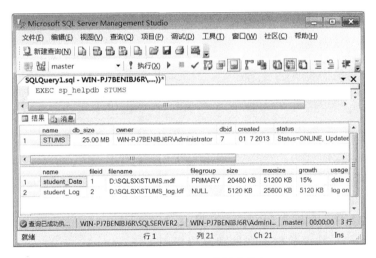

图 11-45　STUMS 数据库信息

(2) 使用 CREATE DATABASE 语句创建快照。

数据库快照使用一个或多个“稀疏文件”来存储数据。创建数据库快照,实际上就是使用 CREATE DATABASE 语句中的文件名来创建稀疏文件。稀疏文件是 NTFS 文件系统的一项特性。所谓稀疏文件,是指文件中出现大量 0 的数据,这些数据对用户的用处并不大,却一样占用着磁盘空间。因此,NTFS 对此进行了优化,利用算法将这个文件进行压缩。使用 CREATE DATABASE 语句创建数据库快照的基本语法如下:

```
CREATE DATABASE database_snapshot_name
    ON
    (
    NAME = logical_file_name,
    FILENAME = 'os_file_name'
    )[,...n]
    AS SNAPSHOT OF source_database_name
```

各参数说明如下。

- database_snapshot_name：新数据库快照的名称。数据库快照名称必须在 SQL Server 的实例中唯一，并且必须符合标识符规则。为了便于管理，数据库快照的名称可以包含标识数据库的信息。
- NAME 为源数据库中数据文件的逻辑文件名。日志文件不允许用于数据库快照。
- FILENAME：为新数据库快照（稀疏文件）的物理文件名称。稀疏文件必须建在 NTFS 分区的磁盘上，否则不能创建快照。
- AS SNAPSHOT OF：指定要为 source_database_name 所标识的源数据库创建数据库快照。快照和源数据库必须位于同一实例中。

说明：创建数据库快照时，CREATE DATABASE 语句中不允许有日志文件、脱机文件、还原文件和不起作用的文件。

【例 18.8】 对 STUMS 数据库创建数据库快照。快照名称为 STUMS_S1，保存在 c:\SQLSNAP 文件夹中。

代码如下：

```
CREATE DATABASE STUMS_S1
ON (NAME = student_data,
FILENAME = 'C:\SQLSNAP\STUMS_S1.SNAP')
AS SNAPSHOT OF STUMS
GO
```

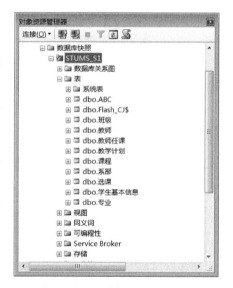

图 11-46　查看数据库快照 STUMS_S1

执行上述代码，系统会提示"命令已成功完成。"，表明创建成功。

在 SSMS 的"对象资源管理器"窗口中展开"数据库"节点，刷新并展开"数据库快照"节点，可查看创建的数据库快照 STUMS_S1，如图 11-46 所示。

从图中可以看出，快照数据库文件和源数据库的文件相似，并无区别。当快照数据库创建成功后，就可以像使用普通数据库一样使用快照数据库。但需指出，数据库快照是只读的，所以任何角色或用户都无法修改数据库快照。

2. 利用数据库快照恢复数据库

数据库快照不是冗余存储，因此，针对磁盘错误或其他类型的损坏不能提供任何保护功能。但是，如果联机数据库中发生用户错误，则可以将数据库恢复到发生错误之前的数据库快照。恢复操作使用的是 RESTORE DATABASE 语句，其语法格式如下：

```
RESTORE DATABASE <数据库名称>
FROM DATABASE_SNAPSHOT = <'数据库快照名称'>
```

各参数说明如下。

- 数据库名称：指源数据库的名称。
- 数据库快照名称：指要将数据库恢复到的快照的名称。

【例18.9】 使用快照 STUMS_S1 恢复数据库 STUMS。

代码如下：

```
RESTORE DATABASE STUMS
FROM DATABASE_SNAPSHOT = 'STUMS_S1'
GO
```

说明：恢复的数据库会覆盖原来的源数据库。

3. 删除数据库快照

首次创建稀疏文件时，稀疏文件占用的磁盘空间非常少。但随着数据写入稀疏文件，NTFS 会逐渐分配磁盘空间，稀疏文件可能会占用非常大的磁盘空间。如果数据库快照用尽了空间，将被标记为可疑，必须将其删除。

具有 DROP DATABASE 权限的任何用户都可以删除数据库快照。删除数据库快照和删除普通数据库一样，可以使用 SSMS 删除，也可以使用 DROP 语句删除。

使用 SSMS 删除。在 SSMS 的"对象资源管理器"窗口中展开"数据库快照"节点，右击要删除的数据库快照，从弹出的快捷菜单中选择"删除"命令，按照屏幕提示确认删除即可。

使用 DROP 命令删除。例，如删除刚创建的数据库快照"STUMS_S1"，代码如下：

```
DROP DATABASE STUMS_S1
GO
```

删除数据库快照将删除快照使用的稀疏文件，并将终止所有到此快照的用户连接。

任务③对照练习

① 为 STUMS 数据库创建数据库快照，并进行查看。

② 用 DROP 命令删除刚创建的数据库快照。

课后作业

1. 在什么样的情况下需要进行数据库的备份和还原？

2. 需要对 SQL Server 的系统数据库进行备份吗？

3. SQL Server 提供了哪些数据备份的类型？这些备份类型适合于什么样的数据库？

4. 什么是备份设备？如何创建这些备份设备？

5. 还原数据库的意思是什么？

6. SQL Server 提供了哪几种恢复模式？各有什么特征？

7. 简述将 STUMS 数据库的"学生基本信息"表中的数据导出为 Excel 文件的工作表的步骤。

8. 什么是数据库快照？如何创建数据库快照？

实训 14　图书借阅管理系统数据库的日常维护

1. 实训目的

（1）掌握事务处理和锁的使用方法。

（2）掌握游标的使用方法。

（3）掌握创建备份设备的方法。

（4）掌握数据库还原与备份的操作方法。

（5）掌握使用 SQL Server 导入和导出向导进行数据交换的用法。

（6）掌握创建数据库快照的方法。

2. 实训知识准备

（1）事务的概念，锁的概念。

（2）游标的概念和游标的使用。

（3）数据库备份方法、备份与还原的策略及恢复模式。

（4）备份设备的概念和备份与还原操作。

（5）SQL Server 数据导入与导出的方法。

（6）数据库快照的概念和创建方法。

3. 实训要求

（1）了解 SQL Server 的数据库事务处理和日常维护的内容。

（2）完成实现 TSJYMS 数据库事务处理和日常维护的各项创建工作，并提交实训报告。

4. 实训内容

1）事务处理

运用事务处理将 TSJYMS 数据库中"图书信息"表的图书编号 07829702 改为 07829799。

2）锁的应用

① 修改"图书入库"表库存数据，为"图书入库"表加一个更新锁，并且保持到事务结束时释放。

② 使用 sys.dm_tran_locks 视图查看 TSJYMS 数据库当前持有的所有锁的信息。

3）使用游标

声明一个游标 jsqk_cursor，该游标从 TSJYMS 数据库中检索每位读者借书的情况，并要求按每位读者显示结果。

4）备份与还原

① 在磁盘上创建一个备份设备，其逻辑名称为 TSJYMS_BP，物理名称为 D:\ BACKUP\ TSJYMS_BP.BAK。

② 对 TSJYMS 数据库进行完全数据库备份，备份到上题 TSJYMS_BP 备份设备上。

③ 在 TSJYMS 数据库中新建一个数据表（结构自定），对 TSJYMS 进行差异数据库备份。

④ 从备份设备中还原 TSJYMS 数据库的完全数据库备份，库名为 TSJYMS_1。

⑤ 从备份设备中还原 TSJYMS 数据库的差异数据库备份，库名为 TSJYMS_2。

5）数据的导入与导出

① 将 TSJYMS 数据库中"图书信息"表导出到 Excel 文件 book1.xls 的工作表"图书清单"中（事先创建好 book1.xls 文件）。

② 将 Excel 文件 book1.xls 的工作表"图书清单"转换成纯文本文件"图书清单.txt"，然后将其数据全部导入到 SQL Server 数据库 TSJYMS 中。

6）创建数据库快照

① 为 TSJYMS 数据库创建数据库快照 C:\TSJYMS_SS.snap，并进行查看。

② 删除 TSJYMS 数据库中的"读者信息"表，再使用快照 TSJYMS_SS.snap 进行恢复，并查看恢复后的 TSJYMS 数据库的内容。

③ 用 DROP 命令删除刚创建的数据库快照 TSJYMS_SS.snap。

参 考 文 献

[1] 张冬玲.数据库实用技术 SQL Server 2008.北京：清华大学出版社,2012.
[2] 王永乐,徐书欣.SQL Server 2008 数据库管理及应用.北京：清华大学出版社,2011.
[3] 高晓黎,韩晓霞.SQL Server 2008 案例教程.北京：清华大学出版社,2010.
[4] 孙全党,张军,钟德源,等.SQL Server 2005 数据库开发应用教程.北京：电子工业出版社,2008.
[5] 喻梅,汪洋,于健.SQL Server 2005.北京：清华大学出版社,2007.
[6] 杨桦.SQL Server 2000 实用教程.北京：清华大学出版社,2007.
[7] 郑阿奇.SQL Server 教程.北京：清华大学出版社,2006.
[8] 史嘉权.数据库系统概论.北京：清华大学出版社,2006.